本书是作者国家社会科学基金一般项目的研究成果、
河南省高校科技创新人才支持计划（人文社科类）资助成果。

范畴逻辑
理论研究

王湘云 / 著

FANCHOU LUOJI
LILUN YANJIU

天津社会科学院出版社

图书在版编目（CIP）数据

范畴逻辑理论研究 / 王湘云著. -- 天津 ： 天津社
会科学院出版社，2024. 7. -- ISBN 978-7-5563-0993-1

Ⅰ．B812.21

中国国家版本馆 CIP 数据核字第 2024A7G341 号

范畴逻辑理论研究
FANCHOU LUOJI LILUN YANJIU

选题策划：韩　鹏
责任编辑：李思文
装帧设计：高馨月
出版发行：天津社会科学院出版社
地　　址：天津市南开区迎水道 7 号
邮　　编：300191
电　　话：（022）23360165
印　　刷：北京建宏印刷有限公司
开　　本：710×1000　　1/16
印　　张：20
字　　数：290 千字
版　　次：2024 年 7 月第 1 版　　2024 年 7 月第 1 次印刷
定　　价：78.00 元

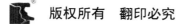

前　言

　　现代逻辑已逐步发展成为理论严密、分支众多、应用广泛的学科群,正广泛地渗透到其他科学技术领域,并不断开拓新的研究领域。随着数学研究成果的日益丰富,现代逻辑的发展越来越趋于抽象化,范畴逻辑就是这种发展趋势下产生的一种逻辑形态,是现代逻辑中的一个新兴领域。范畴逻辑,即范畴论应用于逻辑学的学科领域。范畴论的应用十分广泛,作为研究结构和结构系统的一般数学理论,范畴论统一了各种数学结构,揭示了许多结构在一个范畴中实际上是具有"泛性质"的某种对象,以及不同种类的结构如何能够互相关联。范畴论已日趋成为代数学、拓扑学、逻辑学和理论计算机科学等各个领域研究中的一种功能强大的、灵活的形式工具。

　　数学基础问题一直是数学哲学研究的重要课题,范畴论的自主发展不仅给数学结构主义的解释注入了新的活力,为数学哲学的发展开辟了新的方向,而且使数学基础研究的内容得以不断丰富和拓展。作为一种功能强大的语言或概念体系,范畴论尝试使用公理化方法描述给定结构的一个家族的共同特性,并使用结构保持映射将不同种类的结构关联起来,已经成为越来越多数学的标准研究框架,被人们称为结构主义数学方法的教科书。范畴论打破了数学各学科之间传统的界限,重新建构数学对象的范畴结构模型,为解决数学基础争论提供了新的研究视角和恰当的基础解释路径。范畴论以其强大的语言描述力、广泛的适用性和简明的构成性等独特的理论优势逐渐显现出替代集合论成为现代数学全新的统一基础的合理性和可行性。

随着范畴论应用的深入和扩展,促进了一些新的逻辑系统的产生。从范畴概念的视角考察范畴逻辑的理论起源和发展进路,范畴逻辑源于逻辑,同时与数学的许多结构都有着密切的联系。20世纪数学和逻辑学发展的指导任务之一是将数学概念乃至整个数学领域公理化。范畴逻辑提供了一种与数学其他部分有许多联系的强大和新奇的结构,因而得到了许多与哲学相关的研究成果。诸如,标准的集合论概念,如塔斯基语义已经在范畴论中得到了自然的概括。在一阶逻辑和高阶逻辑框架下,演绎完备的语义概念的范围从标准的、集合论的语义扩展到更一般的拓扑和范畴论语义。使用范畴论的方法可以研究给定结构类的泛性质,以及各类结构的相互关系。几乎每一个具有适当的同态概念的集合理论上定义的数学结构都产生一个范畴。在适当范畴下,集合、图和共代数之间具有对应关系,并且在代数和共代数范畴下,集合论的良基公理和非良基公理是范畴意义下的对偶。此外,共代数与模态逻辑的联系十分紧密,描述共代数性质的模态逻辑,即共代数模态逻辑能够精确地描述模态逻辑的经典语义模型——克里普克模型,以及理论计算机科学中的标号转换系统等各种系统。

逻辑中的范畴工具具有相当大的灵活性,几乎所有令人惊讶的构造性和直觉主义数学的结果都能够用适当的范畴来设置模型。正则范畴、海廷范畴、相干范畴和布尔范畴等范畴学说的各种层次结构都对应定义明确的逻辑系统、演绎系统或完备性定理。使用范畴的一套工具可以给出模态逻辑的拓扑理论方法,在拓扑语义中定义模态算子并描述这种方法产生的各种形式系统。在局部理论的背景下将命题直觉主义逻辑公理化,可证具有局部模态算子的形式化系统是可靠的和完备的。在非经典一阶逻辑的预层语义下,通过在任意范畴上的预层中引入模型,可证具有常数域的弱排中律的中间逻辑相对于克里普克语义是不完备的,并且具有嵌套域的模态系统获得了附加的不完备性结果。作为部分代数理论的一种语法表示,左正合逻辑在具有所有有限极限的任何范畴中都是可解释的,并且作为保守扩展的相干逻辑,蕴涵一个完备性定理。

　　实际上,范畴论对几乎所有出现在逻辑哲学中的问题都有一定影响。范畴逻辑虽源于逻辑学,但以范畴论的方法作为基础或工具,尝试解决各种哲学的和逻辑学的问题,拓展了现代逻辑的研究领域和应用范围,其成果为范畴逻辑、范畴论与现代逻辑交叉领域的实际应用问题提供理论参考,为哲学家和逻辑学家提供了更多新的思考。

目　　录

绪 论

第一节 选题背景与研究意义

一、选题背景

范畴逻辑研究,即范畴论应用于逻辑学的研究。简单来讲,范畴论是结构和结构系统的一般数学理论,它是一种功能强大的语言或概念体系,允许我们看到给定的一种结构的一个家族的通用成分,以及不同种类的结构是如何相互联系的。目前来看,范畴论为日趋多样的数学分支以及各个数学分支之间多样化的联系提供了一种统一的、简洁的"符号语言"。

范畴论产生于 20 世纪 40 年代对同调代数的研究。1945 年,艾伦伯格(S. Eilenberg)和麦克莱恩(S. MacLane)最先使用代数方法定义了范畴,标志着范畴论的诞生。随着范畴论逐渐成为独立的研究领域,纯范畴论得以不断的发展。实际上,作为一门独立的学科,范畴论的应用,尤其是在其源背景,即在代数拓扑学和同调代数,以及代数几何学和泛代数中的应用,也得到了迅速的发展。

　　20 世纪 60 年代,洛夫尔(F. W. Lawvere)提出将范畴的范畴作为范畴论、集合论,甚至整个数学的基础,范畴对数学的逻辑方面的研究也是如此。洛夫尔概括了适合逻辑和数学基础的一种全新的方法,并取得了一系列丰富的研究成果。例如:讨论了公理化的集合范畴和范畴的范畴;给出不依赖于语法选择的理论的一种范畴描述,并且概述了如何通过范畴的方法得到逻辑系统的完备性定理;描述了笛卡尔封闭范畴,并且证明了它们与逻辑系统和各种逻辑悖论的关系;证明量词和概括模式能够作为给定基本运算的伴随函子;证明了凭借“范畴主义”的概念,伴随函子能发挥重要的基础作用。同一时期,兰贝克(J. Lambek)根据演绎系统描述了范畴,并且为证明理论上的目标使用了范畴方法。拓扑概念的应用极大地推动了上述的理论研究。在代数几何学的背景下,拓扑是一个具有逻辑结构的范畴,足以发展大多数“通用数学”。拓扑可以被看作是集合的范畴理论,它也是一个广义拓扑空间,因此提供了逻辑和几何学之间的一种直接连接。到了 20 世纪 70 年代,拓扑概念在代数几何学之外的许多方向有所发展和应用。例如,集合论中的各种独立性结果可以根据拓扑而重新修正。拓扑理论已经被用来研究各种形式的构造性数学或者集合论、递归论和高阶类型论的模型。20 世纪 80 年代以来,范畴论有了新的应用,为新的逻辑系统的发展和程序语义学都作出了一定的贡献。

　　西方学者在范畴逻辑的研究中得到了一些与哲学相关的研究结果,诸如,对于范畴学说层次结构的探究,正规范畴、相干范畴、海廷范畴和布尔范畴等各个层次的范畴都对应于定义明确的逻辑系统,以及演绎系统和完备性定理。逻辑概念,包含量词以一种特定的顺序自然地出现,并且不是随意组织的;乔亚尔(A. Joyal)关于直觉主义逻辑的克里普克－贝特(Kripke-Beth)语义到层语义的概括的系统研究;对于所谓的相干几何逻辑的研究,但其实际性和概念性的意义还有待进一步讨论;对于某一种理论的通用模型和分类拓扑概念的研究;对于强概念上的完备性概念和相关定理的研究;对于连续统假设独立性的几何证明和集合论的其他强公理的研究;对于模型和构造性数学的发展研究;对于合成微分几何的研究;对于所谓的有效拓扑的构造性研究;对于线性逻辑、模态逻辑、模糊集合和一般高阶类型论的范畴模型的研究;对于称作"示意图"的一种图语义的研究,等等。

在 20 世纪的发展中,范畴逻辑源于逻辑学,同时也提供了一种与数学的其他部分有许多联系的强大和新奇的结构。逻辑学中的范畴工具具有相当大的灵活性,几乎所有令人惊讶的构造性和直觉主义数学的结果都能够用适当的范畴设置来模型。同时,标准的集合论概念,例如,塔斯基语义也已经在范畴中找到了自然的概括。此外,范畴论和范畴逻辑对几乎所有出现在逻辑哲学中的问题也都有影响。从恒等标准的性质到可选择逻辑的问题,范畴论总是能够对这些话题作出新的阐述。当转向本体论时,特别是形式化的本体论:部分或整体关系、系统的边界、空间观念等,也可以作出相似的评论。勒曼(D. Ellerman)于 1988 年大胆地尝试证明了范畴论构成一种共性理论,其具有的性质从根本上不同于集合论,也被看作一种共性理论。从本体论转移到认知科学,麦克纳马拉(J. MacNamara)和雷耶斯(G. E. Reyes)在 1994 年设法使用范畴逻辑提供了一种不同的指称逻辑,也试图阐明可数名词和大多数项之间的关系。其他一些研究者正在使用范畴论来研究复杂系统、认知神经网络和类比等。

实际上,范畴论可以作为数学基础的集合论的替代物,且正在成为现代数学全新的统一基础。就这点而言,其引发了许多关于数学本体论与认识论的问题,范畴论因而给哲学家和逻辑学家带来了更多的思考。一方面,哲学家的工作是既在数学的实践中又在基础的情境中阐明范畴的一般认识论和本体论情况以及范畴的方法;另一方面,哲学家和哲学逻辑学家能够使用范畴论和范畴逻辑来探索哲学和逻辑问题。本文正是在国外相关理论研究的基础上,凭借范畴的方法对逻辑相关领域进行深入而详尽的探讨。

二、研究意义

目前,现代逻辑已逐步发展成为理论严密、分支众多、应用广泛的学科群,正广泛地渗透到其他科学技术领域,并不断开拓新的研究领域,日益显示出其重要的理论意义和应用价值。从已有的成果来看,现代逻辑已经从哲学研究的范围中突破出来,也不再局限于数学领域,21 世纪的逻辑学呈现多元化、数学化和应用化的发展趋势。

范畴逻辑是现代逻辑研究的一个新兴领域,目前,国内对范畴逻辑及其应用的理论研究仍处于起步阶段,将国外相关理论成果梳理并介绍到国内,并在此基础上探究,这对于我国逻辑学界了解学术前沿理论、汲取新的研究方法和思想,从而进一步开展该领域新的研究课题具有十分重要的理论意义。随着数学研究成果的日益丰富,现代逻辑向更加抽象化的方向发展成为必然。通过现代数学的范畴方法对逻辑学进行研究,对哲学逻辑的进一步发展起到极大的促进作用。此外,本文的研究还涉及抽象代数、代数几何、拓扑理论、理论计算机等学科,研究成果可为现代逻辑同其他学科的融合提供一定的理论参考。

简言之,范畴逻辑的研究,从宏观层面上讲是推动经典逻辑理论在现代科学技术各领域应用和发展的重大课题;从微观层面来看是对逻辑学和其他学科的交叉和融合进行前瞻性探究,其成果可以作为逻辑学应用于计算机和人工智能、自然科学等领域的参考依据,为现代逻辑抽象化、形式化的深入发展提供理论借鉴。

第二节　研究目标与主要内容

一、研究目标

现代逻辑学的发展越来越趋于抽象化,范畴逻辑就是这种发展趋势下产生的一种逻辑形态,是现代逻辑的一个新兴领域。本书的主要目标是运用现代数学的范畴方法对逻辑学进行研究。通过梳理范畴逻辑的理论起源和历史发展,考察范畴逻辑相关的基础理论,探讨范畴论对于集合论作为现代数学基础的替代作用,并进一步讨论范畴逻辑在语义方面的应用实例,构造集合论和模态逻辑上的各种范畴模型,从而拓展现代逻辑的研究领域和应用范围。

二、主要内容

从研究框架上看,本书共分六章,以范畴论应用于逻辑学的生成逻辑和发展脉络为研究进路,力图系统化、理论化地诠释范畴逻辑的学理基础和应用方法。第一章重点考察范畴逻辑的理论起源,从概念和范畴的视角,梳理范畴论概念的起源和发展进路。第二章阐释范畴逻辑的基础理论,通过描述范畴论的基本概念,以及给出具体的范畴实例来刻画范畴的特性,从而说明为什么范畴论可以统一各种数学结构;然后从可实现性纯粹的句法表达和创新性研究两个维度详细阐释可实现性理论的基本主题,重点考察可实现性的谓词逻辑、可实现性的公理化、可实现性的克里普克模型、可实现性的扩展和推广、有效拓扑和通用结构的可实现性等内容,为范畴分析提供重要参考;探讨使用范畴逻辑的工具应用于代数几何产生的拓扑理论,涉及泛函分析、函数空间、内聚幂集和连续介质物理学的应用等。第三章研究范畴论的基础问题,从讨论数学基础问题产生的理论根源及研究转向入手,通过阐释范畴论数学基础三个不同的研究进路,明确范畴的本质特性,继而解读范畴论基础的哲学意义,凭借范畴结构主义框架的剖析,说明范畴论能够提供恰当的解释路径求解数学基础问题,为范畴论基础的可行性进行合理的辩护。第四章讨论逻辑和数学的范畴基础,主要从历史和逻辑的角度出发,概述数学公理化系统的范畴性概念以及相关的完备性概念,阐释在公理化发展的进程中不同的完备性概念之间的关联及历史渊源,根据形式逻辑系统发展的一些基本事实,讨论各种逻辑和元数学的研究成果,继而考察适合完备性概念的高阶公理化的逻辑框架,给出有效扩展经典集合论语义的一些建议,从而为高阶逻辑的相关优势和局限提供新的视角。第五章探讨范畴逻辑到集合论的应用,研究范畴意义下集论全域的泛性质,利用代数和共代数方法考察集合论的良基公理和非良基公理的涵义,使用范畴论的语言以及其对偶特性证明良基公理和非良基公理的对偶关系,并且给出了在适当范畴下,集合、图和共代数之间的一一对应,进而构造非良基公理的范畴模型,根据共代数的终结性,给出同一公理家族 AFA¯ 的范畴论意义下的描述。第六章研究模态逻辑的各种范畴模型,以克里普克模型、标号转换系统为例证给出共代数模态逻辑的一些基本事实,讨论模态逻辑的拓扑理论方法,并且描述这种方法导致的形式系统,继而进一步探讨指称和模态的拓扑理论方法,以及其产生的形式系统,然后在局部理论的背景下考察局部模态算子的理论,将命题模态逻辑公理化,并且研究这些形式系统的完备性和可判定性,之后刻画非经典一阶逻辑的预层语义和独立性结果,通过描述左正合逻辑的语义明确左正合逻辑和相干逻辑的关联,并且根据左正合范畴理论、通用霍恩逻辑的应用实例阐明左正合逻辑在具有所有有限极限的任何范畴中都是可解释的。

第三节　研究思路与研究方法

本书以范畴逻辑的生成逻辑、发展进程和研究成果为研究进路,遵循"历史起源—理论基础—问题导向—理论分析—模型构造"的逻辑脉络,运用辩证思维、历史分析、文本诠释、逻辑证明、模型构造等科学方法对范畴逻辑的理论进行综合研究和全面考察,力图尝试系统化、理论化诠释范畴逻辑的学理基础和实际应用方法。本研究将范畴论与逻辑学有机结合起来,在系统梳理范畴逻辑理论起源的基础上,明晰范畴逻辑的生成逻辑;详细阐释范畴逻辑相关的理论基础和基本事实,为范畴分析提供基本参考;以深入考察数学基础问题产生的理论根源和范畴基础问题的研究进路为前提,明晰范畴论基础的哲学意义,为范畴论数学基础的可行性进行合理的辩护;阐明逻辑和数学的范畴基础,描述公理化系统的范畴性概念以及范畴逻辑的完备性结果;利用范畴论的原理和技术手段讨论范畴逻辑到集合论的应用,构造非良基公理的范畴模型;进而研究模态逻辑和一些非经典逻辑的范畴模型,讨论对应于各种逻辑系统、演绎系统和完备性定理的范畴学说,以及一阶逻辑和模态逻辑的完备性结果,从而为范畴逻辑、范畴论与现代逻辑交叉领域的实际应用问题提供理论参考。

具体采用文献梳理、综合归纳、比较分析、图论法、逻辑证明和模型构造的研究方法。比如,从概念或理论生成的历史视角,梳理范畴逻辑的理论起源和发展进路、数学基础问题产生的历史根源,以及范畴基础问题的研究方向等,形成对该研究主题的科学认识,为进一步深入研究奠定坚实的理论基础。也采用比较研究的方法分别诠释集合论和范畴论作为数学基础的哲学意义,进而解析范畴论替代集合论作为数学基础的可能性。采用图论法,使用交换图描绘范畴、函子、自然变换、回拉等范畴论基本概念,刻画对应于集合论和各种逻辑系统的范畴模型。还采用数学模型法,使用范畴论提供的一套工具建构非良基集合论的范畴模型,模态逻辑和一些非经典逻辑的范畴模型。此外,对讨论的诸如正规范畴、海廷范畴和布尔范畴等各种范畴学说的结构,采用逻辑证明的方法来证明这些范畴对应于定义明确的逻辑系统、演绎系统和完备性定理。

第四节　当前的不足与本书的创新

范畴逻辑,即范畴论在逻辑学领域的交叉应用产生的理论形态。本书在有关范畴论在逻辑学中的应用领域进行了一定的探索,并进行了初步的理论构建,做了一些创新性的工作,但也存在一些不足。一是相关文献稀缺。在对范畴逻辑做定性研究时,文献是我们主要的分析对象。国内学界对范畴逻辑的研究处于起步阶段,借鉴国外的文献研究成果为研究主题提供较扎实的理论基础。但是,范畴论的应用十分广泛,由于研究主题涉及范围的不同,相关的文献搜集与整理也较为有限。二是交叉领域的研究还有较大深入空间。两种适宜的学科交叉或碰撞时,可能就出现了新理论、新方法和新原理,但受限于交叉学科自身的发展,研究存在一定困难。范畴逻辑涉及多学科交叉、融合、渗透,本文研究内容中讨论了范畴论意义下的集合全域和非良基公理、拓扑语义、共代数性质的逻辑、一阶逻辑的斯通对偶、模态逻辑的完备性结果等,如何进而总结、凝练融合方面的理论并运用它们去解决实际问题,仍需进一步细化思考和深入研究。

在借鉴现有研究成果基础上,以范畴逻辑的理论起源及其发展进路为主线,打破内容碎片化、视角单一化的研究范式,运用整体性、多维度、多视角进行比较、综合分析,深入探究范畴逻辑的哲学意义和应用价值,寻求新突破。

第一,重要理论创新。具有强烈的问题意识,从本体论和认识论的角度,探讨范畴论替代经典集合论作为数学基础的可行性,引发了对于范畴论更多应用方面的哲学思考。使用范畴论的一整套工具系统,构造集合论和模态逻辑的各种范畴模型,突破当前学术界对范畴逻辑的研究不足,推进现代逻辑多元化、数学化和应用化发展趋势,拓展了现代逻辑的研究领域,也促进了其他学科的发展。

第二,研究视角创新。从多元化视角出发,对范畴论和逻辑学两个学科的交叉融合进行深入探讨,研究角度新颖。国内逻辑学界对范畴逻辑的研究涉及很少,该领域属现代逻辑研究的新兴领域,范畴基础问题和模态逻辑的范畴模型等所讨论的主题都是学术界研究较为薄弱但又非常重要的领域,具有学术前沿性。

第三,主要方法创新。采用多学科交叉研究方法进行综合研究,涉及范畴论、集合论、拓扑理论、代数几何、现代逻辑和理论计算机科学等学科的工具系统和技术手段,尤其是较多地运用了图论方法和模型构造法,体现了研究方法上的特色和优势。

第一章　范畴逻辑的理论起源

"代数,以及数学相关的分支具有两个重要但相反的方面:计算和概念。"①
涉及范畴逻辑的起源,我们有必要首先从概念和范畴的视角,总结从 20 世纪中
叶至今在数学领域中概念方法发展的一些高峰,并在这一过程中特别关注范畴
论在这一发展过程中的作用,重点梳理范畴逻辑的理论起源和发展进路,并简要
概述 20 世纪以来范畴逻辑的一些研究动态。

第一节　范畴逻辑的起源

一、范畴论概念的起源

（一）数理逻辑

亚里士多德逻辑是西方逻辑学的起点,通常被人们称为传统逻辑;因其专门
研究思维以及思维形式的规律,因此又称为形式逻辑;因其主要以演绎法为推理

---

① S. Mac Lane. Concepts and categories in perspective. in A Century of Mathematics in America(Part I) ,*American Mathematics Society*,Providence,RI(1988),323 – 366.

方法,故而又称为演绎逻辑。最初,亚里士多德逻辑在学科领域上归属于哲学,而不属于数学。即使在 19 世纪,布尔代数的发现也没有从根本上改变这种情况。伯恩斯坦(A. Bernstein)和亨廷顿(E. V. Huntington)在 20 世纪二三十年代发表的一些论文中给出了布尔代数的可替代公理系统,但并没有什么实际价值。直至 1936—1937 年,斯通(M. Stone)提出了布尔代数表示定理及其与布尔环的辨识,布尔代数才与数学主流有了第一次实质性的联系。

怀特海(A. N. Whitehead)和他的学生罗素(B. Russell)在 1910 年至 1913 年间合著的《数学原理》三卷本(缩写为 P. M.)是关于哲学、数学和数理逻辑的巨著,也是数理逻辑发展的一大里程碑。这部书的主题是要将一切数学还原为纯粹的逻辑,它以学究式的详述展示了如何从单一的公理系统,即逻辑学和类型论的公理加上无穷公理,推导出所有数学原理。罗素认为这足以证明数学是逻辑的一个分支,但现在人们普遍认为这一断言是错误的,部分原因是使用无穷公理的必要性。使用类型论可以避免诸如"所有集合的集合不是它们自身的成员"的罗素悖论等集合论悖论,但是类型论似乎是既烦琐又正式的。20 世纪 20 年代,随着斯柯伦(T. Skolem)和弗兰克尔(A. Fraenkel)对集合公理化的严格解释和进一步改进,类型论逐渐被策梅洛(E. Zermelo) – 弗兰克尔集合论(简称 ZF 集合论)取代,成为数学选择的基础。

尽管如此,《数学原理》依旧是一个非常有影响力的、令人印象深刻的、丰碑式的尝试,为数学提供了概念性的结构,正如哥德尔(K. Gödel)在 1931 年著名的不完全理论的标题中指出的"数学原理和相关系统"。希尔伯特(D. Hilbert)等人通过坚持形式化的逻辑系统既有公理又有推理规则来澄清它的歧义,这清楚地表明,"证明"具有精确的定义。卡尔纳普(R. Carnap)在《世界的逻辑构造》一书中以《数学原理》为基础,这在维也纳学派,即逻辑实证主义中具有一定的影响。

虽然《数学原理》对逻辑学、数学、集合论、语言学和分析哲学都有着巨大的影响力,但在大多数数学家那里不受欢迎。主要原因一是它没有得到新的数学结果;二是它使用起来很不灵活;三是它不能帮助人们理解什么是真正严格的证明。事实上,大多数数学家对数学概念上的结构并不感兴趣。尽管对逻辑不感兴趣,但有幸的是,普林斯顿大学的维布伦(O. Veblen)、丘奇(A. Church)等人看到了数理逻辑的未来,随着他们工作的开展,逻辑学家真正开始出现在美国各大学的数学系。然而在20世纪30年代早期,除了普林斯顿大学和哥廷根大学,多数大学数学系都认为逻辑不是其工作的范畴。正是这种态度促成了涵盖数理逻辑、哲学逻辑的符号逻辑协会的成立,并推进了《符号逻辑》杂志的发行,这是美国第一本专门研究数学分支领域的学术期刊。这种独立学会、独立期刊的发展是数理逻辑同美国数学主流分离的明显标志,这种分离一直延续到今天。

(二)不完备性

希尔伯特早在1904年就开始了证明数学一致性的工作。进行这样的论证需要仔细分析证明的性质,明确说明一种逻辑形式:一阶谓词演算。希尔伯特(Hilbert)和阿克曼(W. Ackermann)在1928年基本上实现了这一点。完备性问题的明确表述引起了哥德尔(Godel)的关注,他先是证明了一阶谓词演算的完备性,又在1931年证明了著名的不完备性定理。当时,人们并未认识到不完备性定理的重要性。希尔伯特学派更是认为,"哥德尔对于像《数学原理》这样的系统无法证明其自身一致性的论证,可以用希尔伯特的程式来回避,其旨在通过'有限'方法来获得一致性,而且'有限'可能意味着是灵活的"[1]。直至1975年,哥德尔被授予国家科学奖章,这说明他的贡献最终被数学界充分理解和重视。

递归论是数理逻辑的重要分支之一,主要研究解决问题的可行的计算方法和计算的复杂程度,特别是研究递归函数及其推广。递归函数是用数理逻辑的方法定义在自然数集上的可计算函数。哥德尔不完备性定理使用了递归函数,克林(S. C. Kleene)等人在此基础上发展了递归的一般研究;波斯特(E. Post)开发的Post系统对递归理论的发展作出了决定性贡献。之后,递归理论迅速发展,并在技术和计算方向得到广泛推广,以满足逻辑学家解决数学难题的愿望。这样的发展是技术性的,不受概念上发展的限制。

然而,一个重要的概念上的发展是丘奇论题的表述,以及断言可计算函数的

---

① Hilbert,D.,and Bernays,P.. *Grundlagen der Mathematik*. Examen Press 45.1(1934):359 – 395.

三个定义:递归函数、λ-可计算函数和图灵机可计算函数等价性的重要结果。这一发展直到 1986 年,兰贝克和斯科特(P. J. Scott)①对于高阶范畴逻辑的研究才与范畴论联系起来。

(三)公理系统

希尔伯特在 1899 年出版的《几何基础》一书对 20 世纪数学的公理化思想有很大影响,他开创了公理化方法,给出了第一个完备的欧几里得几何公理体系,欧几里得几何学被明确并严格地简化为五组公理。显然,其他学科也可以这样简化,这很快就在 1910 年由施泰尼茨(E. Steinitz)提出的域的公理理论中得到了证明,从而包括 p-矢域、数域、函数域以及素数为特征的域。格拉斯曼(H. G. Grassmann)和皮亚诺(G. Peano)都熟知向量空间的公理,但他们的研究成果并未获得太多注意。关键性的变化发生在魏尔(H. Weyl)在 1918 年提出相对论时,魏尔需要仿射空间,所以也需要使用向量空间,并因此明确地陈述了这些公理。一般来说,向量是一个 n 元组,向量空间是一个合适的 n 元组集合。魏尔对于向量空间理论的公理化方法研究,使人们重新认识到了皮亚诺公理化定义的重要性。

20 世纪 20 年代,巴纳赫(S. Banach)和维纳(N. Wiener)对 Banach 空间理论的发展也展示了对公理思想的使用。较早的一个时期,里斯(F. Riesz)在对泛函分析基础方面的研究中已经发现,函数的有用性质可以从这类性质的一小部分中推导出来,但直到 20 世纪 20 年代,这些性质才被清楚地称为公理。因此,泛函分析理论的发展在某种程度上源于概念上的推力。

(四)近世代数

20 世纪 10 年代末,诺特(E. Noether)的研究兴趣从演算复杂的代数不变量理论转向了更加概念化的问题,她积极提倡"合适的公理可以有效地用来更好地理解代数操作"②这一观点。在她的影响力之下,杜林(M. Deuring)、费廷(H. Fit-

---

① Lambek, J., and Scott, P. J.. *Introduction to Higher-Order Categorical Logic*. Cambridge University Press, 1989.

② MacLane, S. "Mathematics at the University of Göttingen.", *Emmy Noether, a tribute to her life and work*, (edited by J. Brewer and M. Smith), Marcel Dekker, New York, 1982, pp. 65 – 78.

ting)、克鲁尔(W. Krull)、格雷尔(H. Grell)、施米德勒(W. Schmiedler)、施密特(F. K. Schmidt)、泰奇穆勒(O. Teichmuller)和威特(E. Witt)等人的工作,有力推动了德国代数的研究方向的重大变化。

阿廷(E. Artin)对近世代数的发展有着重大贡献,他在德国汉堡大学开设并系统地讲授近世代数的相关课程,尤其是伽罗瓦理论。阿廷将伽罗瓦理论从代数数域推广到任意特征的抽象域,完成了伽罗瓦理论的一般化构建。阿廷对于伽罗瓦理论概念性的理解,也反映在1941年伯克霍夫(G. Birkhoff)和麦克莱恩的《近世代数概论》中对伽罗瓦理论的处理上。范德瓦尔登(B. L. van der Waerden)希望利用近世代数的这些思想和理念来重新组织代数几何。他在1930—1931年撰写的《近世代数》是代数概念观的一次成功展示,因其确立了一种崭新的、富有成效的研究方向,可被称为20世纪纯数学研究中最有影响力的数学文本。

此外,威尔逊(E. B. Wilson)和吉布斯(J. W. Gibbs)创立发展的矢量分析,显然对标准化所有理论物理学中的矢量、矢量积、数积等符号产生了影响。他们的研究也涉及概念方面的内容,例如,对于并矢量的讨论,给出了两个三维矢量空间的张量积明确和抽象的定义。豪斯多夫(F. Hausdorff)于1914年出版的《集合论大纲》和巴拿赫于1932年的出版的《线性算子理论》也都具有关键的意义。

受近世代数和施泰尼茨域的公理论的激发,麦克莱恩在1931年尝试研究一种泛代数,他提出因为域和环有两个二元运算,应该有类似的抽象系统处理三种二元运算:加法、乘法和取幂,并且证明了这样的结构及其公理可以按照一一对应关系进行转换。这个微弱的结果表明,仅仅抽象地做一些事情,可能无法给出正确的泛化程度。正如摩尔(E. H. Moore)所说:"各种理论的主要特征之间类比的存在意味着存在一种一般理论,该理论作为特定理论的基础,并根据这些主要特征将它们统一起来。"这描述了使公理化地引入的一个新概念变得有用的条件,并指明当这些新概念没有各种可能的应用时,它们不可能有效。

(五)希尔伯特空间

作为泛函分析的核心概念之一,希尔伯特空间的公理化发展很好地说明了

公理化处理的有效性。希尔伯特在对积分方程的研究中使用了空间1^2,它由具有 $\sum |Z_n|^2 < \infty$ 以及对应内积的所有复数序列$\{Z_n\}$组成。随后在20世纪20年代后期,人们惊奇地发现这样的空间可以用来理解量子力学。为了实现这一点,冯·诺伊曼(J. von Neumann)在1927年引入了希尔伯特空间的公理描述,将其用于量子力学工作的研究中,并提出"希尔伯特空间是复数上的一个线性向量空间,它的收敛性由内积,也就是两个向量a,b的乘积$\langle a,b \rangle$和可分离性来定义"。对此,斯通给冯·诺伊曼提出建议,如果在希尔伯特空间上对线性算子T使用伴随T^*的概念,那么线性变换T上的处理方法会更有效,这就是我们熟悉的等式:

$$(\ *\ ) \qquad\qquad \langle Ta,b \rangle = \langle a,T*b \rangle,$$

对于所有合适的a和b成立。冯·诺伊曼支持这一改进,这说明了以伴随算子定义所代表的重要概念的进展。

斯通一直致力于研究线性微分方程,明白在线性微分方程中使用伴随微分算子的概念,所以很清楚地知道如何将伴随算子的概念转移到希尔伯特空间中。伴随算子概念的表述($*$)是向随后描述一个函子G右伴随函子F的方向迈出的重要一步,它是在适当范畴的hom集之间的自然同构:

$$\mathrm{hom}(Fa,b) \cong \mathrm{hom}(a,Gb)$$

这个一般概念直到1957年才出现,说明新的和重要的概念是分阶段、缓慢发展的,而且通常在一系列人的手中发展起来。

(六)泛代数

对诺特学派而言,近世代数处理的是常见对象:群、环、模和域性质的公理化处理。这种概念性的方法可以被描述为通过从适当的一般公理推导出已知的特殊结论以获得更深入理解的方法。例如,在满足递增链条件(简写为ACC)的交换环中将理想分解为准素理想,该结果既包含代数流形(多项式理想环)的分解定理,也包含代数整数环的理想分解。这种方法要求我们对更多类型的代数系统进行类似研究。1933年,伯克霍夫介绍了泛代数,这种代数的类型是由其一元、二元、三元等一系列元性运算给出的,所有满足复合运算之间特定方程的给定类型的代数都构成一个簇。伯克霍夫定理指出,这种簇也可以以商、子代数和乘积下的闭包为特征。这个结果是证明关于一般代数类的定理确实存在的重要一步,代表了德国近世代数思想的自然发展,是"泛"代数及其与模型论关系的整个领域的起点。然而,它与组合数学,如施泰纳三元系、准群等的活跃关系远脱离了概念问题。

(七)点阵理论

任何给定抽象代数的子代数形成一个点阵,即一个半序集,其中任意两个元素具有最大和最小的元素以及最大下界和最小上界。点阵概念不可避免地产生于对泛代数的研究,伯克霍夫和奥尔(Ø. Ore)在1935年几乎同时描述了这个概念。实际上,早在1900年,戴德金(R. Dedekind)就以"对偶群"的名义提出过同样的概念。奥尔论及的不是"点阵",而是"结构",他明确表达了子对象的集合,例如一个群的所有子群,描述代数结构的思想。伯克霍夫也有同样的观点,他在1935年发表的一篇论文的题目就是《论抽象代数的结构》。

在20世纪30年代,点阵理论成为一个活跃而流行的主题。门格尔(K. Menger)等人关注到射影n空间可以用其射影子空间的点阵来描述。1937年,冯·诺伊曼在对连续几何的研究中,提出将射影空间点阵扩展到具有连续维函数的情况,并从希尔伯特空间上的算子环中得到关键的例证。据此,人们大致觉得点阵理论是描述代数的或解析的结构的常用方法。

这一观点很快就发生了改变,随着对应用研究的强调,人们对点阵理论的热情降低了。随后,苏祖基(A. S. Suzuki)研究了有限群 G 由其子群的格决定的程度,从而证明了这种方法的局限性。同样清楚的是,单独的子群不能解释同态或商群的性质。点阵理论继续作为代数的一个分支,产生了许多尖锐的结果,但它不再被视为描述代数结构的首选方法。

(八)同态

诺特于1927年提出的同态基本定理包含三个定理,并且在泛代数领域有广泛的应用。诺特强调商群或商环上同态的重要性,以及她提出的商的第一同构定理和第二同构定理的相关作用。代数中的同态通常是指一个映射上的满射同态。同态也出现在空间的同调群中,在这种情况下,它们不一定是映射的。例如,我们熟悉的实线到圆的映射 $xe^{2\pi ix}$ 是映射的圆,但是同调中的导出同态不是映射的。此外,在给定空间 X 和 Y 之间的映射 f 的同伦分类是一个核心拓扑问题,就像布劳威尔(L. E. J. Brouwer)将映射 $S^n \rightarrow S^n$ 按其度($n = 1$ 时,按其绕数)进行分类一样。拓扑学的问题促使人们考虑不一定是满射或单射的同态以及其他映射。

起初,映射不是用形象的箭头符号 $f: X \rightarrow Y$ 来表示,同调群或环的同态一直是用相应的商群或环来表示。因此,我们所熟悉的纤维化的同伦群的长正合序列,最初是用子群和商群来描述的。这是所有关于序列和覆盖同伦定理的三个发现所使用的风格。尽管不是以"正合"来命名,胡列维茨(W. Hurewicz)在 1941 年首次注意到同调群的正合序列这个概念的出现。1945 年,艾伦伯格和斯廷罗德(N. Steenrod)选择了"正合"这个名称,并在他们的公理同调理论中充分利用这一想法,这个名称沿用至今。

用箭头这一方便符号表示映射的做法就是在这个时期出现的,几乎是同时,也有人使用一种与箭头相同的映射符号。1942 年,艾伦伯格和斯廷罗德在第一篇联合发表的论文中同时使用了箭头和交换图,而且虽然研究的主要结果是上同调的通用系数定理,其现在常用短正合序列来表示,但当时他们并没有使用正合序列的概念。在定义范畴之前,这些表示法就已经普遍使用了。正如使用标准符号 $\text{hom}(H, G)$ 表示 H 到 G 的同态集,这种优先次序是必要的第一步。由此可见,近世代数、点阵理论和泛代数也是范畴论的必要先导,这种累积的发展在概念数学中是常见的现象。

二、范畴论的产生

范畴的最初发现直接来自拓扑学中的一个计算问题。对于一个素数 p,p-进螺线管 Σ 是实心环面 T_i 无穷序列的交点 $\cap T_i$,其中 T_{i+1} 在 T_i 内绕 p 圈。1937 年,博苏克(K. Borsuk)和艾伦伯格探究所有连续映射 $(S^3-\Sigma) \rightarrow S^2$ 的同伦类。1939 年,艾伦伯格证明了这些类可以表示为合适的一维上同调群 $H^1(S^3-\Sigma, Z)$ 的元素。1940 年,斯廷罗德通过使用正则循环,部分计算了这些群中的一部分。麦克莱恩从类域理论中的计算问题出发通过 Σ 的离散对偶 Σ^* 独立计算了 Z 的交换群扩展的群 $\mathrm{Ext}(\Sigma^*, Z)$。据此，艾伦伯格看到了与斯廷罗德的问题之间的联系，随后，艾伦伯格与麦克莱恩共同发现，这个群扩展的群与 $H^1(S^3\text{-}\Sigma, Z)$ 同构，这一结果来自现在人们熟悉的短正合序列：

$$0 \rightarrow \mathrm{Ext}(H_{n-1}(K), G) \xrightarrow{\beta} H^n(K, G) \xrightarrow{\alpha} \mathrm{Hom}(H_n(K), G) \rightarrow 0$$

即，上同调的通用系数定理，它确定了链复形 K 的上同调群，由它的整同调群 Hn 和 $Hn\text{-}1$ 来决定。实际上，要处理斯廷罗德的正则循环，就必须对一个无穷序列的映射 $f : K \rightarrow K'$ 的复形取一个这样序列的极限。因此，有必要反过来知道在这样一个链变换 f 的作用下，这个短正合序列发生什么。这就引出了下图：

$$0 \rightarrow \mathrm{Ext}(H_{n-1}(K'), G) \xrightarrow{\beta} H^n(K', G) \xrightarrow{\alpha} \mathrm{Hom}(H_n(K'), G) \rightarrow 0$$

$(**)$ 　　　　　　$f^* \downarrow$　　　　　$f^* \downarrow$　　　　　$f^* \downarrow$

$$0 \rightarrow \mathrm{Ext}(H_{n-1}(K), G) \xrightarrow{\beta} H^n(K, G) \xrightarrow{\alpha} \mathrm{Hom}(H_n(K), G) \rightarrow 0$$

其中，α 是在 K 的同调类上计算每个 G-闭上链的算符，其中的垂直映射是由 f "诱导" 的映射。这意味着对于固定的 G，$H^n(-, G)$ 是 K 的一个函子，这个函子将每个链复形变成一个交换群，上同调 $H^n(K, G)$ 也将链复形的每个映射 $K \rightarrow K'$ 变成上同调群的诱导映射 f^*。此外，如果 $g : K' \rightarrow K''$ 是另一个这样的链变换，则合成 $g \circ f$ 的诱导映射为合成 $f^* g^*$。在当时的新语言中，这意味着 $H^n(-, G)$ 是一个反变函子，把复形变成交换群，把复形的映射变成群的同态，这样就保持了更好的、反转的合成，同时也保持了恒等性。因此，这种几何情形迫使我们考虑一个函子，同时又迫使我们引入定义这个函子的链复形的范畴。这里也涉及协变函子 $H_n(-)$。

此外，为了得到必要的极限，我们需要知道 $(**)$ 中的两个正方形图都是可交换的，也就是 $f^* \alpha = \alpha f^*$，$f^* \beta = \beta f^*$。α（或 β）的这一性质意味着 α 是函子之间的自然变换，也称为函子的态射。

艾伦伯格和麦克莱恩最初的目的只是定义 "诱导映射" 和 "自然同态" 的概念。1945 年，艾伦伯格和麦克莱恩共同发表了《自然等价性的一般理论》一文，标志着范畴论的诞生。他们最先使用代数方法定义了范畴,并且在此定义中使用了术语"集合"。然而,其定义范畴的目的是给他们真正感兴趣的"函子"和"自然变换"的概念一个明确且严格的表述。实际上,艾伦伯格和麦克莱恩从一开始就认为定义范畴是完全不必要的,他们在这一时期研究的中心概念是自然变换。为了给出自然变换的一般定义,他们借用卡尔纳普的术语定义了函子;为了定义函子,他们借用亚里士多德、康德和皮尔士(C. S. Peirce)哲学上的术语"范畴",重新定义了数学意义上的"范畴"。

范畴论建立之初,被数学界称为一般抽象的"废话"。作为广泛的、概括性的理论,范畴论为拓扑学家提供了一种方便的语言,也提供了数学部分的概念性观点,在某种程度上类似于克莱因(F. Klein)的"埃尔朗根纲领"①,但在当时并没有成为进一步研究的领域,而只是作为一种语言和一种方向,直到伴随函子出现。

范畴不是伯克霍夫的泛代数意义上的代数系统,因为只有当 g 的定义域是 f 的值域时,合成 gof 的基本运算才被定义。实际上,正是这种情况迫使一个范畴中的箭头同时具有指定的源和目标。这已经受到拓扑情况的影响,因为映射对同源性的影响在很大程度上取决于 f 的目标。这种意义上的合成代数于 1925 年出现在勃兰特(H. Brandt)的研究中,在二次型合成方面的工作迫使他考虑广群,即每个箭头都是可逆的范畴。随后,埃雷斯曼(C. Ehresmann)对微分几何基础的深入探究促使其考虑将几何结构从一个坐标块转移到另一个坐标块的局部同构广群,进而促进其对范畴进行广泛的研究。可见,范畴的发现是必然的,即便不是代数拓扑的问题所致,也会是微分几何的问题所迫。

公理同调理论的发展很好地说明了范畴作为一种语言的使用。大约在 1940 年,同调理论的多样性,诸如单纯同调、奇异同调、切赫同调和维托里斯同调等内容令人费解。于是,艾伦伯格和斯廷罗德引入了一个关键的公理,断言同调是拓

---

① 1872 年,德国数学家克莱因(Felix Klein)在埃尔朗根大学的教授就职演讲中,作了题为《关于近代几何研究的比较考察》的演讲,论述了变换群在几何中的主导作用,把到当时为止已发现的所有几何统一在变换群论观点之下,明确地给出了几何的一种新定义,把几何定义为一个变换群之下的不变性质。这种观点突出了变换群在研讨几何中的地位,后来简称为"埃尔朗根纲领"。

扑空间到交换群的一个范畴上的函子,这可以不用"函子"和"范畴"这样的词或语言来表述,但是斯廷罗德强调了这些概念的重要性。因此,范畴的使用规定了代数拓扑通过代数关系描绘几何情形的方式,并且这种方式在各种特殊的同调理论和代数 K-理论的研究中反复出现。

尽管范畴的方法出现在数据类型、多态类型的研究中,以及更普遍的程序语言的语义研究中,但是范畴论最初在理论计算机科学中的应用并不是十分广泛。

三、范畴论概念的早期发展

(一)无环模型

无环模型代表了从计算到概念的另一个转变。在代数拓扑中,许多必要的比较似乎需要复杂的来回公式,例如从单纯奇异同调到方体同调,以及从链复形的单纯乘积到张量积(Eilenberg-Zilber 定理)。后来证明,可表示函子和范畴语言允许人们在没有任何显式公式的情况下,通过艾伦伯格和麦克莱恩在 1953 年提出的无环模型方法进行这些比较,以及其他许多比较,除了艾伦伯格—麦克莱恩空间 $K(\pi, n)$ 中的 $\overline{W}$,这实际上是早期的"无环载体"几何方法的"一般无意义"版本。它的基本概念是三角化空间,因为得到的部分,即单体本身是无环的,它们具有简化的同调零,因此单体连接在一起的方式给出了所有的同调。

在对艾伦伯格 – 麦克莱恩空间 $K(\pi, n)$ 的同调性进行非常精细的计算时,如同张量积的棒结构关于单体 $\overline{W}$ 结构的一个显式比较就出现了,值得注意的是,这些空间只有一个非零的同伦群 $\pi_n \cong \pi$。这些计算包括对迭代面 F_i 和奇异单形的简并 D_j 的重复操作,所以艾伦伯格和麦克莱恩空间将这些对于合成 $F_i D_j$ 的等式整理起来,并把结果称为 F-D 复合。他们并不是组织代数计算,而是介绍单纯集和群,不是用恒等式而是用逆变函子来描述来自模型单形的某一小范畴 $\triangle$ 的集合。单纯集的范畴在许多方面是对空间范畴,以及同伦类型的替代。1985 年,格罗腾迪克推动了对单纯集的其他替代范畴。事实仍然是,最初作为计算工具的东西已经被定义为一种不同的方法来研究空间的概念,特别是在将代数 K-理论应用到拓扑流形的研究中非常有用。

（二）布尔巴基学派

1930—1960 年,法国新出现了一个由一批数学家组成的自称"布尔巴基学派"①的数学结构主义团体。他们认为数学就是关于结构的科学,力图把整个数学建立在集合论的基础上,并且出版了多卷本的《数学原理》,对现代数学有着极大影响。布尔巴基学派继承了德国学派的现代代数方法,研究从最一般的数学到最特殊的数学,其论证是系统的、严谨的和清晰的,也具有明确的、影响广泛的概念背景。在布尔巴基学派诞生之前,如果每个无限序列的点都有一个收敛的子序列,那么拓扑空间就是"紧致的",如果每个开覆盖都有一个有限的子覆盖,那么拓扑空间就是"双紧致的"。布尔巴基学派指出,这是具有广泛和普遍影响力的居第二位的概念,他们把名称"双紧致"更改为"紧致","紧致"改为"序列紧致",这一改变被整个数学界普遍采用。

布尔巴基学派主要研究抽象的数学结构,而且致力于用数学结构这一概念来统一数学。早在 1939 年,他们给出了一个烦琐的称为"等级集"的数学结构定义。这一定义接近于罗素意义上的类型论概念,并且具有同样烦琐的特征。笛卡尔闭范畴提供了类型的另一种可能表达方法,在这一表达中,范畴的对象就是类型。20 世纪 50 年代,布尔巴基学派的一些成员就看到了范畴论的发展前景,或许也考虑过用它来描述数学结构的可能性。然而,布尔巴基学派强调其对抽象和概括的使用并不是作为一种研究技术,而是作为一种组织和呈现数学的有效途径。布尔巴基成员更感兴趣的是将这种方法推广到数学的其他领域,而对使用范畴的方法或其他概念性方法等问题的关注较少。因此,他们并没有在其论著中加入范畴,只是对抽象的数学结构感兴趣,而对于对象本身究竟是数、是形、是函数还是运算并不关心。

纯数学的布尔巴基组织显然是对早期近世代数概念发展的进一步推进。布

---

① 布尔巴基学派是 20 世纪 30 年代开始形成的,由一些法国数学家所组成的数学结构主义团体。他们以结构主义观点从事数学分析,认为数学结构没有任何事先指定特征,它是只着眼于它们之间关系的对象的集合。

尔巴基的结构主义观点认为数学是依据结构的相同与否进行分类的。这种以全新的观点来统一整个数学的主题,在 20 世纪五六十年代风靡一时。布尔巴基学派出版的《一般拓扑学》《微积分》《多重线性代数》等著作都非常有影响力,在 20 世纪的数学发展过程中,起着承前启后的作用。

(三)交换范畴

范畴论发展的下一阶段是引入具有结构的范畴。1947 年,麦克莱恩注意到艾伦伯格-斯廷罗德公理同调理论涉及从拓扑空间的范畴到各种具有"可加"结构的范畴,即交换群范畴或各种环 R 的 R-模范畴的函子。麦克莱恩开始用公理来描述这些交换范畴,并在此过程中借助泛映射的性质明确地表述了积与上积的定义。这样描述的交换范畴过于强调对偶性,正如和与积之间的对偶性一样。在模范畴中有特殊的包含子模的单同态类,麦克莱恩试图通过引入特殊的满同态类,例如,商模的映射来实现对偶性。事实上,在现实中并没有这样特殊的满同态类。最重要的是,范畴论描述了诸如积和上核等特定的结构,仅限于同构意义下。

麦克莱恩在 1950 年对交换范畴的描述是复杂难懂的。1955 年,受艾伦伯格的启发,布茨高姆(D. Buchsbaum)提出了对于交换范畴更流畅的一个公理描述。1957 年,格罗腾迪克做出了重要的几何观察,即空间上的交换群或模的层形成交换范畴,并且进一步描述了一个更具体的结构。格罗腾迪克的这一重要发现独立于之前关于交换范畴的任何研究,这足以说明一个概念可以有多种发现,而最重要的发现是将这个概念与数学的其他部分联系起来,在这个例子中的概念是层上同调。

布茨高姆强调使用交换范畴作为公理化同调函子的值域,而格罗腾迪克则强调交换范畴在同调代数中的使用。事实上,同调代数的发展或交换范畴的使用与一般范畴理论的发展密切相关。戈德门特(R. Godement)在 1958 年关于代数拓扑和层理论的书中既提到了单纯集,也提及交换范畴,但并没有以通用式系统地使用这些概念。所以,新的观点被纳入文献中是逐渐提出的。

（四）代数几何

在早期的德国学派和意大利学派中发展起来的代数几何具有丰富的几何见解，但缺乏严格证明的技巧。对于代数几何基础的需要，在诺特的多项式环理论和范德瓦尔登关于理想理论、克鲁尔关于赋值论、扎里斯基（O. Zariski）关于奇点及相关问题的解决等广泛研究中发挥了重要作用。1940 年，韦伊（A. Weil）在其关于相交理论的论文中重新阐述了代数簇的概念，将代数簇从实数域、复数域推广到了任意域，其中的一些观点对范畴概念进行了富有成效的发展。

20 世纪 50 年代，格罗腾迪克迈出了关键性的下一步。为了攻击韦伊的某些猜想①，他提出了所有代数几何的大规模重新阐述，这些重新阐述有两个方面涉及范畴概念。其中一个方面是对代数变量 V 的描述发生了重大变化。这样的 V 用经典术语来说是在有限个多项式方程的仿射或射影空间中的轨迹，用更固定的术语来说，是由这些多项式产生的理想轨迹。韦伊已经证明了通过粘贴几个仿射片来代替射影变体的重要性。相反，格罗腾迪克将代数几何中的基本概念转化为概形，并将其最初描述为携带局部环层的合适拓扑空间。概形的范畴是局部环空间范畴的子范畴。后来，德玛苏（M. Demazure）和加布里埃尔（P. Gabriel）在代数群的研究中用简单的概念术语将概形定义为从交换环到集合的函子。同样，范畴式的表述是为了简化，这种情况有助于加快层概念的形成。

任意空间 X 上的层概念是逐渐发展起来的，在某种程度上是从对一个或几个复变量的分析开始的。一方面，我们可以视具体情况而定考虑解析的或连续的函数在每个点 $x \in X$ 上的芽的集合 G_x，这些芽的全部形成一个空间 $\prod G_x$，其具有合适的 p 到 X 的连续映射，这样的一个"局部同胚"是 X 上的一个层。另一方面，对于 X 的每个开集 U，可以认为是定义在 U 上的所有解析函数或所有连续函数的集合 $F(U)$。那么，F 是 X 开子集范畴的一个逆变函子，并且当这个函子具有补丁属性，例如，一个连续函数可以由匹配块拼接在一起时，它就是一个层。

---

① 20 世纪 40 年代，法国数学家韦伊（A. Weil）证明了关于代数域上的黎曼猜想，并由此提出了一般簇的黎曼猜想，即著名的韦伊猜想。

分析中的典型层是交换群或模的范畴的函子，但出于概念的目的，只考虑集合的层就足够了。塞尔(J.-P. Serre)等人强调在代数几何中使用层，随后格罗腾迪克在其概形的上同调研究中大量使用了层。格罗腾迪克注意到，任一空间或者一般称为站点的 X 上的层范畴携带着该空间或站点的拓扑和上同调的基本信息，他将这样的范畴称为"拓扑"。格罗腾迪克的这些想法主要在 1962—1964 年间的几次研讨会上提出，这些表述包含大量的范畴理论，并且包括一个 Giraud 定理来描述这些称为拓扑的范畴。格罗腾迪克等人认为拓扑学的研究对象是拓扑，而不仅仅是拓扑空间的研究，拓扑继承了小集合范畴的大多数常见的性质。这就是范畴论的一个决定性方面：拓扑理论的起源。虽然格罗腾迪克对范畴的使用服从于他的几何见解，但就像代数拓扑促进范畴的发现一样，几何问题不可避免地导致范畴的发展。

（五）伴随函子

通用结构的概念是分阶段发展的，远早于伴随函子的表述。把一个结构描述为"通用的"，应首先用在这种结构的集合论版本不太自然的情况下。因此，艾伦伯格和麦克莱恩在 1945 年从普适性的角度描述了有向集上的正极限和逆极限，这种极限最早出现在切赫同调中。1948 年，塞缪尔(P. Samuel)描述了通用结构，而布尔巴基学派几乎在同一时间使用了可表示函子，即两个范畴间的一类特殊函子。正如麦克莱恩所指出的那样，我们熟悉的笛卡尔积可以用其投影的通用性质来描述。

1958 年，坎(D. M. Kan)迈出了定义伴随函子的重要一步，并且阐述了所有相关的思想，如附加的单位和余单位，坎扩展的存在性定理和左伴随到高阶模的张量积，以及许多拓扑学的例子。同时，他在研究单纯集时也广泛地使用这些伴随函子。坎的这一重要发现代表了从布尔巴基学派到塞缪尔再到麦克莱恩等人都错过的概念上的重大进步。

坎提出伴随函子的概念是在所难免的，这一发现很快得到一些数学家的证实。1963—1964 年，弗雷德(P. Freyd)提出了对于伴随函子的基本存在定理，即伴随函子定理。正如麦克莱恩于 1971 年宣称的那样，伴随函子无处不在。此后,伴随函子理论被广泛应用于范畴、环与模论等研究领域,现在已经成为代数学的重要概念及工具之一。

（六）无元素集

洛夫尔在印第安纳上大学期间曾与特鲁斯德尔（C. Truesdell）和诺尔（W. Noll）一起研究连续介质力学,他在泛函分析的学习中接触到一些范畴论,并有机会重新发现伴随函子和反射子范畴的概念。随着他去往哥伦比亚大学从艾伦伯格、多尔德（A. Dold）和弗雷德那里学到更多的范畴论知识,他便产生了对所有范畴的范畴进行直接公理化描述的想法。洛夫尔提出了不使用集合元素的集合论,这种观点最初并没有被认可,因为熟知集合论的人几乎都认为元素对于集合论是绝对必要的。

但事实上,洛夫尔的想法是正确的。1963 年,洛夫尔完整表述了这一想法,即,在公理基础上,可以用集合之间的"合成函数"这一基本概念来代替"集合的元素"这一基本概念,这相当于集合范畴的公理化描述。在一阶谓词演算中陈述公理,但不使用集合范畴的元素,这确实是可能的。1963 年至 1964 年,洛夫尔对这种观点进行了完善,并且在《美国国家科学院院刊》上发表的文章中确立了一个惊人的事实,即可以通过公理集合论和类型论给出一种不同于标准基础的数学形式基础。通过对这种方法进一步的改进,我们可以将集合范畴的基本理论（简写为 ETCS）描述为良指向的初等拓扑理论 E。那么,E 有一个终端对象 1,E 的对象 X 的"元素"表示为箭头 $x:1 \rightarrow X$。根据约翰斯通（P. Johnstone）在 1977 年或哈彻（W. S. Hatcher）在 1982 年的论证可知,这个理论等价于策梅洛集合论的一个弱形式。此外,初等拓扑是笛卡尔闭范畴,后者的概念与类型 λ – 演算密切相关,而根据 1986 年兰贝克和斯科特的描述,拓扑理论可视为直觉主义类型论的一个版本。由丘奇等人在 20 世纪 30 年代提出的 λ – 演算,可以被通俗地描述为"没有变量的逻辑",然而,它与初等拓扑理论的最初发展,也就是"没有元素的集合",几乎没有联系。兰贝克和斯科特是最先强调这些思想之间具有相互联系的人之一。此外,在没有元素的情况下研究集合论需要大量使用交换图,而这些图有些相当大,甚至很烦琐,使用起来并不简便。值得注意的是,布瓦洛（M.

Boileau)和乔亚尔于 1981 年描述了一种有效的方法,即所谓的米切尔 - 贝纳布(Mitchell-Bénabou)语言引入在语言中使用字母的想法,字母的作用"好像"它们是元素。

　　理解没有元素的集合论的困难在某些领域仍然存在。费弗曼(S. Feferman)在 1977 年提出:"在解释结构和特殊类型的结构,例如群、环、范畴等的一般概念时,我们隐含地假设已经理解了运算和集合的概念。"①这一观察结果未能明确区分先前对"集合"等概念的非形式的预公理解释及其形式表示,例如在一阶谓词演算的公理化中。特别是没有注意到,在集合范畴的基本理论中,对象公理化了"集合"概念,而箭头公理化了"运算"概念。这是因为费弗曼并没有关注到有限笛卡尔积可以通过其投影的通用性质公理化,这比通常的有序对的集合论定义对许多范畴中的笛卡尔积给出了更内在的理解。而且,费弗曼很可能还不知道无限笛卡尔积的范畴处理需要参考切片范畴,这是一种更精细复杂的结构。

　　费弗曼对于范畴论进行的研究,特别是对于利用反射来解释函子范畴等大型结构的问题作出了很大贡献。问题的关键在于,对于任何熟悉集合论传统环境的人来说,如果不把"有元素的集合"作为基本概念,可能很难想象其他可替代方法的可行性。此外,ZF 集合论也许不能很好地表示"收集"的预形式概念,在这种理论中,集合的元素又是集合,所以我们处理的是集合的集合的集合,等等。众所周知,理解新的概念性方法非常困难。

　　(七)集合概念

　　对于"无元素集合"的讨论,可以通过对集合这一数学概念早期起源的简要考察加以补充。似乎有两个相关的起源:"收集"概念以及更广泛的"任意的"集合概念。这里的收集指的是一个已经给定整体的一些元素的收集。由此,3 模 11 的同余类是 $x \equiv 3$(模 11)的所有整数 x 的收集;实数到实数的函数是实数对的收集;实数是戴德金分割,即,有理数的适当收集;有理数是整数对的同余类(收

　　① Feferman, S. . *Categorical foundations and foundations of category theory.* , *Logic*, *Foundations of Mathematics and Computability Theory*, (R. Butts and J. Hintikka, editors), Dordrecht: Reidel, Boston, 1977: 149 – 169.

集);自然数是有限集的等价类,这里的"等价"指的是基数等价。收集的概念也出现在布尔代数中,布尔代数是从给定全域中提取的所有收集的代数。此外,点集拓扑最初处理的是点集,通常是来自给定欧几里得空间的点的收集。

任意集合的广义的概念在康托尔(G. Cantor)的工作中引起了广泛的注意,他在处理任意无穷时,将可能的无限基数定义为任意集合的等价类,将序数定义为良序集的序数等价类。弗雷格(G. Frege)和罗素的工作中也有这种一般概念,他们论及的是"类"而不是"集合",并提出了著名的"所有类的类不是它们自身的成员"的悖论。随后,策梅洛巧妙地证明了每个集合都可以是良序的,这揭示了考虑选择公理的必要性,并引导他建立了集合公理系统,这也有助于避免罗素悖论。尽管豪斯多夫明确表示知道策梅洛公理,但他在 1914 年出版的著名的《集合论》一书中讨论的还是朴素集合论。集合论的这些公理后来分别由斯柯伦在 1922 年、弗兰克尔在 1922 年、冯·诺伊曼在 1928 年,以及伯奈斯(P. Bernays)在 1942 年的研究中进行了改进和补充。事实上,在 1935 年之前,数学家们一般都不会把公理集合论当作数学的基础,而只是将它看作解释康托的无穷数和建立序数的方法,并且他们通常认为上述意义上的收集是一种朴素的集合论,不需要任何基础。

在这个阶段,数学的"基础"主要与演算的严格处理有关。这需要专家通过魏尔斯特拉斯①传统的 ε-δ 论证来处理极限,再加上基本事实的证明,例如从实数的定义中得到的中值定理。1930 年,积极倡导严格证明的兰道(E. Landau)在其著名的小册子《分析基础(整数、有理数、无理数、复数的运算)》中提出这种方法的标准表述,他从自然数的皮亚诺公设开始,以众所周知的方式通过等价类和戴德金分割建立了其他数系。兰道将戴德金分割描述为合适的自然数"集合"。实际上,兰道只是根据皮亚诺公理建立了实数,并在其严格的"兰道式的"公理、

---

① 魏尔斯特拉斯(Weierstrass),德国数学家,被誉为"现代分析之父"。他在数学分析领域中的最大贡献是在柯西、阿贝尔等开创的数学分析的严格化潮流中,以 ε-δ 语言,系统建立了实分析和复分析的基础,基本上完成了分析的算术化。

定义、命题和证明中提出了这些公理。但是，仅仅从皮亚诺公设不能真正得到实数，还需要关于集合的假设。

在 1931—1933 年期间，有直觉主义倾向的魏尔并不认为集合论有太多用处，还反复说集合论"包含太多沙子"。甚至在希尔伯特和伯奈斯 1934 所著的著名的两卷本《数学基础》中也只是以完全附带的方式提到了"集合"一词。但是在 1928 年，冯·诺依曼就已经阐述了他的公理集合论理论。

另一方面，哥德尔在 1940 年对于连续统假设一致性的证明、伯奈斯于 1943 年完成的公理化集理论系统等研究成果证明了公理集合论的核心作用，因此，认为 ZFC 公理系统①是数学基础的这种观点在 20 世纪 60 年代"新数学"运动达到高潮时被人们普遍接受，但很快就在 1964 年受到了洛夫尔关于集合范畴的初等理论的挑战。

显然，ZFC 公理是概念上的成功典范，但公理系统过于强大，无法解释"收集"这一基本概念的作用。诚然，大多数数学家可以很轻易地列举并使用自然数的皮亚诺公理，但却很难列出 ZFC 的所有公理。然而，众所周知，鉴于科恩（P. Cohen）1963 年对于连续统假设的独立性证明，这些公理并不足以解决连续统假设。但能够解释这种独立性不仅可以被视为集合模型的一个事实，也可以被视为拓扑的层理论的一个方面。

---

① ZFC 公理系统是指由策梅洛（Zermelo）和弗伦克尔（Fraenkel）等提出的 ZF 系统，在此基础上再加上选择公理所构成的 ZFC 公理系统。

第二节 范畴论概念的发展

一、关于范畴的研究

关于范畴的研究基本上是从 1945 年艾伦伯格和麦克莱恩在他们共同的论文中定义"范畴"开始的,给出范畴概念的唯一必要是他们所关注的自然变换理论的需要。但对于其他人来说,范畴和函子将有可能为数学家提供一种有用的语言。随后,一些关于一般范畴论的研究论文出现了。交换范畴的研究成为一个重要的课题,特别是在它与同调代数相关的领域,对于这一点,加布里埃尔在 1962 年的《交换范畴》中进行了很好地证明。伴随函子的发现被大家注意到,1960 年,弗雷德通过证明伴随函子定理,说明可能存在关于范畴的实质性定理,这为伴随函子的存在提供了条件。

1963 年,人们突然理解不仅是对于交换范畴或范畴的应用,一般的范畴论是数学研究可行的领域。这可能是因为许多数学家开始从事范畴论的研究,在这一年产生了许多重要和关键的成果。一些主要成果如下:

1. 1963—1964 年出版的研究代数几何学的著作 SGA IV,共 7 册。[①] 其中第一分册由阿廷(M. Artin)、格罗腾迪克和维迪尔(J. L. Verdier)编辑,标题为《概形的平展上同调》;其余分册由德玛苏和格罗腾迪克编辑,标题为《群概形》,并于 1969 年再版时,被修改为《概形的拓扑理论和平展上同调》,以强调格罗腾迪克拓扑和拓扑语言的重要性。

---

① 1960 年到 1967 年,A. Grothendieck 和 Jean Dieudonn 合作写了《代数几何基础》的首八卷。他的代数几何讨论班整理出版了 7 卷 SGA。20 世纪五六十年代,格罗滕迪克对代数几何进行了彻底的革命,发表了十几本巨著,建立了一套宏大而完整的"概型理论"。

2.1963 年,洛夫尔在哥伦比亚大学发表的创新论文中提出代数理论的范畴描述,以及处理无元素集合的建议和一些其他想法。

3.1963 年,弗雷德在伯克利大学的一次模型论研讨会上第一次公开介绍伴随函子定理。

4.1963 年,埃雷斯曼发表了有关结构化范畴的论文。用现代术语来说,即有关内部范畴,例如拓扑范畴 = 拓扑空间范畴 TOP 中的范畴对象。

5.1963 年,麦克莱恩发表了第一个相干性定理,即所有典范图在对称的单元半群范畴中可交换。

6.1963 年,麦克莱恩在美国数学会学术讨论会上进行了关于范畴代数的演讲,他强调了通用箭头和伴随符号之间的等价性,以及它们在描述极限和交换范畴时的有效使用,并且讨论了包括被视为伴随的横分解、对称的单元半群范畴及其用于描述高阶同伦的用法,以及同伦代数中的其他主题。显然,麦克莱恩看到了范畴论具有广阔的研究前景,但当时他对范畴论的兴趣与拓扑学和同调代数中范畴的使用密切相关。

值得注意的是,在 1962 年至 1967 年期间,范畴论方面的研究变得非常活跃,至少有 60 多位学者发表了重要的研究论文,这些论文的来源各不相同,包括库罗斯(A. Kuros)引领的苏联学派、格罗腾迪克学派、美国学派、法国的埃里斯曼学派、瑞士学派,以及德国、东欧和中南美洲的一些范畴理论学家所作的贡献。在普遍参与的情况下,范畴论作为一门新学科,一个全新的领域在数学界迅速发展起来,以前的更大的数学“领域”呈现出分裂成不同子领域的倾向。

1965 年 6 月,由美国空军科学研究办公室(AFOSR)主办的第一届范畴理论研讨会在美国加利福尼亚州的拉霍亚举行,其中突出的议题是具有附加结构的范畴思想;艾伦伯格和凯利(G. M. Kelly)提出的闭范畴和强化范畴,以及洛夫尔论及的“范畴的范畴作为数学基础”的问题。虽然洛夫尔提出的公理并不充分,但这一思想导致了随后 2-范畴、双范畴及相关理论的广泛研究。这是范畴论发展最富有成效的 10 年时期的开端。

二、代数理论和单子

在泛代数中,一个群 G 可以被描述为具有三种运算的集合 G,这三种运算分别是:二元乘法运算 $m:G \times G \to G$;给出逆运算的一元运算 $v:G \to G$;给出单位元的空元运算 $e:1 \to G$,其中 1 为一点集,且运算遵循通常的恒等式作为公理。每一个恒等式,例如结合律,都涉及到三种给定运算的迭代,如 $m(m \times 1) = m(1 \times m)G \times G \times G \to G$。1963 年,洛夫尔迈出重要性的一步,他给出了任意此类代数理论的"不变性"描述,在这种描述中,所有的迭代运算和复合运算都会出现。实际上,洛夫尔定义的代数理论 A 是一个具有无数个对象 $A^0, A^1, \cdots, A^n, \cdots$ 的范畴,其中每个 A^k 都是 k 个因子 A^1 的乘积,并带有显式投影,且 A^0 作为终端对象。在这种理论中,态射 $A^n \to A^1$ 是 n 元运算。这个理论的代数是一个积保持函数 $T:A \to Sets$,人们可以在其他范畴中定义这个理论的代数。这种简练的描述与霍尔(P. Hall)的克隆理论密切相关,当然为诸如群理论或环理论这样的理论提供了预期的不变描述,因为它在这一范畴 A 中提供了该理论的所有衍生运算,以及这些运算之间的恒等式,例如结合律。这种理论被林顿(E. J. Linton)扩展到包含无穷运算的代数。尽管有这种巧妙的形式,但一直被泛代数的大多数专家忽视,而在帕雷吉斯(B. Pareigis)、舒伯特(H. Schubert)和马奈斯(E. G. Manes)的书中有相关阐述。

范畴与单子理论密切相关。在"基础"范畴 X 中,函子 $F:X \to E$ 和右伴随子 $U:E \to X$ 定义了一个复合函子 $UF = T:X \to X$,伴随的"单位"上的自然变换 $\eta:I \to T$,以及由余单位定义的 $\mu:T^2 \to T$。这样的三元组 $\langle T, \eta, \mu \rangle$ 满足与 μ 和单位元 η 相乘的幺半群的恒等式,这种结构被艾伦伯格和摩尔称为"三元组",被麦克莱恩称为"单子"。实际上,这些恒等式是在戈德门特 1958 年关于层理论的书中对于函数演算的规则中首次提出的。1965 年,艾伦伯格和摩尔命名了三元组,并证明了 X 中的每个三元组都由一对伴随函子 $F:X \to E, U:E \to X$ 产生,其中 E 是三元组的代数范畴,F 是给 X 的每个对象指派对应自由代数的函子。这种巧妙的代数构造,包括代数理论的例子,很快就导致了对于三元组结构和语义,即其代数范畴之间的结构语义关系的大量研究。这些关系是 1966—1967 年林顿在关于三元组和范畴同调理论的一个研讨会上提出的。

在代数系统上同调的研究中，巴尔（M. Barr）和贝克（J. Beck）发展了使用三元组及其对偶、共三元组的方法，其中共三元组提供了一种构造标准解的方法。正如约翰斯通于 1977 年出版的《拓扑理论》或巴尔和威尔斯（W. Wells）于 1986 年出版的《拓扑、三元组和理论》书中所解释的那样，单子（＝三元组）的性质在拓扑理论中发挥着公理的作用。总的来说，单子这一理论被认为是伴随函子基本概念的必然且自然的发展。

三、基本拓扑的公理化

在发现和利用伴随函子的性质之后，范畴论接下来关键的发展是基本拓扑的公理化。这来自三四个不同的起源，来自对几种不同范畴的考察：一是集合的范畴 S，如上述集合范畴的基本理论（ETCS）；二是一个拓扑空间或一个"场所"，即具有格罗腾迪克拓扑的范畴上的所有集合层的范畴（格罗腾迪克拓扑）E；三是函子范畴 S^{C^∞}，即来自某个小范畴 C 的集合的所有逆变函子的范畴；四是由斯科特和索洛韦（R. Solovay）用集合论的布尔值模型构建的范畴。已知这些范畴中的每一种都满足"基本拓扑"的公理：具有所有有限极限的范畴 E 是笛卡尔封闭范畴，即，函子 $X \longmapsto (--)X$ 有一个右伴随，指数 $\longmapsto (\ )^X$，以及一个子对象分类器 Ω。

1963—1964 年，洛夫尔在对 ETCS 公理化的同时，一直努力探索将所有范畴的范畴公理化作为数学基础的可能性。弗雷德也建议将函子范畴公理化的问题，如 S^{C^∞}。1963 年，科恩发明了强制证明连续统假设独立于 ZFC 公理的过程，也就是证明连续统假设和 ZFC 公理系统是彼此独立的。因此，连续统假设不能在 ZFC 公理系统内证明其正确性与否。而在 1966 年，斯科特和索洛韦用布尔值模型的替代方法发展了这种独立性证明，随后斯科特于 1967 年发表了连续统假设独立性的布尔值模型证明。对于布尔值模型的了解，以及加布里埃尔于 1967 年关于格罗腾迪克拓扑学观点的激发，使洛夫尔清楚地认识到 ETCS 和拓扑理论之间的联系。

范畴 E 中的子对象分类器 Ω 是一个对象和一个箭头 $t:1 \to \Omega$,使得任一 X 的任一子对象 $S \to X$ 都可以通过沿着唯一映射 $\chi:X \to \Omega$ 的回拉从 t 中获得。在集合的范畴中,这个 χ 就是子集 S 的特征函数 $\chi S:X \to \{0,1\}$,而 Ω 是两个经典的真值的集合 $\{0,1\}$。在这个意义上的符号 Ω 首次是出现在 SGA IV 中,其中需要注意的是,在格罗腾迪克拓扑 E 中,一对象 X 的所有子对象的集合(X)定义了 E 上的典型拓扑的一个层,因此根据 Giraud 定理,可以用某个对象 Ω 表示。虽然这一想法在 SGA IV 的后期版本中被放弃了,但洛夫尔用它发展了子对象分类器的概念,并且在 1969 年指出它与格罗腾迪克拓扑的联系,也讨论了拓扑和布尔值模型之间的可能联系。

1968 年,蒂尔尼(M. Tierney)的兴趣转向格罗腾迪克拓扑和层的研究,并于 1969 年开始与洛夫尔一起进行关于"公理化层理论"的联合研究,目的是公理化一个场所上的层范畴 E。很明显,这些公理在逗号范畴 E/X 或具有 G 作用的 E 的对象 X 的范畴 E^G 下应该是稳定的,其中 G 是 E 中的一个内部群或内幺半群。同样重要的是,这些公理适用于任何几何理论的"分类拓扑"。特别是,E 中的任何"格罗腾迪克拓扑"J 都应该产生一个 J-层的范畴 E_j,J-层本身就是一个拓扑。这涉及经典的"层化"构造,通过对合适函子 L 的双重应用,空间 X 上的一个预层被转化为它的相伴层。$L°L$ 的这种经典用法,既用于拓扑空间,也用于格罗腾迪克拓扑,但似乎并不适用于拓扑公理。在这一系列复杂的要求中,洛夫尔发现了确实适用于公理的一种新的层化方法,同时蒂尔尼证明,原来相对复杂的格罗腾迪克拓扑定义可以被这样简单的拓扑定义取代,即"模态运算子"$j:\Omega \to \Omega$,只需要满足幂等、保持 t 和保持积三个条件。这一发现加上使用子对象分类器 Ω 来定义一个"偏映射"分类器,结合起来产生了一个基本拓扑所需的有效公理化:一个范畴 E 具有所有有限极限和余极限、笛卡尔封闭,并具有子对象分类器 Ω。

这些公理是洛夫尔于 1970 年在法国召开的国际数学家大会上提出的。之后,蒂尔尼提出了强迫和布尔值模型之间的重要联系。从一个带有选择良好的 C 和适当的拓扑 j 的函子范畴 $S^{C^{\infty}}$ 开始,j-层的范畴实质上提供了集合论的一个模型,该模型显示了连续统假设与 ZFC 的独立性。这种想法接近科恩最初的强迫技术,科恩的"条件"偏序集作为范畴 C 出现,强迫关系通过层化反映出来。这是几何层和逻辑之间的显著联系。

洛夫尔和蒂尔尼利用拓扑工具给出了连续统假设的证明,提升了人们对基本拓扑与公理集合论之间关系的认识。他们在发展基本拓扑理论方面做了很多令人注目的工作,许多范畴学家看到了这种新发展的前景。20 世纪 70 年代初,相关学者进行了一系列"关于洛夫尔和蒂尔尼的一般观点"的深入研究。1971年,科尔(J. Cole)解释了 ETCS 和策梅洛集合论的弱形式之间的联系。弗雷德在 1972 年发表的关于拓扑方面的论文中阐明了许多嵌入定理。而米克尔森(C. J. Mikkelsen)在这个时期简化了公理,通过使用复杂巧妙的方法从其他公理推导出拓扑中余极限的存在性。随后,帕雷(R. Paré)使用由迭代幂集函子给出的单子性质更快地证明了余极限的存在。受蒂尔尼和麦克莱恩的影响,约翰斯通开始研究这一主题,并在 1977 年出版了他的权威著作《拓扑理论》。同年,马凯(M. Makkai)和雷耶斯在他们的专著《一阶范畴逻辑》中探讨了拓扑理论与逻辑的一些关系。1985 年,巴尔和威尔斯出版了《拓扑、三元组和理论》。兰贝克和斯科特在 1986 年出版了《高阶范畴逻辑导论》一书。

拓扑理论的主要奠基者是格罗腾迪克和他的合作者,以及洛夫尔和蒂尔尼。值得注意的是,许多其他数学家们之间的交流研究也促进了这门学科的迅速发展和影响力提升。总之,拓扑理论的发展为几何和逻辑之间提供了一种显著而富有成效的联系。

四、其他主题的发展

随着拓扑理论的迅速发展,范畴论也出现了活跃的方面。

1965 年,艾伦伯格和凯利描述了闭范畴。也就是,这些范畴 V,例如交换群的范畴配备有一个张量积$\otimes$,它具有结合性和交换性,可达相干正则同构,并且在函子-$\otimes B:V\to V$ 有一个右伴随$[B,-]$,也称作内高阶模的意义上是封闭的。对于这些范畴,相干定理,即所有典范同构图都是交换的只在有限条件下成立,证明涉及证明论的根岑的切消定理。在闭范畴 V 上的强化范畴是一个在 V 中有"高阶模集合"的范畴,因此,一个交换范畴或加性范畴是在交换群的闭范畴上的一个强化范畴。有许多这样的强化范畴,对此我们可以保留"普通"范畴的大多数性质,包括凯利提出的 Yoneda 引理。

所有范畴的范畴(简写为 Cat)有一种模糊的认识论存在,是否涉及所有集合的集合? 在洛夫尔看来,这似乎是数学的试探性基础。Cat 有三种要素:对象是范畴,箭头是函子,"2-单元格"是函子之间的自然变换。斯特里特(R. Street)等人广泛研究了 2-范畴,即具有适当公理的对象、箭头和 2-单元格的其他结构。在许多相关的情况下,箭头的组合只有在给定 2-单元格的同构下才具有结合性,于是,贝纳博(J. Benabou)等人论及双范畴,并且有充分理由不仅讨论 2-范畴,而且讨论 n-范畴,甚至 $n = \infty$ 的 ∞-范畴。另外,埃里斯曼学派很早就注意到被视为箭头的正方形有水平和垂直两个组成部分,因此构成了一个双重范畴。相应的 n-重范畴,即箭头,例如具有 n 个可交换组合结构的 n-立方体,已进入空间同伦类型的研究中,例如洛达(J. -L. Loday)在其提出的洛达定理中使用 Cat^n 中的群对象,即所有 n-重范畴的范畴。事实证明,这一过程,比如说在具有乘积的范畴环境中考虑群对象或环对象在概念上非常方便,特别是在研究拓扑中的内部范畴和函子时,初学者通常很难理解这个想法。

从 1970 年开始,德国出现了一个活跃的范畴论学派,始于舒伯特的系统专著《范畴》的出版。1971 年,加布里埃尔和厄尔默(F. Ulmer)发表了颇具影响力的论文《局部呈现范畴》,他们对模型范畴,特别是代数理论中的模型范畴进行了广泛的处理。

纤维化这个在拓扑上的重要概念有范畴的类似物,即纤维范畴 $p: \mathrm{E} \rightarrow \mathrm{F}$,其中,范畴是 E 中每个对象 p 下的逆像,有适当的沿着 E 中箭头的"回拉"。这个概念是由格罗腾迪克提出来的,他注意到这等价于从 E 到 Cat 的"伪函子"的概念,将 E 的每个对象 X 指派给 X 上的纤维。贝纳博广泛发展了这一观点,帕雷和舒马赫(D. Schumacher)也提出作为索引范畴的可替代表示。对于方法存在的一些争议,可以通过索引范畴的相干性定理来解决。

　　范畴在代数几何中被认为是理所当然的。当格罗腾迪克退出数学舞台后，代数几何的发展趋势明显地转移到关于特定流形的更加具体的问题上。拓扑提供了一种设置，在这种设置中人们可以有效地表述许多上同调理论，目的是找到一个用莱夫谢茨不动点定理解决著名的韦伊猜想的上同调理论。德利涅（P. De-Ligne）仅使用 SGA IV 的一部分设置就解决了这些猜想，这导致他出版了一个缩减版本，SGA $4\frac{1}{4}$。另一方面，法尔廷斯（G. Falting）关于丢番图方程①的莫德尔猜想②的著名解法几乎使用了算术代数几何的全部技术，包括格罗腾迪克的许多思想。为此，格罗腾迪克在 1985 年开始研究具有与空间同伦类型范畴等价的适当分数范畴的范畴，例如单纯集范畴。

　　代数 K-理论广泛地使用了许多范畴，特别是单纯集范畴，以便研究包括拓扑的和分段线性的（简写为 PL）流形 M。其中的一个中心问题是 M 的所有拓扑或 PL-同态的群 Top(M) 或 PL(M) 的使用。范畴 PL 没有指数，即函数空间，这可能是在这种研究中从 PL 流形到多面体再到单纯集的根本原因：单纯集的范畴是一个函子范畴，因此是一个基本拓扑，所以也确实有指数。总而言之，K-理论展示了将范畴作为一种语言的非常有效的使用，这也是艾伦伯格和麦克莱恩的初衷。

　　与此同时，原先的范畴与拓扑的联系也得到了发展。同调和上同调作为具有公理性质的函子的思想确实包含了许多新的特殊同调理论，而诸如运算对象这样的范畴技术是处理迭代循环空间的基本工具。在布朗（R. Brown）和斯廷罗德的研究中，出于许多目的，人们在拓扑空间的“方便范畴”中研究拓扑，其中指数是可能的。由于概念上的原因，拓扑空间的概念可以有效地被局部的概念取代，例如，一种格，开集的格。在同伦理论的发展中，弗雷德提出的稳定同伦的生成假设仍然是一个活跃的研究课题。

　　很显然，在拓扑理论中，每个拓扑都是一个集合论全域，它有自己的“内部”

---

　　① 丢番图方程（Diophantine Equation），又名不定方程、整系数多项式方程，是变量仅容许是整数的多项式等式，它们的求解仅仅在整数范围内进行。

　　② 莫德尔猜想（Mordell conjecture），于 1983 年被证明，是关于算术曲线有理点的重要猜想。

逻辑,这是直觉的。根据 1981 年布瓦洛和乔亚尔的描述,对于拓扑中交换图的论证可以用米切尔－贝纳布语言快速表述,变量的作用就像集合论的元素一样。这样,许多数学运算在一个拓扑中都可以进行。乔亚尔极力提倡这一观点,并使用所谓的克里普克－乔亚尔语义证明,每个拓扑实际上都可以被视为一个强制扩展,其中场所被解释为强制条件的一个范畴。

1967 年,洛夫尔重新燃起对动力学的兴趣,这是对麦克莱恩在芝加哥开设的一门用现代微分几何技术处理的经典哈密顿动力学课程的反应。随后,洛夫尔在一次关于范畴动力学的讲座中提出,可能存在一个包含 C^∞ 可微流形和实线对象 R 的范畴,该实线对象 R 具有一个合适的零平方的无穷小,或者视情况而定,零立方的无穷小等的子对象 $D \subset R$。有了这些无穷小,我们就可以按照李(S. Lie)和卡坦(E. Cartan)的风格,严格地对李群和微分形式进行非形式的处理。

洛夫尔提出的这一建议,多年来一直被搁置,直至 1978 年他的学生科克(A. Kock)将这一主题更名为"综合微分几何"(简写为 SDG)并发表了关于洛夫尔 1967 年相关论述的论文,激发了该主题的研究热度。杜武克(E. J. Dubuc)使用代数几何格式的 C^∞ 模拟引入了一种模型拓扑,在该模型拓扑中,所预期的洛夫尔公理可以在直线中的无穷小对象 D 上实现。此外,科克 1981 年的专著、拉文多姆(R. Lavendhomme)1987 年的初级教材,以及莫尔狄克(I. Moerdijk)和雷耶斯 1988 年的专著都对 SDG 理论进行了阐述。这些发展对微分几何、李群以及连续介质力学产生了积极的影响。

也有许多其他主题的发展,譬如,"内在"直观逻辑在拓扑中的显著存在,埃里斯曼、巴尔和威尔斯给出的示意图的语义,鲍斯菲尔德(A. K. Bousfield)和坎在描述同伦极限时对范畴概念的使用,在描述同伦一切空间时结构词和运算符的应用,以及西格尔(G. B. Segal)在范畴和上同伦理论方面的杰出工作。

诚然,对当前工作的描述可能忽略了许多其他的重点,似乎留下了许多难懂和未解决的问题,这是不可避免的。数学的发展有众多可能路径的艰难探索,这能够为人们提供新的富有吸引力的视角,实际上许多路径可能会相互连接和加强,因此,很难知道在众多新概念和新方法中哪一种最有发展前途。

五、概念的组合

我们对范畴论概念的起源和发展作出初步的探讨。这一理论例证了数学的概念方面，而不是解决问题方面。通常，一个经典的老问题的解决方案会立刻被认为是一个重大进步。而引入一个新概念就不一定是这样，新概念可能有用，也可能没用，或者可能在以后以完全出乎意料的方式发挥作用。例如，在研究代数 K-理论时使用单纯集，或者在处理多类型数据类型时使用范畴。有时，概念上的进步可能有助于解决一个显式问题，例如在韦伊猜想的解答中使用格罗腾迪克的范畴概念，或在小范围内使用群扩张来阐明斯廷罗德的螺线管同调。

概念和计算相互作用。因此，非循环模型的概念阐明了 Eilenberg-Zilber 定理的显式公式，并使之必然发生，而正合序列的概念促进了同伦和同伦计算，并导致更复杂的概念，如谱序列。函子的简单概念使公理的同调理论和广义的同调理论的组织成为可能。从长远来看，一个概念的价值是通过其在启发和简化其他研究中的应用来检验的。

新概念可以被迅速接受，也可能被缓慢接受，甚至完全不被接受。范畴逐渐地被人们接受，但其最初曾被视为"一般抽象的荒谬想法"而被摒弃。由戴德金在 1900 年发现的点阵很快就从人们的视野中消失了，但在 20 世纪 30 年代由伯克霍夫和奥尔重新发现后又流行起来，也许正是因为当时对现代代数的重新强调。布尔巴基学派受到欢迎普遍，但后来被批评缺乏对应用的关注。策梅洛之后的 15 年里，公理集合论几乎没有被注意到，但现在成为整个数学大厦的基础。似乎只有当一个新概念证明了它的影响力时，才能真正被接受。范畴只有在发现伴随函子之后才成为研究的主题。没有元素的集合论对于从小就被培训思考有元素的集合的人来说仍然是难以接受的。因为习惯性的固化思维是很强大的，新思想很难被立刻接受。

重要的新概念发展似乎是缓慢的、分阶段进行的，似乎需要许多人来把一系列新奇的想法变成有效的形式。以这种方式，积分方程得到了序列的希尔伯特空间 l^2，随后才得到一个公理化定义的希尔伯特空间。集合论及其公理的发展走过了漫长的道路,从布尔(G. Boole)和施罗德(K. E. Schroeder)到康托尔和戴德金,再到策梅罗、斯柯伦、弗兰克尔、冯·诺伊曼、伯奈斯和哥德尔,后来又有科恩、斯科特和索洛韦,甚至是层理论的改变。范畴论的基本概念也许是必然产生的,但它们也是在连续的阶段出现的:从胡列维茨提出由箭头表示的映射,接下来是正合序列,然后是艾伦伯格和麦克莱恩提出的范畴和函子,再然后是通用结构,坎提出的伴随函子、单子,洛夫尔提出的 ETCS,格罗滕迪克提出的层范畴,以及洛夫尔和蒂尔尼提出的基本拓扑。而每次后续的进步都需要来自新思想家的新动力,这些思想家能够对一些不流行的想法进行展望和倡导。可见,数学的进步可能不仅依赖于思想家的影响力和洞察力,还有赖于他们的胆量和见识。

在广泛的、国际的数学学界环境下,许多不同领域的工作者在会议、研讨会和讲座上的互动交流也是至关重要的。就范畴而言,从 20 世纪 60 年代初开始,在美国、德国、加拿大和丹麦等各地经常召开各种形式的范畴主题的研讨会,一方面刺激新概念方面和相关理论的发展,另一方面强调范畴论与数学其他部分的分离,促进范畴论成为数学中独立和专门的研究领域。

这些研究关系到数学的整体进步,不仅涉及解决老问题并发现卓越的定理,还涉及引入并验证令人震惊的新概念,这些概念不但可以阐明相关研究领域过去的结果,而且使新的进步成为可能。正如麦克莱恩在 1986 年《数学:形式与函数》一书中所论述的,数学呈现为一个复杂的网络,其中形式即概念组织并阐明了函数功能,即问题的解决方案和与现实世界的关系。

第三节　范畴逻辑的生成逻辑

在艾伦伯格和麦克莱恩按照群的公理化定义给出了一个完全抽象的"范畴"的定义之后,范畴论的概念并没有成为更为方便的一种语言,这实际上是 20 世纪 50 年代的研究状况。在随后的十几年中,当范畴论开始应用于同调论和同调代数的研究时,事情逐渐发生了变化。新一代的数学家可以直接使用范畴语言来学习代数拓扑学和同调代数,并掌握图的方法。1957 年,格罗腾迪克使用范畴语言和公理化方法来定义和构造更一般的理论,证明了如何用抽象的范畴设置发展同调代数,并将此应用于特定的领域,例如,代数几何。

20 世纪 60 年代期间,弗雷德在 1964 年介绍了关于阿贝尔范畴的函子理论。由于许多重要定理甚至各个领域中的理论都可以看作等价于特定范畴之间存在的特定函子,这使得范畴理论家们逐渐看到了伴随函子概念的普遍性,伴随函子的概念也开始被看作范畴论的核心。从格罗腾迪克和弗雷德开始,更多人因为实用性而选择用集合理论上的术语来定义范畴。此外,由于与同调理论连接的方式有关,一个范畴的定义还必须满足一些附加的形式性质。我们在大多数范畴论的教科书中都能找到这种明确地依赖于一种集合理论背景和语言的范畴定义。同一时期,洛夫尔使用了一种变换方法,通过描述范畴的范畴开始,然后规定一个范畴是那个全域的一个对象。这种方法在不同的数学家、逻辑学家和数学物理学家的积极发展下,出现了现在的"高维范畴"。洛夫尔认为范畴论或者范畴的范畴为数学提供了基础,也就是整个数学的基础,包括对数学的逻辑方面的研究也是如此。洛夫尔提出了适合逻辑和数学基础的一种全新方法,取得了范畴应用于逻辑的较为丰富的研究成果,诸如,运用范畴方法获得逻辑系统的完备性定理、证明笛卡尔闭范畴与逻辑系统和逻辑导论关系等。

同样是在 20 世纪 60 年代,兰贝克提出将范畴看作演绎系统。这一思想源于图的概念。一个图由箭头和对象两个类组成,且它们之间具有映射。箭头通常被称作"有向边",对象被称作"结点"或者"顶点"。通常,把一个演绎系统的对象看作公式,箭头看作证明或者演绎推理,箭头上的运算看作推理规则。于是,一个演绎系统就是一个图。因此,通过在证明上加上一个合适的等价关系,任何演绎系统都能够转化为一个范畴。所以,将一个范畴看作一个演绎系统的代数编码也是很合理的。这种现象已经为逻辑学家们熟知。所有这些工作,由于拓扑的概念而达到顶点。在代数几何学的背景下,拓扑是一个具有逻辑结构的范畴,足以丰富地发展大多数"通用数学"。拓扑能被看作集合的范畴理论,它也是一个广义拓扑空间,因此提供了逻辑和几何学之间的一种直接连接。有了这些发展,范畴论已经成为一个自主的研究领域,一种较为方便的形式语言。

随着范畴论应用的深入和扩展,促进了一些新的逻辑系统的产生以及程序语义学的发展,因为逻辑中使用的范畴工具具有相当大的灵活性,而且几乎所有结构性和直觉主义数学的结果都能够用适当的范畴设置来模型,所以人们在范畴逻辑上的研究得到了许多哲学相关的研究成果。实际上,范畴论和范畴逻辑几乎对所有出现在逻辑哲学中的问题都有一定的影响。因此,范畴逻辑虽起源于逻辑,但以范畴论和范畴的方法作为基础或工具,尝试解决各种哲学和逻辑的问题,为哲学家和逻辑学家提供了更多新的思考和研究方向。

第二章　范畴逻辑基础理论

　　范畴逻辑源于逻辑学,同时与数学的许多结构有着密切的联系。我们在这一章首先介绍范畴论的一些基本概念,如范畴、函子、自然变换和对偶等;其次,通过描述一些具体的范畴实例来理解范畴的性质,从而说明为什么范畴论可以统一各种数学结构;再次,从可实现性纯粹的句法表达和创新性研究两个维度详细阐释可实现性理论的几个基本主题在20世纪40年代以来的发展状况,重点考察可实现性的谓词逻辑、可实现性的公理化、可实现性的克里普克模型、可实现性的扩展和推广、有效拓扑和通用结构的可实现性等逻辑关联的内容,为范畴分析提供重要参考;最后,探讨使用范畴逻辑的工具应用于代数几何产生的拓扑理论,总结拓扑基本理论在20世纪70年代之后发展的几个重要主题,涉及泛函分析、函数空间、内聚幂集和连续介质物理学的应用等。

第一节　范畴论的基本概念

　　范畴论统一了各种数学结构,揭示了许多结构在一个范畴中实际上是具有"泛性质"的某种对象,以及不同种类的结构如何能够彼此互相关联。为此,熟知范畴论的一些基本概念对于我们深入理解范畴的性质、掌握范畴论的应用方法十分重要。

一、范畴的定义

正如群是多元化的代数结构,范畴是具有许多互补性质,诸如,几何学的、逻辑学的、计算的、组合学的代数结构。范畴的定义根据研究者的选择目标和数学结构而逐渐演变,我们下面给出三种比较常见的范畴定义。

(一)艾伦伯格和麦克莱恩的代数定义

1945 年,艾伦伯格和麦克莱恩使用代数方法定义了范畴。

2.1.1 一个范畴 C 是称作范畴对象的抽象元素 Ob 和称作范畴映射的抽象元素 Map 的一个集合。其中,范畴映射满足下列 5 条公理:

(1)给定三个映射 α_1, α_2 和 α_3,三重积 $\alpha_3(\alpha_2\alpha_1)$ 有定义当且仅当 $(\alpha_3\alpha_2)\alpha_1$ 有定义。当任意一个有定义时,结合律 $\alpha_3(\alpha_2\alpha_1) = (\alpha_3\alpha_2)\alpha_1$ 成立。这个三重积记作 $\alpha_3\alpha_2\alpha_1$。

(2)三重积 $\alpha_3\alpha_2\alpha_1$ 有定义当乘积 $\alpha_3\alpha_2$ 和 $\alpha_2\alpha_1$ 有定义。

(3)对于每一个映射 α,至少存在一个恒等映射 e_1 使得 αe_1 有定义,且至少存在一个恒等映射 e_2 使得 $e_2\alpha$ 有定义。

(4)对应于每个对象 X 的映射 e_X 是一个恒等映射。

(5)对于每个恒等映射 e,存在 C 的唯一对象 X 使得 $e_X = e$。

(二)集合论语言的定义

范畴论应用于同调论和同调代数时,范畴中两个固定对象之间的态射的收集具有一种附加的结构性质,从而产生了一种明确依赖集合理论背景和语言的定义。

2.1.2 一个范畴 C 能够描述为一个集合 Ob,它的元素是 C 的对象,且满足下面三个条件:

(1)态射:对于每一个对象对 X, Y,存在一个集合 $Hom(X, Y)$,在 C 中被称作从 X 到 Y 的态射。如果 f 是一个从 X 到 Y 的态射,我们记作 $f: X \to Y$;

（2）恒等映射：对于每一个对象 X，存在 $Hom(X,X)$ 中的一个态射 Id_X，称作 X 上的恒等映射；

（3）合成：对于每个三元组对象 X,Y 和 Z，存在一个从 $Hom(X,Y) \times Hom(Y,Z)$ 到 $Hom(X,Z)$ 的部分二元运算，在 C 中被称作态射的合成。如果 $f:X \to Y$ 且 $g:Y \to Z$，f 和 g 的合成用符号表示为：$(g \circ f):X \to Z$。

恒等映射、态射和合成满足下面的两个公理：

（1）结合性：如果 $f:X \to Y$，$g:Y \to Z$ 且 $h:Z \to W$，则 $h \circ (g \circ f) = (h \circ g) \circ f$；

（2）恒等性：如果 $f:X \to Y$，则 $(Id_Y \circ f) = f$ 且 $(f \circ Id_X) = f$。

（三）兰贝克的演绎系统定义

20 世纪 60 年代，兰贝克根据演绎系统描述了范畴的概念。兰贝克提出将范畴看作演绎系统的思想源于图的概念。一个图由箭头和对象两个类组成，它们之间的两个映射，即 s：箭头 $\to$ 对象和 t：箭头 $\to$ 对象，这两个映射分别称为源映射和目标映射。箭头通常称作"有向边"，对象称作"结点"或者"顶点"。于是，一个演绎系统是一个图，并且具有指定的箭头：

（R1）$Id_X:X \to X$，

和箭头上的一个二元运算：

（R2）给定 $f:X \to Y$ 和 $g:Y \to Z$，f 和 g 的合成是 $(g \circ f):X \to Z$。

通常，把一个演绎系统的对象看作公式，箭头看作证明或者演绎推理，箭头上的运算看作推理规则。于是，范畴被定义如下：

2.1.3 一个范畴是一个演绎系统，需要满足在系统的证明之间下面的等式成立：

对于所有的 $f:X \to Y$，$g:Y \to Z$ 和 $h:Z \to W$，

（E1） $f \circ Id_X = f, Id_Y \circ f = f, h \circ (g \circ f) = (h \circ g) \circ f.$

因此，只要在证明上加上合适的等价关系，任何演绎系统都能够变成一个范畴。

二、函子

范畴论关注的不只是对象，更是对象之间的对应关系。函子是用来研究范

畴之间对应关系的概念,范畴之间的态射即函子。

2.1.4 设 C 和 D 是范畴。一个函子 $F:C{\to}D$ 由两个映射组成：

(1)对象函数 $ob:A{\to}F(A)$,将 C 中的每个对象 A 指派给 D 中的一个对象 $F(A)$;

(2)态射函数 $mor:f{\to}F(f)$,将 C 中的每个态射 $f:A{\to}A'$ 指派给 D 中的一个态射 $F(f):F(A){\to}F(A')$;

且满足:

(1) $\mathrm{dom}(F(f))=F(dom(f))$,$\mathrm{cod}(F(f))=\mathrm{F}(cod(f))$;

(2) $F(Id_A)=Id_{FA}$;

(3) $F(g{\circ}f)=F(g){\circ}F(f)$,其中,$dom(g)=cod(f)$. ①

例1(单位函子):任意范畴 C 都存在一个到自身的单位函子 $Id_C:C{\to}C$ 使得在对象和态射上的对应都是恒同的。

例2:幂集函子:$\wp:\mathrm{Set}{\to}\mathrm{Set}$。$\wp$ 的对象函数将每个集合 x 指派给通常的幂集 $\wp x$,它的元素是 x 的所有子集 $s{\subseteq}x$;$\wp$ 的态射函数将每个映射 $f:x{\to}y$ 指派给映射 $\wp f:\wp x{\to}\wp y$,其将每个 $s{\subseteq}x$ 发送到它的像 $f(s){\subseteq}y$。因为 $\wp(Id_x)=Id_{\wp_x}$ 且 $\wp(g{\circ}f)=\wp g{\circ}\wp f$,这显然定义了函子 $\wp:\mathrm{Set}{\to}\mathrm{Set}$。

三、自然变换

函子之间的对应关系称为自然变换。

2.1.5 设 C 和 D 是范畴,$F:C{\to}D$ 和 $G:C{\to}D$ 是两个函子。一个自然变换 $\alpha:F{\to}G$ 是一个映射 $obC{\to}morD$:

$$A{\to}(\alpha_A:F(A){\to}G(A)),A\in obC$$

使得对于 C 中的任意态射 $f:A{\to}B,F(f)=G(f)$ 成立,即下图可交换:

① 贺伟.范畴论[M].北京:科学出版社,2006.

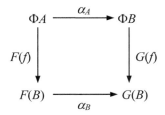

自然变换之间可以进行复合运算，并且每个函子 F 到自身都存在一个单位自然变换 $1_F: F \to F$（即 Id_F）使得任意对象对应的态射都是一个单位态射。

例 3：令幂集函子 $\wp: \text{Set} \to \text{Set}$。对于任意的集合 A，定义 $\beta_A: A \to \wp A$ 为 $x \to \{x\}$。如果 $f: A \to B$，则我们有 $\wp f(\{x\}) = \{f(x)\}$，即下图可交换：

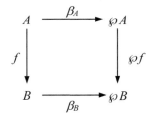

因此，β 是一个自然变换 $1_{\text{Set}} \to \wp$。

四、对偶

对偶是范畴的一个重要性质。简单来说，范畴的对偶是"反向所有箭头"的过程。固定一个范畴 C。以 C 的对象为对象，以 C 的态射的反向为态射形成一个新范畴，称为 C 的对偶，记作 C^{op}。也就是说，C 和 C^{op} 的对象相同，但是 C 中的态射 $f: X \to Y$，在 C^{op} 中被看作态射 $f: Y \to X$。而且，对于任意的范畴 C，都有 $(C^{op})^{op} = C$ 成立。

假设 P 是一个关于范畴 C 的命题，即命题 P 的前提和结论都是由范畴 C 中的对象和态射构成的。如果将命题 P 中所有的态射反向，则我们可以得到一个新的命题 P^*，称为命题 P 的对偶命题。很容易看出，命题 P 关于范畴 C 成立当且仅当对偶命题 P^* 关于范畴 C^{op} 成立。

2.1.6 对偶原理 假设 P 是一个关于所有范畴的真命题,则将命题 P 中所有的态射反向得到的新命题 P^* 也是一个关于所有范畴的真命题。

对于范畴论中的任意一个命题 P,$(P^*)^* = P$ 成立,根据对偶原理可知,命题 P 成立当且仅当其对偶命题 P^* 成立。因此,对于范畴论中的任意一对对偶命题,只需要证明其中一个命题成立,另一个即成立。

五、回拉

回拉是范畴论的极限理论中一个纯粹的范畴性质。在数学研究的构造中,我们经常会给定某个具体范畴的一个小的子范畴,子范畴可以看作一个小范畴到该范畴的一个函子的像。

2.1.7 定义 设 H 是一个小范畴,我们称任意一个函子 $D:H \rightarrow I$ 为范畴 I 中的一个 H 型图,在 H 明确的情况下,也可简称为图。如果 H 是一个有限范畴,即 H 的对象集是有限集,则称 H 型图是一个有限图。对于 H 中的每个对象 i,称 $D(i)$ 为该 H 型图的顶点。对于 H 中的每个态射,称 $D(\alpha)$ 为该 H 型图的边。

使用图来命名函子也表明我们将函子 D 看作 I 中加索引的对象。所以,我们可以用 i,j 来表示 H 中的对象。

例 4:设 H 是一个有限范畴,函子 $D:H \rightarrow I$ 的一个 H 型图如下所示:

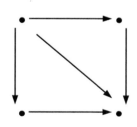

则该图可以看作范畴 I 中的一个交换方形。

2.1.8 定义 设 $D:H \rightarrow I$ 是一个图,A 是 I 中的对象。

(1)图 D 上的一个锥形 $(A,(\lambda_i:A \rightarrow D(i))_{i \in H})$ 由一个对象 $A \in I$ 和一个态射族 $(\lambda_i:A \rightarrow D(i))_{i \in H}$ 组成,使得对于 H 中任意的态射 $\alpha:i \rightarrow j$,都有等式 $\lambda_j = D$

（α）° λ_i 成立,即下图可交换:

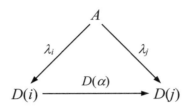

A 称作该锥形的顶点。

（2）如果图 D 上的一个锥形 $(A,(\lambda_i:A\to D(i))_{i\in H})$ 满足泛性质,即对于 D 上任意的锥形 $(A',(\delta_i:A'\to D(i))_{i\in H})$,存在唯一的中介态射 $f:A'\to A$,使得对于每一个 $i\in H$,都有等式 $\delta_i=\lambda_i°f$ 成立,即下图可交换:

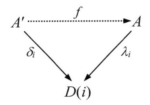

则称该锥形是图 D 的极限。

例5:设 H 是一个空范畴(即空集),则任意的范畴 I 存在唯一一个 H 型图,即空图。这时,I 中任意一个对象 A 都可以看作空图上的一个锥形。因此,如果空图的极限存在,则一定是 I 中的终结对象。[①]

回拉也称作纤维积。

2.1.9 定义　设范畴 I 中的一个 H 型图为:

___

① 贺伟.范畴论[M].北京:科学出版社,2006.

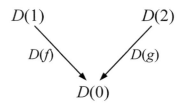

如果该图的极限存在，即，一个锥形$(A,\lambda_i:A\rightarrow D(i))$存在且对于任意满足等式$D(f)\circ\delta_1=D(g)\circ\delta_2$的锥形$(A',\delta_i:A'\rightarrow D(i))$，存在唯一一个$h:A'\rightarrow A$使得下图可交换：

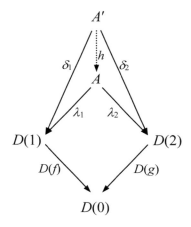

则该锥形是一个回拉。①

---

① Kurz, A. . *Coalgebras and modal Logic*. Lecture Notes for ESSLLI 2001, (2001). p. 92.

第二节 一些简单的范畴实例

一般地,具有适当的结构保持映射的一个数学结构产生一个范畴。例如,

1. 范畴 *Set* 具有对象:集合和态射,即通常的函数。注意,可以考虑用部分函数,或者单射函数,或者满射函数代替。因此,不同情况下构造的范畴是不同的。

2. 范畴 *Top* 具有对象:拓扑空间和态射,即连续函数。注意,可以将态射限制到开区间连续函数而得到一个不同的范畴。

3. 范畴 *hoTop* 具有对象:拓扑空间和态射,即同伦函数的等价类。注意,该范畴不只在数学实践中十分重要,也是代数拓扑学的核心。

4. 范畴 *Vec* 具有对象:向量空间和态射,即线性映射。

5. 范畴 *Diff* 具有对象:微分流行和态射,即光滑映射。

6. 范畴 *Pord* 和 *PoSet* 分别具有对象:前序和偏序集以及态射,即单调函数。

7. 范畴 *Lat* 和 *Bool* 分别具有对象:点阵和布尔代数以及态射,结构保持同态,即($\top$, $\bot$, $\wedge$, $\vee$)同态。

8. 范畴 *Heyt* 具有对象:海廷代数和($\top$, $\bot$, $\wedge$, $\vee$, $\rightarrow$)同态。

9. 范畴 *Mon* 具有对象:单式半群和态射,即单式半群同态。

10. 范畴 *AbGrp* 具有对象:阿贝尔群和态射,即群同态,也就是(1, ×, ?)同态。

11. 范畴 *Grp* 具有对象:群和态射,即群同态,也就是(1, ×, ?)同态。

12. 范畴 *Rings* 具有对象:有单位元的环和态射,即环态射,也就是(0, 1, +, ×)同态。

13. 范畴 *Fields* 具有对象:域和态射,即域同态,也就是(0, 1, +, ×)同态。

14. 任意的演绎系统 *T* 具有对象:公式和态射证明。

注意,一个范畴以它的态射,而不是它的对象为特征。因此,具有开区间映射的拓扑空间范畴与具有连续映射的拓扑空间范畴不同,更重要的是,后者的范畴性质与前者的不同。

这些例子恰好可以说明范畴论如何以一种统一的方式来处理各种数学结构的概念。首先,正如我们所见,几乎每一个具有适当的同态概念的集合理论上定义的数学结构都产生一个范畴。这是由集合理论的环境提供的一个统一。并且一个范畴以它的态射,而不是它的对象为特征。其次,也是更重要的一个方面,一旦我们定义了一种类型的结构,确定如何由已知结构来构造新的结构是非常必要的。例如,给定两个集合 A 和 B,集合论允许我们构造它们的笛卡尔乘积 $A \times B$。此外,确定给定的结构如何能被分解为更为基本的子结构也是必要的。例如,给定一个有限的阿贝尔群,如何将其分解为它的某些子群的积?在这两种情况中,某种结构可以怎样组合是我们必须了解的。从纯集合理论的观点上来看,这些组合的性质好像是相当不同的。

范畴论不但统一了各种数学结构,还揭示了许多结构在一个范畴中实际上是具有"泛性质"的某种对象。实际上,从范畴的观点来看,集合论中的笛卡尔积、群(阿贝尔群或其他群)的直积,拓扑空间的积和演绎系统的命题合取都是根据泛性质所刻画的范畴积的实例。

第三节　可实现性

20 世纪 40 年代以来,可实现性已经发展成为一个非常广泛的主题,因而很难对其进行全面、系统的描述,我们在这里主要概述可实现性历史上几个基本主题的发展。"可实现性在很多方面都有广泛的使用,而且每一方面都指向逻辑、数学和计算机科学的不同领域。"①现在,可实现性已经延伸到线性逻辑、复杂性理论、重写理论和次递归层次理论等比较冷僻的研究领域。可实现性还涉及所有与 λ-演算相关的内容,证明论在经受可实现性的考验,直观论已经不再使用了,甚至在经典逻辑的领域中,克里维克(J. -L. Krivine)也已经提出了 ZF 集合论的可实现性解释。

关于可实现性理论,有三个里程碑式的论著:一是 1945 年,克林发表的论文《直觉数论的解释》②;二是 1973 年,特罗尔斯特拉(A. S. Troelstra)编撰的《直觉算法和分析的元数学研究》③;三是 1982 年,海兰德(J. Hyland)出版的《有效拓扑》④。其中,克林和海兰德的作品都开创了全新的研究方向。据此,我们可以将可实现性的发展自然地分为两个时期,即,1940—1980 年和 1980—2000 年,前者主要展现可实现性纯粹的句法表达,后者更具有创新性的研究。第二个文献汇集了现有的研究成果,设置了新的表述和符号标准,分门别类地描述各领域概念性的价值,即所有这些系统、解释和公理化都是一种共同模式的表现。这种统一的模式在很大限度上为后来的范畴分析提供了重要参考。

一、1940—1980 年的发展

(一)可实现性的起源

1973 年,克林阐述了其关于数值可实现性思想是如何发展的,他从 1940 年开始思考这一问题,希望给直觉赋予一个确切的含义,即直觉主义和递归函数理论之间应该有联系,而这两个理论都强调有效提取信息的重要性。

克林的思想具有独创性。直觉主义算术 HA 的形式系统在当时并不存在,克林似乎没有注意到哥德尔 1932 年构造了一个与 HA 相似的系统,他强调海廷算

---

① Oosten,J. V.. Realizability: a historical essay. *Mathematical Structures in Computer Science* 12(3)(2002):239 – 263.

② Kleene,S. C.. On the Interpretation of Intuitionistic Number Theory. *Journal of Symbolic Logic* 10. 4 (1945):109 – 124.

③ Troelstra,A. S.. Metamathematical Investigation of Intuitionistic Arithmetic and Analysis,Lecture Notes in Mathematics Vol. 344. *Lecture Notes in Mathematics-Springer-verlag-*344(1973).

④ Hyland,J.. The Effective Topos. *Studies in Logic & the Foundations of Mathematics* 110(1982).

术(缩写为 HA)不是一个轻易从海廷(A. Heyting)完整的直觉数学系统中分离出来的子系统,并构造了一种特有的形式主义。作为直观主义和递归函数理论之间精确联系的一个例子,克林首先推测了丘奇规则的一种弱形式,即如果在直觉数论中,一个形式为 $\forall x \exists y \varphi(x,y)$ 的闭公式是可证明的,那么一定存在一个一般的递归函数 F,使得对于所有的 n,公式 $\varphi(\overline{n}, \overline{F(n)})$ 是真的。人们通过阐明这类陈述对于直觉主义者必须具有的意义从而得出这个猜想。

在直觉主义还在被布劳威尔的神秘主义所笼罩的时候,我们所讨论的形式体系还几乎没有建立起来,而且这一猜想的内容对于皮亚诺算术来说显然是错误的,但是这样的推测的确是富有想像力的。然而,这距离可实现性的实际发展还很远。

人们通常认为可实现性是受到所谓的"布劳威尔—海廷—柯尔莫哥洛夫释义"①(简写为 BHK 释义)的启发。但事实并非如此。克林一开始引用了希尔伯特和伯奈斯在《数学基础》一书中解释的数学中的"有限主义"立场。也就是,一个关于数的存在命题,例如形式为"存在一个具有性质 A(n)的数 n"的陈述被有限地看作是"部分判断"。换言之,作为对一个精确确定的命题的不完善表述,包括或者直接给出一个具有性质 A(n)的数 n,或者通过一个步骤求出这个数。希尔伯特和伯奈斯并没有将他们对于有限主义立场的处理局限于存在命题,他们的叙述中也包括否定、全称和存在命题的陈述。

克林尝试把这种想法概括为将所有的直觉主义陈述视为是不完全的通信。他概述了每个逻辑语句在何意义上是"不完备的",以及是什么构成了它的"完备性"。对于蕴涵的情况,受海廷的证明解释的启发,克林试图证明 $A \to B$ 的实现装置是一个将 A 的证明发送给 B 的证明的部分递归函数。

一方面,克林提出的可实现性在概念上是一个重大的进步。可实现性的成

---

① 在数理逻辑中,直觉主义逻辑的 Brouwer-Heyting-Kolmogorov 释义或 BHK 释义,是由鲁伊兹·布劳威尔、阿兰德·海廷,以及安德雷·柯尔莫哥洛夫提出的。释义精确的陈述一个给定的公式证明是什么?有时也叫作可实现性释义,因为有关于斯蒂芬·科尔·克莱尼的可实现性理论。

就并不在于对直觉连接词的哲学解释。正如特罗尔斯特拉 1973 年在对直觉主义算术和分析的元数学研究中说的:"不能说它能使逻辑运算符的预期含义更精确。"①作为对逻辑运算符解释的"哲学还原",它大体算是成功的,例如,否定式基本上是由它们自己解释的。克林明确了导致这个真理定义的分析不应被视为仅仅是对这些陈述的直觉意义的部分分析。另一方面,通过提供一种可以被经典数学家阅读和检验的解释,克林提出了对直觉连接词的经典解释,这与所谓的BHK 或"证明"解释相反,后者根据直觉连接词自身来解释。

更重要的是,由于可实现性被设计用来处理关于公式而不是证明的"信息",已经暗示了直觉主义在 40 年后理论计算机科学中发挥的作用,这预示了直觉公式作为数据类型,直觉逻辑作为信息逻辑的观点。

但可实现性的范围比仅仅"解释逻辑"要广泛得多。可实现性也为那些经典的不协调理论提供了模型,因此这些模型的内部逻辑是严格非经典的。重要的例子有:布劳威尔的选择序列理论、适当形式化的递归分析部分、多态演算的集合论解释,以及合成域理论等。在其中一些模型中,"可实现性等同于真理"这句话可以被赋予精确的含义。而对于直觉主义者来说,抽象形式的可实现性确实准确地表示了直观的连接词。

(二)形式化可实现性和 q-可实现性

可实现性的定义只涉及部分递归函数指数的一阶性质,因此,克林在 1945年关于直觉数论的研究中提出,"可实现性定义可以在 HA 中形式化"②,表示为:

$$\varphi \longmapsto \exists x(x \text{ 实现 } \varphi).$$

1947 年,尼尔森(D. Nelson)提出"在 HA 中到可证明的等价是幂等的"③。其中一个定理是:

---

①　Troelstra, A. S.. Metamathematical Investigation of Intuitionistic Arithmetic and Analysis, Lecture Notes in Mathematics Vol. 344. *Lecture Notes in Mathematics-Springer-verlag-344*(1973).

②　Kleene, S. C.. On the Interpretation of Intuitionistic Number Theory. *Journal of Symbolic Logic* 10. 4 (1945):109 - 124.

③　Nelson, D.. Recursive functions and intuitionistic number theory. *Transactions of the American Mathematical Society* 61. 2(1947):307 - 368.

$$HA \vdash \varphi \Rightarrow 对于某个数\ n, HA \vdash \overline{n}\ 实现\ \varphi.$$

克林后来对可实现性的定义进行了修改,并把这个概念称为⊢-可实现性,即在析取和存在量化的子句中,在适当的地方插入⊢。例如:

$$n \vdash -实现\ \exists y\varphi(y) 如果 (n)_1 \vdash -实现\ \varphi\ (\overline{(n)_0}) 且 \vdash \overline{((n)_0)}.$$

我们有定理:

$$HA \vdash -\varphi \Leftrightarrow 对于某个数\ n, n \vdash -实现\ \varphi.$$

现在考虑丘奇规则的弱形式,如果 $HA \vdash \forall x \exists y\varphi(x,y)$,那么某个 $n \vdash$-实现这一公式,这意味着 n 是一个完全递归函数 F 的指数,且对于 $G = \Lambda x.(F(x))_0$,我们得到对于所有的 $m, HA \vdash \varphi(\overline{m}, \overline{G(m)})$,因此这个公式是真的。

从这一弱的丘奇规则,可以立即得到 HA 的存在性质:如果对于封闭的 $\exists x\varphi(x)$, $HA \vdash -\exists x\varphi(x)$,那么对于某个 $n, HA \vdash \varphi(\overline{n})$;且因此得出析取性质:对于封闭的 $\varphi, \psi, HA \vdash \varphi \vee \psi$,故而 $HA \vdash \varphi$ 或者 $HA \vdash \psi$。

如果将⊢-可实现性的思想与形式化可实现性相结合,就可以得到最强的理论证明结果。定义一个公式 $xq\varphi$,也即,xq-实现 φ,只需将⊢-可实现性的定义中出现的"⊢-ψ"替换为 ψ。然后可以证明弱丘奇规则中的递归函数实际上是可证明递归的。特罗尔斯特拉在 1971 年讨论直觉算术的可实现性概念时首次刻画了这种 q 描述以及更强的拓展的丘奇规则。这些 q-可实现性普遍具有在等价条件下是不封闭的缺陷。直到 1981 年,格雷森(R. J. Grayson)运用模型论的方法得到可实现性派生规则,并且给出了没有这一缺陷的 q-可实现性定义。

(三)可实现性逻辑

克林最初提出可实现性可以准确地反映直觉推理的推测后来被证明是错误的。1953 年,罗丝(G. F. Rose)在《命题演算和可现实性》一文中给出了命题公式的例子,这些命题公式甚至"绝对"是可实现的,但在直觉演算中是无法证明的。例如,存在一个数 n 可以实现公式的每一个替换实例,其中一个替换命题变量为 HA-语句。"可实现性的谓词逻辑"是相当复杂的,有几种不同方法可以定义谓词逻辑中的公式是可实现的。1983 年,普莱斯科(V. E. Plisko)给出了一个涉及他所谓的"绝对可实现的谓词公式"的定理。

考虑一个包含所有谓词符号的纯关系公式 $\varphi = \varphi[P_1, \cdots, P_k]$，其中，$P_i$ 为 n_i 元。设 $F_i: \mathrm{IN}^{ni} \to P(\mathrm{IN})$ 是函数的 k 元组。我们现在可以定义概念，相对于 $(F_1, \cdots, F_k)$，通过令变量在 IN 上运行，n 实现 φ，并指定

$$n \text{ 实现 } P_i(m_1, \cdots, m_{n_i}) \text{ 当且仅当 } n \in F_i(m_1, \cdots, m_{n_i})$$

假设一个纯关系谓词逻辑的语句 φ 是绝对可实现的，如果存在一个数 n，使得对于所有 k 元组 $(F_1, \cdots, F_k)$，相对于 $(F_1, \cdots, F_k)$，n 实现 φ。这一定理，即绝对可实现谓词公式的逻辑是 $\prod_1^1$-完备的。

然而，可实现性逻辑可以从不同的角度来看待。利用形式化的可实现性，我们可以考虑比如说，命题公式 φ 的集合，使得每个用 HA-语句替换命题变量的算术替换实例都可以在 HA 中被证明是可实现的。这个概念可以在二阶直觉算术 HAS 中形式化，HAS 涉及公式的哥德尔数的真值定义。1981 年，加夫里连科（Yu. V. Gavrilenko）证明了一个有趣的定理：假设 φ 是一个命题公式，其性质是 HAS 证明了它的每个算术替换实例都是可实现的。因此，φ 是直觉命题逻辑的一个定理。随着研究的进一步发展，1991 年，范·奥斯坦（J. van Oosten）提出了定理：令 HA$^+$ 是 HA 通过新常数 k 和 s 的扩展，是一个单值的偏二元函数或三元关系，公理表明这种结构是一个偏组合代数。我们可以就此定义可实现性。假设是一个纯关系谓词公式，其所有的算术替换实例都可以在这个抽象意义上实现，并在 HA$^+$ 中得到证明。因此，φ 在直觉谓词演算中是可以证明的。

（四）可实现性的公理化

正如我们所见，可实现性逻辑太过复杂，以至于无法公理化。而形式化的可实现性的情况则大不相同。像 x 实现 A 这样的公式都有一个语法特性：它们在等价情况下几乎都是否定的，也就是，由仅使用 $\wedge$，$\to$ 和 $\forall$ 的 Σ_1^0-公式构建而成。相反，如果 A 是一个几乎为否定的公式，则存在一个"偏序项"t_A，即一个表示可能的非终止计算的算术表达式，包含与 A 相同的自由变量，使得等价

$$A \leftrightarrow t_A \downarrow \wedge\ t_A \text{实现} A$$

在 HA 中是可证明的，其中，$t_A \downarrow$ 意味着 t_A 表示的计算终止。

利用形式化可实现性转化的幂等性,我们可以证明形式化可实现性是由结构:

$$\forall x(A(x)\to\exists yB(x,y))\to\exists e\forall x(A(x)\to\exists y(T(e,x,y)\wedge B(x,U(y))))$$

公理化的,其中,$A(x)$必定是一个几乎否定的公式。这个方案可称为 ECT_0。公理化的确切表述为:

(1) $HA + ECT_0 \vdash \phi\leftrightarrow\exists x(x \text{ 实现 } \phi)$

(2) $HA \vdash \exists x(x \text{ 实现 } \phi)\Leftrightarrow HA + ECT_0 \vdash \phi$

如果用马尔可夫(A. Markov)的原理,即 $MP: \forall x(A(x)\vee\neg A(x))\to(\neg\neg\exists xA(x)\to\exists xA(x))$ 增强 HA,则同样的公理也成立。这些公理化结果由德拉加林(A. G. Dragalin)于 1969 年,特罗尔斯特拉在 1971 年以及 1973 年分别独立得出。

我们来看一个可实现性的小应用。显然,马尔可夫原理是直觉上不可推导的谓词逻辑结构的一个例子。但可以证明下面的结构:

$$\forall x(A(x)\vee\neg A(x))\wedge(\forall xA(x)\to\exists yB)\to\exists y(\forall xA(x)\to B)$$

在 $HA + MP + ECT_0$ 中是可推导的。因此,可以看出可实现性的引入会影响谓词逻辑,至少在 MP 被假设的情况下如此。另一个应用是,前提独立的结构 IP:$(\neg A\to\exists yB)\to\exists y(\neg A\to B)$(其中 y 在 B 中不自由)在 HA 中不可推导,因为它很容易被证明与 ECT_0 是不一致的。

(五)可实现性的扩展和推广

第一个基于组合代数一般概念的可实现性定义出现在 1973 年史泰博(J. Staples)出版的《构造有限型分析的组合子可实现性》一书中。1975 年,费弗曼着手用偏组合代数语言编写其所谓的"显式数学",这种系统后来被特罗尔斯特拉和范·达伦(D. Van Dalen)称为 APP。偏组合代数①的组合子公理:

(k) $kxy = x$

(s) $sxyz \simeq xz(yz)$

———————————

① 众所周知,偏组合代数是 APP 的模型,反之亦然。

反映了公理化直觉纯蕴涵逻辑的两种方案：

$$A \to (B \to A) \text{ 和} (A \to (B \to C)) \to ((A \to B) \to (A \to C))。$$

在公理(s)中，$\simeq$ 意味着：一方被定义为另一方，当且仅当在这种情况下等式成立。然而，正如奥采尔(P. Aczel)等人观察到的那样，按照这个惯例，(s)-公理比需要的稍微强一些。足以假设如果 $xz(yz)$ 被定义，那么 $sxyz$ 也被定义，并且 $sxyz = xz(yz)$，这种弱化也出现在范·奥斯坦在1993年对外延可实现性研究中的 $<$-pca，以及朗利(J. Longley)的研究成果中。

当然，具有部分递归应用的自然数构成了部分组合代数。另一个例子是函数 $IN \to IN$ 的集合。每个函数都编码一个具有开放域的部分连续运算：$IN^{IN} \to IN^{IN}$。这种部分组合代数是克林对逻辑演算与可现实性、形式递归泛函与形式可实现性等研究中的函数可实现性的基础。这也是对"直觉分析"的一种解释，直觉分析是一种既处理数值函数也处理自然数的理论，而函数通常被视为实数。函数的可实现性证明了布劳威尔的观点，即每个在实数上良定义的函数一定是连续的。函数可实现性的q-变量为这个系统建立了以下规则：如果一个存在命题 $\exists \alpha A(\alpha)$ 可以被证明，其中 α 是实数变量，那么对于某个递归实数 r，可以建立 $A(r)$。

克林在1957年提出的函数可实现性，使用全函数的相对可计算性作为数据库。这个概念被表述为"e 实现$^{\Phi}\varphi$"，其中，Φ 是函数的字符串。使用哥德尔编码带有数据库的图灵机，令 φ_e^{Φ} 是使用数据库 Φ 由 e 编码的部分函数。对于 $\forall \alpha \psi$ 的子句：e 实现$^{\Phi}\forall \alpha \psi$，当且仅当对于所有的函数 α，$\varphi_e^{\alpha, \Phi}$ 实现。因此，$\forall \alpha \exists \beta \psi$ 如果相对于数据库 Φ 是实现的，则在 α, φ 中递归地得到 β。有人称，一个闭公式是可实现的，如果某个数字通过所有的数据库实现了它。后来，克林摒弃了函数可实现性这个版本的概念，在1965年给出的概念是"等价的"。然而，这版的概念与"相对可实现性"概念密切相关，其中也给出了"等价性"的解释。

另一种泛化类型是克莱塞(G. Kreisel)改进的可实现性，最初是为系统 HA^{ω} 构想的。HA^{ω} 是"哥德尔的带有谓词逻辑的 T"，是从一个基本类型 o 和类型构造函数和构建的类型结构，其中有每种类型的变量，用于配对和投影的类型化组合符,每种适当类型的 k 和 s,以及用于本原递归的组合子。对于任意公式 A,公式"x 实现 A"可以用一种完全直接的方式定义,也就是,变量 x 的类型由 A 的逻辑形式决定。所以,如果 A 的实现器类型为 σ,B 的实现器类型为 τ,那么 $A \rightarrow B$ 的实现器类型为($\sigma \Rightarrow \tau$)。这种由克莱塞在 1959 年定义的"类型化的可实现性",比霍华德(W. A. Howard)提出的"作为类型的公式"早了 10 年。当然,它在 20 世纪 70 年代后期开始被用于解释 Martin-Löf 类型论的版本①,朗利也研究了基于 PCF 的系统的类似版本。而特罗尔斯特拉在 1973 年构造了 HA^{ω} 改进可实现性的公理化。

但是,正是这种可实现性的无类型的"坍塌",大多数人称之为"改进的可实现性"。根据特罗尔斯特拉在 1973 年的描述,遗传递归运算结构是一种用于对 HA^{ω} 建模的类型化结构,其本身在 HA 中是可定义的。利用 HA 是 HA^{ω} 的一个子系统,我们可以根据克莱塞的定义构建一个新的 HA 可实现性概念。每个公式都有两个实现器集,实际实现器是潜在实现器的子集。HRO-改进的 HA 可实现性的特点是验证了上面所述的结构 IP,并反驳了马尔可夫原理。通过这种可实现性的 q-版本,我们可以获得用于 HA 的 IP 规则。比森(M. J. Beeson)在 1975 年应用改进的可实现性表明,尽管在基本递归理论的形式化中,曼希尔—谢佛德森(Myhill-Shepherdson)和克莱塞—拉孔贝—肖恩菲尔德(Kreisel-Lacombe-Shoenfield)定理似乎需要马尔可夫原理,但它们并没有反过来蕴涵它,因为这些定理在改进的可实现性下保持不变。

实际实现器和潜在实现器的概念可以应用于不同的部分组合代数。1971 年,莫肖瓦基斯(J. Moschovakis)证明了克林和韦斯利(R. E. Vesley)的直觉分析的"基本系统"与封闭的 $\exists \alpha A(\alpha)$ 下的结构($\neg A \rightarrow \exists \alpha B(\alpha)) \rightarrow \exists \alpha(\neg A \rightarrow B(\alpha))$ 和结构 $\exists \alpha A(\alpha) \rightarrow \exists \alpha(GR(\alpha) \wedge A(\alpha))$ 的一致性,其中,公式 $GR(\alpha)$ 表示 α 是递归的,并且使用了函数的部分组合代数及其递归函数的子代数。一般来说,改进的可实现性解释与"可实现性的克里普克模型"密切相关。

———————————

① 由瑞典数学家和哲学家马丁洛夫(P. Martin-Löf)在 1972 年提出的直觉类型论。

20 世纪 90 年代以来,受施特莱彻(T. Streicher)、海兰德和翁(L. Ong)工作的影响,改进的可现实性重新引起了人们的兴趣。对于二阶算术 HAS 的形式化的克林——可实现性的扩张,特罗尔斯特拉在 1973 年证明了二阶算术的以下原理:

$$\text{UP} \quad \forall X \exists n A(X,n) \rightarrow \exists n \forall X A(X,n)$$

在他的扩张下是有效的。缩写 UP 代表一致性原则,这一原则在有效的拓扑中受到了广泛关注。称每一个从数字集到数字的函数都必须是常数,这是非经典的。无论如何,可证 HAS + UP 不存在非经典的一阶结果。

(六)可实现性的克里普克模型

这是对可实现性的一般拓扑理论解释的前奏,但是拓扑理论在跟上可实现性方面进展缓慢,人们往往在认识到拓扑的逻辑意义很久之后,仍不清楚拓扑对可实现性有什么作用。

可实现性的克里普克模型是理论 APP 的克里普克模型,即一个由部分有序集 P 索引的部分组合代数 $(A_p)_{p \in P}$ 系统,以及满足通常条件 $p \leqslant q$ 的映射 $A_p \rightarrow A_q$。举一个简单的例子,取偏序 $\{0 < 1\}$,设 A_1 为函数可实现性的 pca①,A_0 为递归函数的子-pca。我们也可以把 A_1 取作图模型 $P(\omega)$,A_0 取作它在 IN 的子集上的子代数。一般来说,如果 $(A_p)_{p \in P}$ 是可实现性的克里普克模型,给任何公式 φ 指派实现器集的 P-索引的系统 $([\varphi]_p)_{p \in P}$,它在克里普克模型意义上是 $(A_p)_{p \in P}$ 的子集。

1969 年,德容(D. H. J. de Jongh)提出可实现性克里普克模型的第一个例子,他希望建立这样一个定理,即公式 A 在直觉谓词演算中是可证明的,当且仅当它的每个算术替换在 HA 中是可证明的。这个定理首先由莱文(D. Leivant)使用证明论进行了证明。1991 年,范·奥斯坦恢复了德容最初的可实现性方法证明了完整的定理。

1978 年,古德曼(N. D. Goodman)在有限型直觉运算的相对可实现性研究中给出了可实现性克里普克模型的另一个例子。古德曼和德容构造的模型惊人的

---

① pca 是 1995 年朗利(J. Longley)定义的部分组合代数的 2-范畴。

相似,在这两种情况下,A_p 是在某些集合 $X_p \subseteq \mathrm{IN}$,且对于 $p \leqslant q, X_p \subseteq X_q$ 中部分递归函数的指标集。然而,古德曼的目标是用所有类型上可决定的等式来解释一个 HA^ω 版本,他还把¬¬-平移引入到图中,严格地说,这种模型超越了可实现性的克里普克模型的定义,且可以被称为广义的贝斯可实现性模型。

20 世纪 90 年代,利普顿(J. Lipton)在可实现性和克里普克强迫的结合方面做了很多工作。

（七）外延的可实现性

"外延可实现性"不仅定义了实现器,同时也定义了它们之间的等价关系。这种想法就是,对于一个蕴涵 $A \rightarrow B$ 的实现器应该发送 A 的等效实现器到 B 的等效实现器。当然,起源仍然是克莱塞改进的可实现性。正如 HRO 是在 HA 中可以定义的 HA^ω 的一个模型,我们有"遗传有效运算"的模型 HEO 和 $\mathrm{HRO_E}$,即 HRO 的外延坍塌。特罗尔斯特拉在 1973 年的论文中已经考虑了 HEO 与改进的可实现性的结合,但 HA^ω 的第一个外延可实现性是由比森在 1979 年的论文《古德曼定理及其他》中结合克里普克强迫使用的,他将古德曼的定理扩展为 E － HA^ω ＋ AC 相对于 HA 是保守的。

1981 年,皮茨(A. M. Pitts)首次给出了适用于一阶算术的外延可实现性定义。比森、迪勒(J. Diller)、特罗尔斯特拉以及雷纳德尔(G. R. Renardel)等人在对于 Martin-Löf 类型论的研究中,都使用了外延可实现性。此外,海兰德从拓扑理论的角度研究了外延可实现性,并在 1982 年的论文《可实现性拓扑》中描述了其显著的高阶逻辑特性。

范·奥斯坦在 1997 年发表的论文《外延可实现性》中,比较了 HA 两种版本的外延可实现性,类似于 HEO 和 $\mathrm{HRO_E}$,发现它们是不等价的。这表明 HEO 版本不是幂等的,但是在 HA 的保守扩展上获得了这种可实现性的公理化。并且得到了通常的特罗尔斯特拉类型的结果:定义了 q-版本,并且推导出 HA 的"外延的丘奇规则"。

二、1980—2000 年的发展

1970 年前后,洛夫尔和蒂尔尼将格罗腾迪克的拓扑概念推广到基本拓扑的定义。在随后他们以及巴尔、弗雷德等人的工作表明,格罗腾迪克拓扑理论的很多结果实际上都可以从基本拓扑的公理中推导出来。约翰斯通 1977 年的《拓扑理论》一书是对 20 世纪 70 年代基本拓扑理论的一个令人印象深刻的描述,至今仍作为标准参考。

逻辑学家们发现了在 20 世纪 60 年代发展起来的拓扑广义语义思想,诸如,ZF 集合论的科恩强迫,随后由索洛韦根据布尔值模型明确表述,这是斯科特第一次注意到科恩在偏序集上的强迫是克里普克强迫与¬¬-平移的结合;用于直觉谓词逻辑的克里普克和贝斯模型;以及拓扑模型。从拓扑理论家的角度来看,所有这些语义都属于"局部拓扑",或者使用逻辑学家更熟悉的一个术语:海廷值语义。

希格斯(D. Higgs)在 1973 年证明了对于一个完全的海廷代数 H,"H 值集"的范畴等价于 H 上层的拓扑。因此,克里普克语义、拓扑语义等自然扩张到高阶语言。虽然逻辑学家未能发现这一事实,并将其归因于"一阶弊病",但是这对直觉初等数学的发展很重要,实数是由需要二阶算术的戴德金分割构造的,逻辑学家一直在描述完全独立于二阶算术的分析模型。

在 20 世纪 70 年代的传统逻辑学家中,似乎没有人在推动拓扑语义方面比达纳·斯科特(D. Scott)更有影响力。我们可以说,达纳·斯科特促使了 70 年代中期研究逻辑的方式发生了变化。最重要的是,作为模型理论家,达纳·斯科特主张将可实现性以及其他解释视为模型,并且尽可能地不受语法限制。

实际上,20 世纪 70 年代层模型上所有的代表性工作都涉及格罗腾迪克拓扑,并且明显缺少可实现性。此外,人们对于非格罗腾迪克拓扑并没有太多的了解,诸如,有限集、洛夫尔或蒂尔尼的公理具有足够的代数性以确保自由拓扑的存在,以及由所谓的滤子和商构造所产生的拓扑,用来给出科恩的独立性结果的拓扑理论证明。

（一）有效拓扑

遵循达纳·斯科特和鲍威尔(W. Powell)的一些想法和研究,海兰德、约翰斯通和皮茨在 1979 年左右发现了一种全新的拓扑类型。

众所周知,对于一个完全的海廷代数,布尔值集可以推广到海廷值集,这在富尔曼(M. P. Fourman)和达纳·斯科特 1979 年的论文《层和逻辑》中得到了充分的证明。代数的完备性用于解释量词,富尔曼和达纳·斯科特将 H-集合拓扑的构造分解为两个逻辑上有意义的步骤。第一步,建立一个没有等式的多类型直觉谓词逻辑的模型。类型 X 的谓词是从 X 到命题集 H 的函数,其中 X 是一个集合。因为 H 本身作为一种类型而存在,所以实际上也有二阶命题逻辑;下一步是将等式添加为一般的 H 值对称和传递关系,但不一定是自反关系,并考虑所有可能的情况。我们得到一个拓扑,且公式 φ 在该拓扑的内部逻辑中的有效性与将 φ 转变为"同一性与存在性逻辑"的多类型谓词逻辑的底层模型中的有效性相关联。

海兰德、约翰斯通和皮茨发现了这一构造过程中第一步的有效概括,并将其称为"tripos",表示"表示索引前序集的拓扑"。tripos 理论是皮茨 1981 年发表论文的主题,但该思想的一个主要应用是海兰德 1982 年发现并描述的有效拓扑。设"命题的域"是 IN 的幂集,对于任意的集合 X,X 上的谓词集,即集合 $P(IN)^X$ 依据 $\varphi \leqslant \psi$ 前序,当且仅当存在部分递归函数 F,使得对于每个 $x \in X$ 且每个 $n \in \varphi(x)$,$F(n)$ 被定义,且 $F(n) \in \psi(x)$。那么,$P(IN)^X$ 是一个海廷初级代数,尽管它不是完备的,但是函数 $f : X \to Y$ 在映射 $P(IN)^f : P(IN)^Y \to P(IN)^X$ 上存在伴随。可以完全模拟 H-值集拓扑的构造,得到有效拓扑 eff。

在 eff 中,基于自然数对象的一阶算术的标准真值定义等价于克林 1945 年提出的可实现性。但更多的情况是:eff 中的标准二阶算术是通过对特罗尔斯特拉的 HAS 可实现性的非正式解读获得的,而 eff 中使用戴德金实数的标准分析结果等价于 Bishop 模式的递归分析。自然数上的有限型结构是结构 HEO。所有这些不同的、迄今为止不相关的研究都得到了恰当的应用。

更加显著的是,由可实现性获得的证明理论结果在有效拓扑中获得了更广泛的意义。否定公式的作用可以用以下事实来解释:eff 中包含的集合范畴称为"¬¬-层"。格雷森在 1981 年的一系列论文中描述了海兰德获得的结果,刻画了改进和外延可实现性的拓扑结构,并且给出了与 q-可实现性对应的拓扑理论解释。通过沿嵌入粘合拓扑集和 eff，可以得到一种对应于某种 q-可实现性的拓扑。用自由拓扑 F 替换拓扑集，并在 F 上构造 eff，就可以得到高阶直觉算术 HAH 的存在性和 HAH 的丘奇规则的不同版本。1978 年，兰贝克和达纳·斯科特利用弗里德曼（H. M. Friedman）类型的 q-可实现性首次证明了 HAH 的存在性。弗雷德发现这本质上是一个粘合的结构，虽然对 F 中终结对象不可分解且投射的事实感到惊奇，但他还是给出了这种结构的代数证明。

"丘奇规则"的论点概述如下：F 是自由拓扑，$\mathit{eff}(F)$ 是在其上构造的有效拓扑，ε 是 F 与 $\mathit{eff}(F)$ 的粘合。满足关系 $\varepsilon \models \psi$ 可以在 F 中表示。现在，假设 HAH $\vdash \forall x{:}N \exists y{:}N \psi(x,y)$，因此，$\varepsilon \models \forall x \exists y \psi$。根据可实现性构造，我们有：

$$F \models \exists f{:}N \forall x{:}N \exists y{:}N(T(f,x,y) \wedge \varepsilon \models \psi(x,U(y)))。$$

现在，存在一个逻辑函子 $\varepsilon \rightarrow F$，这是粘合构造的一般特点，由此，

$$F \models \exists f{:}N \forall x{:}N \exists y{:}N(T(f,x,y) \wedge \psi(x,U(y)))。$$

所以，HAH 证明了这个公式。注意，HAS 的存在性是由弗里德曼在 1977 年发表的论文《关于实例化属性的可导性》中利用 q-可实现性得到的。弗里德曼的"HAS 的集合存在性"不自动包含在完全 HAH 的存在性中。

（二）适度集与内部完备性

1982 年，海兰德在其论文《有效拓扑》中，挑出 eff 中一个有趣的子范畴，也就是，称为"有效对象"的子范畴。这一范畴推广了埃尔索夫（Yu. L. Eršov）在 1973 年的论文《数字理论》中提出的"编号集"，它等价于其对象是对 (X,μ) 的范畴，其中 X 是一个集合，$\mu{:}A \rightarrow X$ 是一个从 IN 的子集到 X 的满射函数；态射 $(X,\mu) \rightarrow (Y,\nu)$ 是函数 $f{:}X \rightarrow Y$，使得对于某些部分递归函数 F，$F(n)$ 被定义为对于所有的 $n \in dom(\mu)$，$F(n) \in dom(\nu)$ 且 $f(\mu(n)) = \nu(F(n))$。理论上说，有效对象是 eff 中的 N 的子对象的 ¬¬-分离商。以上给出的具体表示，后来在 1986 年被达纳·斯科特称为适度集的范畴。

海兰德注意到有效对象允许对特罗尔斯特拉的一致性原则（UP）进行推广。如上所述，集合作为 ¬¬-层包含在 eff 中。任何从一个集合的商到一个有效对象的函数在 eff 中都必定是常数。事实上，对于一个有效对象 A 和一个集合的商 B，

对角线的嵌入 $A \to A^B$ 是一个同构。

1985 年左右,莫吉(E. Moggi)和海兰德有了一个重要发现。这个"一致性原则"意味着 εff 中的一个特定内部范畴,即基本上是 N 的分离子商的内部完全子范畴在某种意义上是完全的,而不是一个前序。这意味着几个事实。例如,达纳·斯科特使用它直观地说明集合 A 可能与 2^{2^A} 是双射对应的;它还可以用来得到吉拉德(J. -Y. Girard)的二阶 λ-演算 F 的集合论解释。

"完全"的确切含义在拓扑的内部语言中是无法表达的,这需要花一段时间才能弄清楚。一个来自弗雷德的基本观察是:将 $A \to A^B$ 是对于每个集合 B 的同构这一性质作为 A 能够具有的定义性质,如果 A 具有这种性质,就称其为"离散的",注意只需要集合 2 就足够了,而不是 εff 中的对象 2。后来,海兰德、罗宾逊(E. P. Robinson)和罗索里尼(G. Rosolini)证明了离散对象作为 εff 上的纤维化是完全的,弱等价于通过"外化" εff 中的内部范畴获得的纤维化,由此推论内部范畴是"弱完全的"。根本上说,问题在于 εff 中不存在选择。称其为内部范畴 C,即对于任意的其他类型,比如 D,我们在 C 中有类型 D 的图的对象 C^D,以及对 (d,c) 的对象 E,其中 d 是一个图,c 是这个图的极限。投影 $E \to C^D$ 是 εff 中的一个满态射,但不需要有一个部分为每个图指派一个极限。

当然,这并不意味着适度集的范畴是完全的,但是它可以很好地解释系统 F 和相关编程语言,例如 Quest 中的理论。弗雷德、海兰德、罗宾逊、罗索里尼等许多人都建立了这样的 PER 模型,到目前为止,PER 模型已经成为编程语言语义中的一个标准工具。

出于历史原因,集合的商被称为"统一对象"。"统一"和"离散"的概念也可以应用于映射,并在 εff 上产生一个因子分解系统,非常类似于 T_0-拓扑空间范畴中的"单调—光"因子分解系统。"PER"完备性的重要应用来自合成域理论。

(三)作为通用结构的可实现性

有效拓扑结构非常有趣,破解其奥秘的一种方法是寻找其可能拥有的通用性质。卡尔博尼(A. Carboni)、弗雷德和斯克德罗夫(A. Scedrov)1988 年的论文《可实现性和多态类型的范畴方法》、罗宾逊和罗索里尼 1990 年的论文《余极限完成和有效拓扑》出现了相似的 εff 结构,其中的关键词是"完成"。

我们已知有效拓扑结构是一个两步构造,但是穿越两步骤之间的方法可以有很多种。例如,考虑两个"完成"过程:给定一个有限极限范畴 C,我们可以向其增加余积,或者增加等价关系的稳定商,使它是精确的。第一个构造的结果是 $\mathrm{Fam}(C)$:对象是由集合 I 索引的 C 对象的族 $(C_i)_{i \in I}$,态射 $(C_i)_{i \in I} \to (D_j)_{j \in J}$ 由函数 $f: I \to J$ 和 C 的箭头 $(f_i: C_i \to D_{f(i)})_{i \in I}$ 的 I-索引集组成。第二个构造的结果在范畴 $(C)_{ex/lex}$ 中,卡尔博尼和马格诺(R. Celia Magno)1982 年的论文《左精确范畴上的自由精确范畴》中有详细描述。连续执行这两个过程就得到一个拓扑(Fam$(C))_{ex/lex}$,可写作拓扑 Sets^{COP}。关于 $C_{ex/lex}$ 是否以及何时是拓扑的解释,在 1999 年门尼(M. Menni)的论文《精确完全为拓扑的左精确范畴的刻画》中有详细描述。

现在,假设不增加全部余积,只增加递归的余积。也就是说,假设 $\mathrm{Fam}_R(C)$:对象是由 IN 的子集 I 索引的族,且态射 $(C_i)_{i \in I} \to (D_j)_{j \in J}$ 需要一个部分递归函数 $I \to J$。罗宾逊和罗索里尼在其 1990 年的论文《余极限完成和有效拓扑》中得出的主要结论是:$(\mathrm{Fam}_R(\mathrm{Sets}))_{ex/lex}$ 是一个拓扑,且是有效拓扑。注意以下两种情况的反映:一是对于格罗腾迪克拓扑,至少对于预层拓扑,用集合索引的所有余积完成一个小范畴;二是对于 εff,由一个小范畴 R 索引的余积完成 Sets。

由 ex/lex 完成的一般理论可知,集合嵌入其中的范畴 $\mathrm{Fam}_R(\mathrm{Sets})$ 等于 εff 的投影对象的完全子范畴,而且,每个 εff 的对象都是一个投影对象的商。另外,根据卡尔博尼、弗雷德和斯克德罗夫在 1988 年的构造,εff 被表示为 $(\mathrm{Asm})_{ex/reg}$,也就是说,使 Asm 是精确的但保持正规结构,其中 Asm 是集合的范畴,是有效拓扑的 $\neg\neg$-分离对象。有趣的是,根据门尼 1999 年的描述,$(\mathrm{Asm})_{ex/reg}$ 也产生一个拓扑,但不是有效拓扑,而是外延可实现性的拓扑。

1995 年,朗利在他的博士论文《可实现性拓扑与语言语义》中得出这一领域的一个有趣结果。我们可以在任意部分组合代数 A 上构造 εff,并称之为 $\varepsilon ff(A)$。$\varepsilon ff(A)$ 在 A 中的"函子性"如何?朗利定义了部分组合代数的 2-范畴 Pca,使得范畴 $\mathrm{Pca}(A,B)$ 等价于精确函子 $\varepsilon ff(A) \to \varepsilon ff(B)$ 的范畴,它们与从集合到这些拓扑的包含可交换。这个定义看似十分拙劣,但是,Pca 中从 A 到 B 的 1-单元只是 $\mathrm{Asm}(B)$ 中具有整体截面 A 的内部部分组合代数,这里,$\mathrm{Asm}(B)$ 是 B 上的集合,即,$\mathit{eff}(B)$ 中一个¬¬-分离的内部 pca,其中应用映射的域是¬¬-封闭的。这两者之间的 2-单元是一个内部"普通的"pca-态射。从这种角度看,结合皮茨 1981 年的博士论文《tripos 的理论》中给出的迭代结果,这种构造变得更加透明,它与精确的完成方面的联系是显而易见的。

有很多研究都致力于精确的完成是局部笛卡尔闭合的问题,例如,1997 年罗西基(J. Rosicky)的论文《笛卡尔闭精确完成》,1998 年卡尔博尼和维塔莱(E. M. Vitale)的论文《正规和精确完成》。而大多数这些工作的开展,是由达纳·斯科特 1986 年提出的"新范畴"所促使的。这个范畴几乎是 T_0-拓扑空间范畴的一个精确完成。

(四)重新审视的公理化

正如海兰德在其开创性论文《有效拓扑》的结语中所说,"我们首先缺乏的是任意类似于特罗尔斯特拉在《直觉算术和分析的元数学研究》(1973)中得到的公理化可实现性的结果的真实信息,我们在这个领域没有好的信息,所以不能完全说理解可实现性"[1]。1990 年之后,所有这些关于 eff 的进一步研究结果都出现了,使用它们可能会获得更多这一领域的信息。

范·奥斯坦在 1994 年的论文《高阶克林可实现性的公理化》中给出了一系列在 eff 中成立的高阶算术理论的构造,以及这些理论的可实现性,这些理论的可实现性在 eff 中也是成立的,并且可以被公理化。事实上,eff 中的可实现性可以这样定义,在 eff 中,一个语句等价于它自身的可实现性。范·奥斯坦详细讨论了二阶和三阶算术,刻画了二阶可实现性的公理是一致性原则、外延丘奇命题和沙宁(N. A. Shanin)原则,该原理认为,对于 N 的任意子集 X,都存在一个 N 的¬¬-闭子集 A,使得,

$$X = \{x \mid \exists y \langle x, y \rangle \in A\}。$$

---

① Hyland, Jme. . The Effective Topos. *Studies in Logic & the Foundations of Mathematics* 110(1982).

这些理论的构建基于这样一个事实：相关的算术对象由可定义的投影对象所覆盖，例如，Ω^N 被 $(\Omega_{\neg\neg})^N$ 覆盖；"这是个覆盖"是沙宁原则的内容。处理三阶算术的一个推论是，根据刻画其可实现性的公理，可以证明适度集范畴的完备性。

然而，公理化地理解可实现性还具有一定的难度。我们可能会有下面的疑问：对于带有自然数对象的任意拓扑 ε，令 $\mathit{eff}(\varepsilon)$ 是在其上构造的有效拓扑。结构 $\varepsilon \to \mathit{eff}(\varepsilon)$ 直到等价不是幂等的，尽管皮茨在 1981 年证明它在特定拓扑和几何态射的范畴上产生了一个"有效的"单子。问题是有什么方法来刻画这个单子的代数？在 ε 上是否存在任何合理的有意义的条件系统，确保 $\varepsilon \to \mathit{eff}(\varepsilon)$ 是等价的？此外，$\mathit{eff}(F)$ 是什么样的？可以肯定的是，它不是一个精确的完成。

（五）相对的可实现性

从 1997 年左右开始，达纳·斯科特在卡内基梅隆大学的一些才华洋溢的同事：阿维亚德（S. Awodey）、鲍尔（A. Baue）和彼尔科达尔（L. Birkedal）一直致力于可实现性的研究，并且探讨了所谓的"相对可实现性"。

假设一个 pca$A$ 有一个子集 $A\#$，该子集在应用程序下是封闭的，并且包含 k 的选项和对于 A 的选项 s，换句话说，这是一个子-pca。我们可以用以下方式定义集合上的 tripos①：X 上的谓词是函数 $X \to P(A)$，但两个这样的函数之间的顺序必须由 $A\#$ 中的一个元素来实现，结果称为拓扑 $\mathit{eff}(A\#, A)$。通常，$A\#$ 由 A 的递归的或递归枚举的元素组成。研究这种情况的部分动机是"对不一定是可计算数据上的可计算运算和映射的研究，例如，所有实数的空间"。

$\mathit{eff}(A\#, A)$ 与拓扑 $\mathit{eff}(A\#)$ 和 $\mathit{eff}(A)$ 相比比较好，例如，存在一个局部的几何态射 $\mathit{eff}(A\#)\mathit{eff}(A\#, A)$，和一个逻辑函子 $\mathit{eff}(A\#, A) \to \mathit{eff}(A)$。这项工作与过去的许多研究有联系。例如，克林对函数可实现性的第一次尝试，其形式是 $(A\#, A)$，其中，$A = \mathrm{IN}^{\mathrm{IN}}$ 且 $A\#$ 是整个递归函数的子-pca。克林注意到，这与他后来描述的函数可实现性之间的"等价"是一个更普遍的事实，也即上面提及的逻辑函子

---

① 皮茨 1981 年提出的 tripos 理论，"tripos"是"表示索引前序集的拓扑"的英文缩写。

的结果。此外,施特莱彻在 1997 年的论文《用于可计算分析的拓扑》中也提到了逻辑函子。值得注意的是,这个逻辑函子是滤子商的情形。

注意,让可计算的事物作用于不可计算的数据的动机,与克林 1959 年的《有限类型的递归函数和量词》以及其后的论文中为高型递归函数所做的设置有一定关联。总之,相对的情况可以从拓扑 Sets$^\rightarrow$的角度进行有益的研究。

(六)非经典的理论

$\varepsilon\!f\!f$ 和相关拓扑的一个有用特征是,人们经常会在其中找到固有的非经典理论的模型,这些理论没有经典模型,有时甚至在格罗腾迪克拓扑中也没有模型。

有几个值得进一步研究的有趣话题。比如,合成域理论旨在找到一种合适的对象范畴,这种对象具有自然的域结构,使得这些对象之间的任何映射都是自动连续的。根据达纳·斯科特的建议,他的学生罗索里尼率先在建立合成域理论方面取得实际进展,罗索里尼 1986 年的博士论文《连续性和有效性》对此进行了研究,后来该理论的系统的工作,体现在海兰德 1992 年的《合成域理论的第一步》、菲亚(W. Phoa)1990 年的《有效域和内在结构》、泰勒(P. Taylor)1991 年的《合成域理论中的不动点性质》,以及施特莱彻和罗伊斯(B. Reus)1999 年的《一般综合领域理论:一种逻辑方法》等论文中。正如范·奥斯坦和辛普森(A. K. Simpson)在 1998 年的论文《合成域理论中的公理和(反)实例》中所提倡的那样,使用真正公理的和严格的内部方法的力量。又如,代数集合论。1995 年,加雅尔和莫尔狄克在《代数集合论》一书中,提出了一种看待集合论的新方式,并指出 $\varepsilon\!f\!f$ 中的一个模型,这需要进一步研究。

第四节　拓　扑

我们在这里根据数学思想发展的历史,总结拓扑基本理论在 1970 年至 2000 年 30 年间发展的几个重要主题。这些内容涉及函数空间概念的起源、胡雷维奇定义的 k-空间概念等,为 2002 年约翰斯通的研究提供了扎实基础,据此,洛夫尔在格罗腾迪克的基本精神下改进代数几何基础,但使用了范畴逻辑的工具,并采用了公理内聚的主题。

一、拓扑理论的起源

范畴工具应用于代数几何导致了拓扑的产生。洛夫尔认为:"统一和简化不仅对研究结果的传播是必要的,而且对数学各个分支研究的一致推进也是必要的。要使 20 世纪 30 年代的许多数学进步一致推进,就需要对它们进行统一和简化,这促使艾伦伯格和麦克莱恩在 20 世纪 40 年代早期设计了范畴、函子和自然变换的理论。"[1]而区分一般范畴与线性范畴也是有用的,线性范畴的明确研究始于麦克莱恩在 1950 年发表的论文《群的对偶性》。线性和精确性的结合被称为交换范畴,这在 20 世纪五六十年代得到了进一步的完善。这一理论连续得到许多应用,例如,贯穿在分析中使用导出的范畴。在这一发展进程中,关键一步是格罗腾迪克在他 1957 年的论文《关于同调代数的几个观点》中证明了对于环上的同调代数的概念基础也适用于空间上以层形式变化的线性对象。随后,精确性概念也适用于许多非线性范畴的事实逐渐被更多的人认识和使用。

伴随函子的概念由坎在 20 世纪 50 年代中期提出之后,迅速成为格罗腾迪克

---

[1] Lawvere, F. W.. Comments on the Development of Topos Theory. *Reprints in Theory and Applications of Categories*, No. 24, (2014): 1 – 22.

的代数几何基础,以及逻辑和集合论的新范畴基础中的一个关键要素。之后,格罗腾迪克等人在 20 世纪 60 年代早期提出在几何学中使用的拓扑概念。1969年,格罗腾迪克与蒂尔尼进行了初步的合作,这个简化的拓扑理论在 1970 年国际数学家大会上正式提出。这一主题的进一步发展促进了拓扑领域的深入研究,但是理解拓扑理论的起源、实质和发展方向仍然比较困难。

二、拓扑理论前期发展主题

(一)泛函分析和代数拓扑需要具有弹性构架的共同家园

数学理论的核心是空间中量的变化以及空间中质的出现,其基本分支,如微分几何和几何测度理论产生了代数拓扑和泛函分析两大辅助学科,并得到广泛使用。麦克斯韦—赫兹—海维赛德电磁理论和麦克斯韦—玻尔兹曼的材料科学极大地推动它们的具体化。这两种学科和这两种应用在沃尔泰拉(V. Volterra)的研究中很早就有明确的阐述。正如德拉姆(G. D. Rham)对纳拉辛汉(R. Narasimhan)指出的那样,"沃尔泰拉在 19 世纪 80 年代不仅证明了外导数算子满足 $d^2 = 0$,而且还证明了局部存在定理,该定理通常被不精确地称为庞加莱引理,这些结果仍然是德拉姆定理和层的上同调所表示的代数拓扑的核心"[1]。沃尔泰拉于 1912 年提出的线性函数理论后来被称为"泛函"分析,他的学生以及席尔瓦(J. S. Silva)和佐恩(M. Zorn)非常有效地发展了这一理论,认为开放集和封闭集不是本原的,而是从更基本的结构中推导出来的。1950—1985 年期间,这种形式的泛函分析在很大限度上被忽视,但在 20 世纪 80 年代,由于克里格(A. Kriegl)同其合作者弗罗利彻(A. Frölicher)、内尔(L. D. Nel)和米绍尔(P. Michor)的显式范畴研究以及彭顿(J. Pennon)、杜武克和布鲁诺(O. Bruno)的显式拓扑理论研究,泛函分析的一些关键问题得到了解决,泛函分析在无限维物理中的应用重新活跃起来。

事实上,在某种意义上,拓扑理论的这些研究成果最终有机地将沃尔泰拉研

---

① Narasimhan, R. . *Analysis on real and complex manifolds*. (3rd edition), North Holland, Amsterdam, 1985.

究的两条线,也就是代数拓扑和协变泛函分析结合起来。长期以来,这两条线一直与下述工作交织在一起:

(1)格罗腾迪克关于核空间①和正则对偶②的研究。

(2)格劳尔特(H. Grauert)③、卡坦(H. Cartan)和塞尔④在相干解析层上的结果。其中,正如霍泽尔(C. Houzel)和杜阿迪(A. Douady)在 20 世纪 70 年代的研究论文中所明确指出的那样,核有界型泛函分析在确立某些"代数—拓扑"贝蒂数的有限性方面起着关键作用。

(3)佐藤(M. Sato)和柏原正树(M. Kashiwara)⑤提出的波理论的微函数方法。

(二)最先建立逻辑和集合论的弹性构架

尽管拓扑理论起源于几何,但近年来有时被认为是逻辑的一个分支,部分原因是拓扑理论为逻辑和集合论的澄清作出了贡献。然而,许多拓扑理论学家的方向或许可以更准确地概括为这样一种观点:通常所谓的数理逻辑可以看作是代数几何的一个分支,并且将这个分支明确地表述出来是很有用的。

早期模型理论家伯克霍夫在 1944 年关于泛代数中的次直并集、塔斯基(A. Tarski)在 1950 年关于介于代数和逻辑之间的拓扑,以及罗宾逊(A. Robinson)在 1949 年关于代数闭域定理研究中的核心例子都证明代数几何是拓扑理论的历史起源。他们的后继者范·德·德里斯(L. van den Dries)在 1986 年对于塔斯基—塞登贝格定理的推广及其不确定性结果方面、麦金太尔(A. Macintyre)等人在 1983 年关于在代数结构中量词消除方面取得的进展显著地证明了几何学的持续

① Grothendieck A. . Produits tensoriels topologiques et espaces nucléaires. *Memoirs of the AMS* 16,1955.

② Grothendieck A. . Sur certains espaces des fonctions holomorphes. J. Reine Angew. Math. 192(1953): 35 – 64 and 77 – 95.

③ Grauert,H. . *Ein Theorem der analytischen Garbentheorie und die modulräume komplexer Sturukturen.* Publ. Math. IHES,Bures-sur-Yvette,1960.

④ Cartan,H. ,Serre,J. -P. . Un théorème de finitude concernant les variétés analytiques compactes. C. R. Acad. Sci. Paris 237(1953):128 – 130.

⑤ Kashiwara,M. ,Schapira,P. . Sheaves on Manifolds. *Springer-Verlag*,(1990).

价值。

范畴逻辑只是系统地表明,不需要单独的、特殊的逻辑术语和符号,因为蕴涵和量词是在非偏序集范畴中更普遍出现的各种伴随函子。具体来说,正如库里(H. B. Curry)所观察到的那样,蕴涵是函数空间变换的偏序集情况,这是泛函分析的基础。根据坎(D. Kan)在其 1955 年的论文《伴随函子》中的表述,量词是由定义域变化引起的一般的坎扩张在真值函子上的特殊应用。此外,洛夫尔在他 1963 年的论文《代数理论的函数语义》中提出,模型本身也是函子,因为句法理论所呈现的内容最有效地被视为某种小范畴。在巴尔于 1970 年对于正则范畴以及 1974 年对于布尔值点的存在性做出了重要贡献之后,马凯和雷耶斯在其 1977 年的著作《一阶范畴逻辑》中得出了这一结论。加雅尔在 1981 年关于拓扑逻辑和弗雷德在 1990 年关于范畴的研究,也发挥了重要的作用,他们的工作围绕着德利涅于 1972 年发现的一阶逻辑完备性定理是德利涅定理的结论,该定理肯定了相干拓扑的点的存在性。

但是,由于拓扑理论描述的集合的内聚性和可变性的显式认识,对于"经典"布尔数理逻辑有一个关键的改进。对于从事代数几何和分析领域的工作者来说,绕过使用复杂的米切尔—贝纳布语言似乎有些过分,这种语言反过来又需要克里普克—加雅尔(Kripke-Joyal)语义才能回到特定拓扑的数学内容。这个间或被推荐的过程严格意义上讲,类似于将一个群定义为其自身生成的自由群的商,这类似的有时也是有用的。

这种语义的关键子句在 1971 年洛夫尔的论文《量词和层》中是预设的,但是线性的情况是戈德门特 1958 年发表的论文《代数拓扑与层理论》中的一个定理,实际上这只是用 20 世纪的概念表达了沃尔泰拉的局部存在定理的内容。简而言之,一方面,存在量化的推理规则不仅在选择公理所适用的集合范畴内,而且在任意拓扑中,都只是任何映射的几何映像所具有的泛性质的一种符号表达式;另一方面,在这种映像中的图形实际上只是局部来自映射定义域中的图形。例如,复指数映射的映像是整个有孔平面,但复对数只是局部地存在。就像选择公理所要求的那样,如果所有对象都是投射的,这个局部存在定理将是平凡的。早在这个逻辑框架被指出,并且由贝纳布(J. Bénabou)在 1973 年的论文《关于拓扑理论的形式语言》和加雅尔在 1981 年的《拓扑的逻辑》论文中将其形式化之前,在几何学和分析中使用层的数学经验已经产生了许多正确的定义,这些定义将概念从常数领域扩展到变量领域。例如,哈基姆(M. Hakim)于 1972 年提出的局部环的概念,霍泽尔于 1972 年提出的积 – 凸域有界型代数的概念以及许多其他概念都是在定义的正确位置插入短语"在……上存在一个覆盖"实现的。同样,格罗腾迪克等人正确地认识到哪些类型的数学结构是"由保持有限极限和任意余极限的所有函子保持的",他在 1973 年给出了一个结构类的列表。然而,经验较少的数学家们已经发现了一种有用的正逻辑的显式表示,正逻辑将这些结构的定义和类形式化。

正逻辑,也称为相干逻辑或几何逻辑,其基本作用是对谓词逻辑的标准表示进行改进。谓词是子对象的名称,对于同一对象或论域的两个子对象,第一个包含在第二个中的基本可能性,在逻辑上是一个谓词包含第二个谓词的断言。在拓扑中,一个给定域的子对象形成一个分配格,逻辑上反映为谓词上的合取和析取运算,满足适当的与蕴涵相关的推理的伴随关系规则。蕴涵、有限合取和析取通过任意名为域变换映射的置换来保持。置换表示子对象的逆像,这是一种以"像"作为左伴随的运算,后者在逻辑上被称为"映射上的存在量化"。虽然内部置换的右伴随也存在于任何拓扑中,但正逻辑并不明确地包括全称量化的高级运算,也不包括其蕴涵和否定的特殊情况,因为这些右伴随通常不会被更普遍的置换保持为拓扑之间任意的连续映射。事实上,那些具有交互量词的一阶逻辑的附加保持的连续映射只是开放的连续映射。因此,尽管在完全的一阶逻辑中,两个谓词的蕴涵可以通过称假定它们的全称量化蕴涵具有"真"的空元属性来等价地断言,但是在正逻辑中,对于每一个域,包括基本域的笛卡尔积来说,基本关系仍然是二元蕴涵。从实证的立场来看,量词的消除与量词的可定义性有关,因为一些受青睐的理论具有足够强的公理,允许根据肯定运算直接定义全称量化,例如,蕴涵和否定。此外,如果我们仅限于布尔拓扑,则通过允许附加的谓词,正逻辑与完全的一阶逻辑一样具有表达力,也就是说,在一个公理中出现的每一个否定公式都可以看作是一个新的原始谓词,其特征是两个格公理作为适当的补充。

"基本拓扑"一词是逻辑关系的一个令人困惑的遗留词,"基本"这一术语曾被一些逻辑学家用作"一阶"的同义词。这个短语源于一个有用的事实:洛夫尔－蒂尔尼意义上的拓扑概念可以用一种逻辑语言来定义,这种逻辑语言远弱于格罗腾迪克和他的学生最初使用的无穷高阶语言。在内部,任何拓扑都允许解释高阶概念,但这是另一回事。事实上,这种需要的外部语言实际上比一阶语言要弱很多,本质上是等价的,甚至是正逻辑运算符也只需要在该级别上定义特定类型的拓扑,例如,二值拓扑或满足选择公理的拓扑。

(三)相对于基本拓扑的参数空间和格罗腾迪克拓扑

使用格罗腾迪克相对性概念的特殊情况,最初的格罗腾迪克拓扑在基本意义上可以被定位在更广泛的拓扑类别中,也就是,从一个拓扑到另一个拓扑的连续映射或几何态射是具有左精确左伴随的函子。对于一个确定的拓扑 S,S-拓扑是一个具有到 S 的连续映射并有界地表示为 S-上完全范畴的拓扑,S-拓扑的映射是具有下顶点 S 的连续映射的一个适当的准交换三角形,这意味着在两个 S-拓扑之间的映射中,伴随性本身是在 S 上定义的。那么如果 S 恰好是一个抽象集合的全域,S-拓扑的范畴等价于在格罗腾迪克意义上的 S-拓扑。出于数学的目的,称拓扑 S 是抽象集合的全域,就是说它满足二值性和选择公理进一步的性质,根据迪亚科内斯库(R. Diaconescu)1975 年的论文《选择公理与互补公理》的论证,这意味着它的所有子对象格都是布尔的。而且,如果需要,强无穷公理可以进一步加诸于 S,因为它们也是范畴不变量。然而,相对于满足更弱要求的任意基础拓扑 S,重新建构数学的持续程序仍然有用。这种重构数学中的定理除了具有更明确的证明以外,通常还具有一般的作用,即当 S 被取为参数空间上的层拓扑时,经典的定理在适当的参数连续变化下是稳定的。此外,如果可以抑制特定 S 的定义中涉及的偏见,则可以实现更简单的陈述。换言之,对"小"类的引用通常可以从量化的意义上解释,因为以 S 为基数的对象参数化实际上可能具有丰富的特质。

迪亚科内斯库在 1975 年给出的一个定理①表明,任意 S-拓扑都可以由 S 通过三步之字形构造:首先,在选定的 S-对象中添加附加参数,得到局部同构 $S' \to S$,即一个其逆函子实际上保持幂集构造的连续映射;其次,一个局部连通的满射:$S' \to S''$,即其逆像函子在左侧具有 S-伴随并且忠实的连续映射,在内部 S-范畴的参数层中添加了作用;最后,一个包含:$S''' \to S''$,即其正向函子是满的且忠实的连续映射,限制于 S'' 中与特定的覆盖概念相容的那些对象。最后一步相当于要求 S''' 的对象"相对于从 S'' 得到的作用,满足一些特定的析取和存在公理"。作为一个特例,这个基本定理包括通过一般小位置上的集合层来刻画格罗腾迪克拓扑的定理。在一般的基本拓扑 S 上进行拓扑理论的重要性,与格罗腾迪克经常强调的在任意基环上进行交换代数的重要性非常类似,即使 S 本身被限制为格罗腾迪克拓扑,也就是说,即使不涉及非标准分析,独立性也会导致集合论或者高阶递归理论。而且,多变量集和少变量集的比较伴随着对可变量的类似比较而产生,并且与之类似。

S-拓扑的另一种概念性描述是它们是大的 S-参数化范畴中的 lex-total 对象。在这里,如果一个范畴的 Yoneda 嵌入有一个左伴随,则它被称为完全共完全范畴。这一概念在斯特里特和沃尔特斯(R. Walters)1978 年的《2-范畴上的结构》中得到了应用,并由凯利②在 1986 年进行了详细描述。

几何学家通过到参数空间的单一映射来最有效地处理由空间参数化的空间族的概念。家族中的空间是映射的纤维,格罗腾迪克的基数变换相对性适用于任何给定的拓扑结构,从而为任何给定的对象,产生由该给定的基参数化的族的新拓扑结构。一个族的和或总和的运算只能表示左伴随对常量族的包含,即对基数的变化,在这种情况下,左伴随只是一个函子,它遗漏了总和如何在基数上分布的映射。这种和的同义反复的意义在通常的数学中非常有效,因为所产生

---

① Diaconescu, R.. Change of base for toposes with generators. *Journal of Pure and Applied Algebra* 6. 3 (1975):191 – 218.

② Kelly, M.. A survey of totality, Cahiers Topologie Géom. *Différentielle Catégoriques* 27 (1986):109 – 132.

的族不是任意的,而通常是先验有界的。

　　同样的想法也适用于集合论,只是对更大序数的追求引发了用小集合索引的任意小集合族是否存在的问题。对于这个问题,以大基数公理的形式有两种标准答案。一方面,如果我们所说的"族"是指那些在一阶语言中可定义的,其交变量词的范围涵盖我们所描述的集合范畴的族,那么对其存在的肯定在本质上等同于替换模式,因此这个范畴等价于从完全的 ZF 集合论模型派生出来的范畴。等价的相反是经典的 ZF 集合作为树状结构的 Specker 解释,这在 SGA 4 的一些版本中有描述。另一方面,如果我们所说的"族"指的是任意族,这可以通过将给定拓扑想象成另一个"更大"拓扑中的特殊范畴对象来给出一个理性的解释,那么,它们每一个都可以作为拓扑中单一映射的纤维来推导出的断言等价于"格罗腾迪克全域"属性:在更大拓扑的意义上,我们给定的拓扑相当于具有强不可达基数的范畴对象。强不可达性通常是根据小集合的小族的乘积存在性来定义的,但这源于我们给定的拓扑具有映射空间这一事实,因为映射的纤维族的乘积只是映射的部分集合。当然,积函子被定义为包含常数族的右伴随,即基数变换。由于右伴随存在于任何拓扑,但它由平滑的部分组成,就其本身在拓扑中的映射意义而言,我们继续称其为无限积,甚至用∏来表示。韦伊很早就用∏来表示代数几何中出现的这种构造的一个特例,这并非巧合。

　　(四)函数空间与内聚幂集

　　我们在这里着重讨论定义所有范畴中拓扑的幂集公理。在拓扑概念的格罗腾迪克—吉罗德提法之后,洛夫尔—蒂尔尼提法的关键进展是明确承认幂集,甚至是在非抽象集的范畴中,例如内聚集或变量集的内部可表示性。因此,康托、戴德金、豪斯多夫和其他在抽象集合方面的先驱所利用的力量也可以直接用于几何和分析。在拓扑的 2-范畴中的连续映射或几何态射不一定会保持这种中心结构直到同构,而只会保持到自然映射。这种"松弛"现象对于普通范畴来说是奇怪的,但对于其他 2-范畴,比如封闭范畴来说是较常见的。根据 1976 年米克尔森在论文《基本拓扑的点阵理论和逻辑方面》中的描述,由于幂集是单射对象,它们的代数可以忠实地反映几何结构。相比之下,大多数拓扑没有足够的投射对象,这意味着真正需要内部存在量化的交换法则来推进计算。1974 年,帕雷在他的论文《拓扑中的上极限》中简洁地证明了仅仅是幂集函子的存在就蕴含了拓扑所需的性质。此后,拓扑最简单的定义就是"具有幂集的范畴"。

幂集构造可以被有效地分为两个部分。首先,有一种映射空间构造,它对于变分法和一般的泛函分析以及连续物理学是必不可少的,但当其应用到特殊的上域空间时,会产生域空间的幂集空间。例如,在科克构造的综合微分几何中,洛夫尔分别在 1979 年对于范畴动力学,以及 1986 年对于连续介质物理范畴的研究中将映射空间构造应用到特殊的无穷小域中,以一种易于操作的形式得到切丛函子和更高的射流丛函子。其次,假设特殊的上域,具体来说,真值空间或子对象分类子。这种"具体化主格"的意义在于,其假定一个对象完全参数化了形式为"某某数字属于某上域的某某子对象"的判断的真值。凭借集合论先驱们所熟知的方法,以及由弗雷德在 1972 年对一般拓扑进行形式化的方法①,这反过来意味着假如拓扑包含至少一个非戴德金 - 有限的对象,主格迭代过程也可以通过绝对自由的皮亚诺代数被完全参数化。这种方法利用了这样一个事实,即包含给定点的所有子代数的类都是可参数化的,并且给定对象的子对象的任何可参数化类都有一个交集,这两个事实很容易从幂集的普遍性质得到。但是反过来,完全迭代的参数化意味着一些物理上反直觉的结果,例如,皮亚诺的空间填充曲线,以及一些方法论上难处理的结果,例如,哥德尔的不完备性定理。由于范德德里斯等人的工作,我们可以通过以下方式来避开这种结果:"一个适当的拓扑可以由包含足够多的几何上合理的空间和映射,但不包含无限离散的皮亚诺代数的子范畴生成。"②虽然后者确实作为由真值方程所定义的几何空间的子对象出现,但它们不能由几何范畴本身在空间中赋值的方程定义。

自伯努利(J. Bernoulli)等人开创了变分演算以来,幂集构造的第一部分,即

---

①　Freyd,P.. Aspects of topoi. *Bulletin of the Australian Mathematical Society* 7. 1(1972):1 – 76.

②　Lou,et al. A generalization of the Tarski-Seidenberg theorem, and some nondefinability results. *Bull. Amer. Math. Soc*(1986):189 – 193.

映射空间的概念,在客观上似乎是不可避免的。也就是说,如果一个时间间隔、一个物体和一个普通空间可以被建模为一个范畴的对象,那么该空间中所有路径的空间,以该范畴允许的方式以时间间隔参数化,应该是一个对象,而该空间中物体的所有允许放置的空间也应该是对象。另外,取决于位置的量,如势能,或取决于路径的量,如速度的平方,都可以被视为范畴中的另一个映射。然而,将运动描述为位置空间中的路径,路径空间中的位置,或简单地将其描述为从序对〈粒子,时刻〉空间到普通空间的映射,这三种描述都是等价的。事实上,拓扑中任意三种对象的这种等价性就是将映射空间定义为伴随函子的公理。一般来说,广义路径有一个充分的概念,因此一个可容许泛函只是一个协变地取路径到路径的泛函,这是沃尔泰拉泛函分析学派的一个关键概念。

在福克斯(R. Fox)1945 年关于函数空间的拓扑、凯利(J. Kelley)1955 年对于一般拓扑学、布朗 1964 年对于函数空间和积拓扑、斯帕尼尔(E. Spanier)1963 年关于准拓扑结构、斯廷罗德 1967 年对拓扑空间的一个方便范畴和戴(B. Day)1968 年关于斯帕尼尔准拓扑空间与 k-空间的关系,以及后来的弗罗利彻等人 1988 年对于线性空间与微分理论的研究中,已经注意到具有简单伴随公理的映射空间并不普遍出现在拓扑空间的通常范畴中,他们都提出了更多面向路径的范畴,以实现这一基本构造。

三、一些拓扑类型的例证

拓扑的例子是如何构造的? 当然,在勒雷(J. Leray)、卡坦和塞尔等人所处理的特殊的解析空间或代数空间上,需要以集合的层作为交换层范畴的基础。事实上,根据 1979 年格雷(J. Gray)和 1990 年霍泽尔的描述,这是一条非常重要的发展路线,在偏微分方程中一直延续至今。经典地说,空间上的层是空间中开区域偏序集上具有粘贴条件的逆变函子。但在某些方面,更典型的是非偏序集上集值函子的拓扑。例如,自 1950 年以来在代数拓扑中得到广泛应用的单纯集的拓扑,麦克莱恩和莫尔狄克在 1992 的著作《几何与逻辑中的层》中对其特殊的分类作用有详细的说明。又如,从环到集合的函子拓扑,这是卡地亚(P. Cartier)在

1962 年的论文《代数群和形式群》中对于代数群的简化定义的基础,也是合成微分几何中几乎所有特定模型构造的前身。其实,在 1963 年吉罗(J. Giraud)明确了格罗腾迪克对拓扑的一般定义之前,格罗腾迪克在 1960 年的论文《解析几何中的构造技术》中就已经给出了这种包含所有分析空间作为完全子范畴的拓扑的详细处理。

一般而言,介于一般空间的拓扑结构和特定经典空间上的层拓扑结构之间的是广义空间上的层拓扑结构。最著名的一个事实是:在隐函数定理不成立的情况下,特定空间上的层并不完全由它们对子区域的限制来决定。隐函数定理在代数几何中不成立的这一事实被格罗腾迪克转化为一种优点,他巧妙地构造了代数空间的平展拓扑,该拓扑基于不是偏序集但仍然很特殊的特定场所。更古老的概念是广义空间不仅具有开区域的偏序集,而且还具有群同胚的作用。这一范畴导致了拓扑的一个子 2-范畴,通过提供一个全域,该全域中的空间、覆盖空间和基本群本身都处于相同的基础上,并通过映射连接起来,且该全域中的空间的上同调和群的上同调完全是同一构造的实例,即拓扑的阿贝尔化的衍生范畴,从而有效地结合了始于胡列维茨—霍普夫(Hurewicz-Hopf)发现空间的基本群对其同源性影响的整个发展。

集合上的群操作构成了最简单的布尔拓扑的对象。加雅尔与蒂尔尼[1]在 1984 年以及与莫尔狄克[2]在 1990 年的研究结果扩展了这些思想,给出了一般拓扑的局部广群表示,就像一般空间可以经典地表示为零维空间的商一样。正如麦克莱恩和莫尔狄克在对拓扑理论领域总结时指出的那样,这种扩展的表述尚未进行详细分析,也没有获得太多应用。约翰斯通在 1985 年广义空间普遍性研究时证明了关于广义空间概念的这些扩展的一些强劲的表示定理。这实际上表明,20 世纪 70 年代常见的基于参数化变差和内部逻辑的拓扑的哲学解释过于局

① Joyal, A., Tierney M.. An extension of the Galois theory of Grothendieck. *Mem. Amer. Math. Soc.* 309, (1984).

② Joyal, A., Moerdijk I.. Toposes are cohomologically equivalent to spaces. *American Journal of Mathematics* 112.1(1990):87 – 96.

限,因此,洛夫尔以内聚与变差、拓扑内部逻辑与拓扑范畴内部逻辑之间的辩证关系为基础进行论述。

四、拓扑理论的研究进展

(一)一些新的研究动态

经过多年的发展,"基本"拓扑理论的基础方面已经确立并逐渐完善,但新的质的进展仍在继续。例如,芬克(J. Funk)在1995年对于上层的显示区域,邦基(M. Bunge)和芬克在1996年对于扩散和对称拓扑,以及邦基和卡尔博尼在1995年对于对称拓扑等方面的研究工作。

1966年,洛夫尔提出了一种关于预层拓扑的理论,之后在1983年提出了几个有关S-拓扑的问题。定义和问题的基础是与已知的变量理论:交换代数和测量理论的一对类比,再加上许多变量S-值"量"的重要例子,其中变化域是S-拓扑。密集可变量被视为拓扑上的层,即只是范畴中的对象。当然,术语"拓扑"意味着"位置"或"情况",但格罗腾迪克通过使用在其上连续变化的S-值量的范畴来处理一般的情况,正如仿射K-方案是通过处理其上函数的K-代数来描述一样。也许为了避免混淆,我们应该使用一个不同的概念,E表示情况,$C(E)$表示E上的层的范畴,但标记的通常做法对这两者使用相同的符号来表示,即使它们在功能上是相反的,就像X和$C(X)$在经典拓扑中是相反的。在经典拓扑中,对于实连续函数或复合连续函数$C(X)$,同态f^*右伴随的空间正向运算并没有严格的模拟,该同态f^*沿着一般的连续映射f回拉连续函数。这些集值量可以通过拓扑中的S-参数化的余极限进行相加,也可以通过层的有限极限进行相乘。一个点只是一个从S本身到给定S拓扑的连续映射,当然S是S拓扑中2-范畴的终极对象,该点的逆像部分或求值是一个函子,它同时保留了"加法"和"乘法"。

因此,我们按照分析的方法,将S-拓扑上的一个分布或广义可变量定义为连续线性泛函,或广义点,即一个S的函子,其保持S-余极限,但不一定是有限极限。例如,给定S中的一个小范畴C,C对S对象的左操作是函数的一个S-拓扑,其对应的分布或积分过程的范畴恰好是C对S对象的右操作的S-共完全范畴,这是坎在其 1958 年的论文《伴随矩阵》中给出的定理的一个特例。很容易看出，在这个特殊的例子中，如果没有格罗腾迪克覆盖层介入，下面这个问题的答案是肯定的，即"对于任意给定的 S-拓扑 E，是否存在另一个 $M(E)$，它的点只是 E 上的分布"。给定空间上所有测度空间的几何思想可以用交换代数的类比描述为对称代数，也就是说，对于一个合适的 S-共完全范畴，是否总有可能以一种与分布相容的自由方式连接有限积和更一般的纤维积，从而获得 S-拓扑上的一个层范畴？这一表述相对化并强化了 $M(E)$ 的概念，因此，就像所有 2-伴随一样，如果 M 存在，那么它是唯一到等价的。

存在性问题似乎比较严重，因为众所周知，通常不存在对应的强度量空间 $F(E)$：根据雷思（G. Wraith）1975 年的论述[1]，虽然在 S 上有易于描述的拓扑 $F(1) = S(X)$，这是"多项式代数"或"仿射线"，因为从任何 S-拓扑 E 到它的 S-态射都精确地分类了 E 中对象上的所有层，但函数空间仅存在于 S-拓扑中的"局部紧致"指数 E，即，约翰斯通和加雅尔在 1982 年的论文《连续范畴和指数拓扑》中描述的仅用于相干拓扑的收缩。1995 年，邦基证明了 $M(E)$ 作为 S-拓扑存在于每个 S-拓扑 E 中，邦基和卡尔博尼在 1995 年共同的论文《对称拓扑》中给出了一个更巧妙的证明。

那么，人们期望找到哪些分布的示例？根据定义，对于任何局部连接的 S-拓扑 A，存在一个到 S 的结构映射的左伴随的左伴随，这个更进一步的左伴随函子或"连通分量集"函子会自动成为 A 上的一个分布，这可能应该被认为是计数测度，因为它在 A 的所有自同构下，甚至是在 A 的所有基本内映射下都是不变的。与任何广延量的原则一样，分布可以沿着任意拓扑之间的连续映射向前推进，这里只需将积分过程与映射的逆像部分组合起来。芬克研究的显著结果包括这样一个事实：任何 E 上的任何分布都是沿着某个从局部连接的 A 开始的映射向前推进的 A 上的分量计数测度。在 E 上表示给定分布的所有这些 E 上的局部连接

① Wraith, G.. Lectures on elementary topoi, Model theory and topoi. *Springer Lecture Notes in Math.* 445 (1975): 114 – 206.

A 中,有一个最接近 E 的唯一分布。根据邦基和芬克的证明,它与 E 的关系可证是拓扑关系,理论上与 E 上的完全分布是一样的,这是福克斯在 1957 年对分歧覆盖层的拓扑研究中发现的概念。还有其他与经典拓扑的关系陆续被发现,例如,在迈克尔(E. Michael)1981 年提出的归纳理想映射与三商映射的意义上,普勒韦(T. Plewe)在 1997 年的论文《局部三商映射是有效的下降映射》中将下降映射的大类描述为三商。

(二)涉及连续介质物理学的应用

如果格罗腾迪克的拓扑概念在逻辑和集合论中的应用实际上不是决定性的,那么是什么推动了它的简化和推广呢？蒂尔尼希望把层理论公理化,以便在代数拓扑学中有效地应用;洛夫尔的动力来自于其早期对物理学的研究;本着特鲁斯德尔和诺尔等人的精神,一般材料连续介质物理学的基础涉及强大而明确的物理思想,但遗憾的是,这些思想被掩盖在一种数学装置之下,不仅包括柯西序列和可数加法测度,还包括流形图和索博列夫—希尔伯特(Sobolev-Hilbert)空间的逆极限的特别选择,以得到具有密集而广泛可变量的简单核空间。但是,正如菲舍拉(G. Fichera)在 1990 年对于泛函分析与数学物理之间关系的研究时所指出的那样,所有这些装置对这些现象的匹配度往往是非常不确定的。这种装置可能有助于解决某些问题,但是问题本身和所需的公理能否以直接和明确的方式表述？这必然会导致一个更简单、同样严格的解释。这些都是洛夫尔自1967 年开始应用拓扑方法的问题。显然,要实现这一目标,就需要对拓扑概念本身进行研究。就像科恩强迫这样的结构,如果人们想要充分理解以便进一步研究它们,这种结构似乎也需要简化。因此,蒂尔尼在 1972 年关于层理论和连续统假设的研究,以及邦基在 1974 年关于拓扑理论与 Souslin 假设的研究中,首先将该理论应用于诸如连续性假设的独立性和 Souslin 猜想等问题。

事实上,幂集的关键作用,以及替换模式对空间和数量的数学的相对不重要,已经从斯科特对 20 世纪中期集合论的许多重新表述的研究中清晰地显现出来。但是有一个关键的发现是,幂集函子 P 不仅明确存在于大量数学产生的范畴中,而且任何格罗腾迪克拓扑,即任何合理的优先"覆盖"概念,允许对满足附加析取或"存在"条件的层对象进行限制,都可以表示为此类范畴中单个映射,实际上是真值对象 $P1$ 的内映射,$P1$ 主观上可以被认为"在局部情况下……"的模态运算符。

这一观察,连同之前函数空间的伴随公理化,清楚地表明通过在拓扑层次上的工作,几乎所有的构造和断言都只需要一种有限的、本质上是代数的等式语言来形式化,而具有外部弗雷格量词变换的无限高阶语言是不必要的,不仅适用于拓扑的一般理论的公理,而且还用于特殊化许多特别类型的拓扑,例如,组合数学和微分几何中出现的拓扑。

海廷逻辑中的否定之否定算符很容易被认为满足洛夫尔—蒂尔尼公理,因此是任何拓扑中可用的格罗腾迪克拓扑一个特殊例子。它不仅是集合论中"力迫"独立性导致的结构的核心,并且提取了拓扑中由大量子实体组成的空间的最小密度部分,在连续介质物理中,所有这些都只针对具有偏序集位置的拓扑的情况。但它允许非常简洁地表述一个拓扑满足希尔伯特零点定理的条件,表达了零维伽罗瓦理论在整个代数几何中的重要作用。也就是说,在给定的基域上定义的所有代数空间生成拓扑的情况下,在某种意义上形成任意拓扑布尔部分的双重否定的层,构成了基代数扩展域的分类拓扑,这个子拓扑可能是一个比代数闭包更容易处理的实体,代数拓扑仅作为它的非正则刚性凝聚而存在。根据洛夫尔在 1992 年的论文《空间和数量范畴》中的表述,零点定理涉及的所有非空对象都具有零维图形的少数拓扑,即其域是这种布尔层的辩证伴随的点。

1967 年开始研究的一些几何方面的应用,如无穷小对象的映射空间的作用,被雷思、科克、雷耶斯、邦基和加戈(F. Gago)、迪比克、耶特(D. Yetter)、佩农(J. Penon)、布鲁诺、莫尔狄克等人以综合微分几何的名义进行了研究。还有处理简化拓扑理论的一些著作,以及科克 1981 年出版的《微分几何》,莫尔狄克和雷耶斯 1991 年的《光滑无穷小分析模型》,拉文多姆 1996 年的《综合微分几何的基本概念》等三本关于综合微分几何的优秀书籍,为泛函分析的进一步处理和连续统物理学的发展提供了坚实的基础。

第三章　范畴论的基础问题

数学基础一直是数学哲学研究的重要课题。集合论自创立以来,不断促进数学各分支的发展,它的基本概念已经渗透到数学的所有领域。按照现代数学的观点,数学各分支的研究对象或者本身是带有某种特定结构的集合或者是可以通过集合来定义的。从这个意义上来说,集合论构建了整个数学大厦的基石,是现代数学最重要的理论基础之一。而范畴论的出现,使得多年来学术界关于"数学基础"的争论愈发激烈。范畴论是可替代集合论的另一种选择吗?范畴论是否是数学的基础?或者范畴论在何种意义下可以充当数学的基础?这成为近年来数学家和哲学家所关注和致力于研究的重要课题。

我们在这一章从数学基础问题产生的理论根源及研究转向入手,讨论我们所论及的"基础"一词的含义和数学基础问题的产生与争论;通过阐释范畴论数学基础的三个不同的研究进路,概述范畴论基础问题的研究状况,明确范畴的本质特性;继而解读范畴论基础的哲学意义,凭借范畴结构主义框架的剖析,说明范畴论能够提供恰当的解释路径求解数学基础问题,为范畴论基础的可行性进行合理的辩护。

第一节　数学基础的哲学问题

简单来说,"数学基础"是研究数学的对象、性质和方法的学科。从数学基础问题产生的历史背景和理论逻辑来看,人们一般将数学基础的研究看作包括数理逻辑、数学哲学的一门数学理论。数学哲学问题主要围绕数学基础的可靠性和基础性,从哲学角度思考数学真理性和无穷的认识问题,而数理逻辑的产生和发展本身就是以解决数学问题为动因,它从具体技术入手致力于解决数学基础面临的危机。因此,数学基础研究具有两个维度,一方面,数学基础问题的逻辑解决办法总是在哲学观点的影响下提出的;另一方面,对数学基础不同的哲学观点,都是建立在数理逻辑的基础之上。

一、何谓"基础"

基础的研究通常是出于哲学的考虑,这可能远离当前的数学实践。在我们讨论"数学基础"这一概念之前,首先需要明确的是术语"基础"的含义,包含两个方面:一是具有基本对象和(或)关系,以及一些定义和证明标准的理论,因而所有其他数学理论都可以用它来表述;二是用来提供证明公理方法的本质所需要的标准。后者与前者的区别在于,只要基础必须为公理方法提供标准,它本身就不能是公理理论。这一观点最初是梅伯里(J. Mayberry)于1990年提出的,他认为"没有公理化理论可以用来解释公理化方法",因为"只有集合论可以为数学提供所需的语义"①,只有"直觉"版本的集合论可以为数学提供基础。

关于基础的两种描述产生了所谓的"基础"究竟应该抓住数学结构还是数学

---

① Mayberry,J.. What is Required of a Foundation for Mathematics?. *Philosophia Mathematica*, 1990, 2 (3):16 – 35.

内容的基本争论。无论接受哪一种关于基础的描述，我们所讨论的基础作用的问题也将随之产生。尽管人们可能会试图用传统的"形式"或"内容"的讨论来重新表述这个问题，但至少就基础的争论而言，这是一个错误。以梅伯里和兰德瑞（E. Landry）为主要代表的一些数学哲学家一致认为基础必须抓住的是数学结构主义的本质。对此，梅伯里通过区分分类理论和消除理论进而阐明，"基础"不应被视为提供数学的形式或内容，而应被视为对理论的分类和消除作用的说明。

梅伯里认为分类范畴论的目的是通过确定形态的某些特征来找出一种不同的结构。在分类范畴系统中，我们可以引用群、范畴和拓扑的公理定义，其基本目的是找出不同结构的共同特征。对这种"事物"，如"常见的抽象形式"的引用，并不发生在数学中，而只出现在关于数学的边缘论述中。分类范畴公理是现代数学的核心，它们提供了数学的主题。此外，消除理论具有重要的哲学意义，因为它们提供了一种方法，使传统的数学对象问题可以在数学中得到令人满意的技术解决方案。"消除"公理理论的目的正是从数学中消除那些在传统观点中构成其主题的特殊思想，例如几何图形和抽象对象，又如数。举例来说，我们通过给出完备有序域的类的公理定义来消除实数。

如果我们接受结构主义的观点，那么"基础"必须通过对结构进行分类、消除数学主题中的非结构特征，提供一种讨论结构及其形态的方法，从而使我们所指称的所有对象都是"结构中的位置"。这就是关于基础的叙述。因此，梅伯里和兰德瑞都认为，基础不需要在严格的"消除"意义上抓住数学的本质，也就是，它不需要消除"理想的"和（或）"抽象的"对象，而是需要"基本的"对象。他们并不赞同传统的集论基础论，而是认为"基础"必须以一种既能反映理论的分类作用又能反映理论的消除作用的方式来抓住数学主题是结构及其形态这一主张。因此，无论集合论还是范畴论提供基础，结构主义都是提供数学主题和方法的最好说明。这种刻画包括对象或关系的概念作为解释概念的思想，即特定范畴中的对象或箭头是结构中的位置。此外，作为数学研究对象的理论，即作为一般范畴中的对象或函子，同样是结构中的位置。

二、数学基础问题的产生与争论

康托尔在19世纪70年代创立的朴素集合论是关于无穷的数学理论,其精髓是无穷序数理论和无穷基数理论。集合论为绝大多数数学分支提供了描述数学对象的语言,以及形式化建构数学对象的方法,因而在数学中占据独特的地位。特别是以罗氏双曲几何和黎曼椭圆几何为代表的非欧几何产生后对数学无矛盾性的证明,能够把整个数学解释为集合论,集合论在数学中的基础地位逐渐确立起来。20世纪初,福蒂悖论、罗素悖论、大基数悖论和大序数悖论等一系列集合论悖论的出现,暴露出数学基础的不稳固性,动摇了集合论的数学基础地位,触发了第三次数学危机,但诸如悖论、连续统假设这些在集合论中提出的重要问题也带来了数学基础研究的新拓展。

如何化解数学基础面临的危机,为数学的有效性重新建立可靠的根据? 由数学基础问题产生的分歧与争论,在数学史上形成了不同的数学基础学派,主要有以罗素为代表的逻辑主义、布劳威尔为代表的直觉主义和希尔伯特为代表的形式主义三大学派。逻辑主义的哲学观点是数学的基础在于逻辑,数学只是逻辑的一个部分,包括数学概念和定理的整个数学理论都是可以从逻辑公理系统演绎出来的,也就是数学能够归纳为逻辑,或者说数学是逻辑的派生物。直觉主义坚决反对把数学归纳为逻辑,认为逻辑依赖数学,而不是相反,并且根本不存在从公理出发的数学,因为以形式逻辑构建的体系,不过是描述规律性的一种手段,并不能作为数学基础,而全部数学对象都是人类心智的自由创造,因此只有直觉的构造才能作为数学的基础,主张凭借直觉主义原理重新建构数学体系。形式主义的哲学立场是将数学看作"符号形式结构的科学",认为数学本身就是形式演绎系统的集合,以形式化、公理化为基础,以有限立场的推理为工具,去证明整个数学的相容性即无矛盾性,从而把整个数学建立在一个牢固可靠的基础上。与逻辑主义的主要区别在于,形式主义虽然也从公理系统出发,但只关注公理系统的相容性而不探究其真理性。三大学派在基础问题上的研究与论战虽然没有明确的结论,但其各自发展的精致完备的理论体系弥补了数学基础的许多不足,不仅提高了人们对数学本质的认识,而且提升了数学的地位和作用,对于数学的发展产生了深远的意义和影响。

三、集合论和数学的基础

作为数学基础,集合论为数学提供了概念上的统一。在哲学家看来,这种统一实际上是本体论的归约。我们知道数学真正的含义,即集合。更好的是,它声称可以给出全域及其原理的直观图景,也就是,可以提供集合全域的全视图:所谓的累积分层。正如梅伯里所言,任何传统方法中的"抽象形式"和"泛概念"表述,都可以根据集合、结构和形式语言更加精确、简单地重新表述。这样,就不难说明那些抽象形式和泛性质的事物是什么。没有必要想象假设的"实体",即某种特定结构的抽象形式,也就是它与其所有同构在某种程度上共有的东西。集合论只是排除数学基础不相关的泛性质问题。

逻辑学家建立了一个形式化的集合理论,从而为数学提供了逻辑基础。所以,数学概念上的统一必须系统地重建。逻辑学家必须找到一个适当的演绎系统,以及适当的原始概念和公理,并确保它们充分地获取上述全域,所有或几乎所有的数学都可以在这个形式理论中推导出。事实上,这些公理有希望具有理想的认识论性质,而这些认识论性质可能是逻辑学家工作的潜在动机。例如,它们会被认为是不证自明的,或被证明是分析性的,或纯粹是逻辑的,或毋庸置疑是正确的。它们也具有启发式价值:简单且数量少。

考虑数学家的工作,这种概念上的统一的益处与本体论的归约或逻辑的表述没有太大关系。这本质上包括两个方面:首先,整个数学所需的各种构造都是由统一的工具箱中构建的:并集、交集、乘积、商对象、一般的索引,形成从一个集合到另一个(不一定是不同的)集合的函数集。其次,概念上的统一允许大小的区别,这有时是至关重要的。数学家们并不在意用一阶语言、二阶语言,还是 n 阶语言描述上述内容,也不在意这种语言是否允许区分集合和类,或者公理是自明的还是简单的。有趣的是,在他们的研究中,归于集合论的"指导",提出以一种自然的方式为特定证明定义和构建适当的对象,并能够轻松地从"小"语境转移到更大的语境。在这种情况下,谈及方法论或语用基础是不准确的。

因此,集合论是适当的数学基础的主张,似乎可以从五个根本不同的方面得到证明:

1. 数学确实是集合领域的科学;

2. 集合论是逻辑的一部分,而逻辑学是所有其他科学所依据的普遍科学;在某种意义上,集合论只是将逻辑应用于数学概念;

3. 集合论抓住了所有数学知识所基于基本的,即最一般的认知运算;

4. 集合论公理具有认识论性质,如自证性、真理性、不容置疑性,这赋予了其特权地位;

5. 如果只是为了对大小问题提供统一而良好的控制,那么集合论对于数学研究是不可缺少的,但它主要涉及定义、构造和证明技术。因此,集合论在启发式和方法论上是不可避免的。

因此,我们可以看到"……的基础"这个表达有不同的维度。第一,我们有一个通常被错误地称为域的本体论基础:这个域应该谈论的对象。第二,我们有一个域的逻辑基础:从原则上讲,这为我们提供了适用于这个域的"逻辑",即演绎理论,以及所涉及的相关联的基本概念,后者由该理论的公理给出。第三,我们有一个语义基础:通过适当地将形式系统与"本体论"联系起来,原则上我们知道我们的语言指的是什么,以及意味着什么。第四,我们有方法论或语用基础,这些基础显示了用于构建和分析一个域的不同对象的原则、方法和概念。第五,我们有一个域的认识论基础。例如,我们可以证明数学的一部分是分析性的,因此,这一部分具有分析性知识的所有性质,无论这些性质是什么。

值得强调的是,表达"是……的基础"显然是一个二元关系,我们可以写作 $\text{Found}(S, T)$。上面描述的对"……的基础"的区分实际上涉及不同的关系,尽管存在差异,但这些关系都是特定类型的系统之间的二元关系。

设 S 和 T 是两个系统。按照马奎斯(J. -P. Marquis)①的描述,根据系统 S 和 T 的类型,S 和 T 之间至少有六种可能不同的基本关系,如下所示:

1. LogFound(S,T):S 是 T 的(相对)逻辑基础;

2. CogFound(S,T):S 是 T 的(相对)认知基础;

3. EpiFound(S,T):S 是 T 的(相对)认识论基础;

4. SemFound(S,T):S 是 T 的(相对)语义基础;

5. OntFound(S,T):S 是 T 的(相对)本体论基础;

6. MetFound(S,T):S 是 T 的(相对)方法论或语用基础。

在这里,我们不再详细阐述这些系统的关系的形式性质,也不讨论这些关系为什么并以什么方式必须被区分,这些区别又是如何与基础问题相关联的问题。

四、数学基础问题的研究转向

(一)新的集合公理系统的产生

随着近代数学的兴起,尤其是现代数理逻辑的形成和发展,导致数学基础问题研究的新方向的出现。对于避免数学悖论的研究,推动了公理集合论的蓬勃发展。为了排除悖论,一些数学家和逻辑学家尝试对康托尔建立的朴素集合论进行改造,使用公理对集合定义加以限制,建立了各种严谨的公理集合论体系,其中以策梅罗和弗兰克尔建立的 ZF 公理系统应用最为广泛,后来经过逐步地完善,加上选择公理就构成了完整的 ZFC 公理系统。ZFC 公理系统给出的解释方法能够消除康托尔集合论中出现的各种悖论,为整个经典数学提供了一个相对牢固的理论基础,因而成为 20 世纪以来集合论研究的主流。但是,在 ZFC 公理系统中,由于良基公理(FA)的限制,我们讨论的只有良基集合而没有非良基集合。直观上,非良基集合是允许包含自身的集合,具有无穷降链性质或循环性质。1988 年,奥采尔提出非良基公理(AFA),建立了非良基集合论 ZFA(ZFC⁻ +

---

① Marquis, J. P. . Category theory and the foundations of mathematics. *Philosophical excavations. Synthese.* 103(3),(1995):421 – 447.

AFA)①,即在标准集合论 ZFC 中,用非良基公理替换良基公理得到的公理集合论系统。借助于非良基集合,非良基集合论给出了一套完备的工具能够为人工智能、计算机科学、认知科学等现代科学中各种循环问题构建集合理论上模型,其作用和影响已经远远超出经典集合论 ZFC。正是由于现实世界的众多循环现象,这种改变在集合论的发展过程中是必然的。

(二)基础图景中的范畴论

20 世纪 40 年代,范畴论源于对同调代数的研究,之后在代数几何的公理化过程中得到迅速发展,逐渐成为一个自主的研究领域,一种方便的形式语言。简单而言,范畴论是抽象地处理数学结构和结构之间关系的一般数学理论。作为一种功能强大的语言或概念体系,范畴论尝试以公理化方法描述给定的一种结构的一个家族的共同特性,并使用结构保持映射将不同种类的结构关联起来。范畴论为日趋多样的数学分支以及各个分支之间多样化的联系提供了一种统一的、简洁的符号语言,现在已经发展成为一门在现代数学、理论计算机科学、逻辑学等领域具有广泛应用的新理论。

范畴论作为基础框架的出现引发了许多关于数学本体论与认识论的问题,迫使我们面对一些难题:范畴论应该与群论或集合论相提并论吗?范畴论和逻辑学之间的联系是什么?数学的基础是标准的吗?它是否应该为数学的发展提供指导?这一角色是否通过集合论发挥作用?集合论和范畴彼此冲突吗?换句话说,范畴论是可替代集合论的另一种选择吗?

以往的研究中对这些问题矛盾的说法比比皆是。这里,我们举例说明关于这一问题的不同观点:

1. 范畴论的标准特征

"范畴论主题,……,既不是标准的主题,也不是……"②

"我们试图追随洛夫尔,他采纳的观点是:数学的发展应该由各种不同的范

---

① ZFC⁻(ZFC-FA)是不包括良基公理(FA)的 ZFC 公理化系统。

② Kuyk, W.. "Complementarity in Mathematics." D. Reidel, Boston, (1977).

畴论的口号来指导……"①

2.范畴论作为通用工具

"范畴论早已经超出一个'理论'的界限,而是一个'…的基础'的数学工具,像群论做的那样,统一了许多学科。"②

"根据互补性,范畴论应当看作可以创造数学思维经济的一种跨学科的重要语言装置,而不是看作一个与别的学科相比较的学科,比如,在19世纪中叶出现的群论。"③

3.集合论的标准特征

"……集合论对数学语言的用法,同从给定的全部实体生成新的全体有关。因此,集合论获得了数学语言的规范性。"④

"集合论在数学基础中的功能是合乎逻辑的……因为它涉及的是逻辑基础,而不是数学的组织。应当给出什么定义,或者在演绎可能的结构中哪一种结构可证是数学上的兴趣。"⑤⑥

4.数学的基础和数学的抽象性:

"显然,从我谈的每件事都可以看出,某些范畴论者提出的建议:用一种能更充分地反映现代数学的'抽象'性质的基础理论替代集合论,完全被误导了。"②

"从两种意义上说,集合论不足够抽象来充当数学的基础。可以说,我们有实数作为基本数据,且如何论证实数是形式化的并不那么重要。另一个方向,数学对抽象的结构,例如群和域感兴趣,尽管其包含集合那样的概念,不依赖集合

---

① Lambek, J. and Scott, P. J.. *Introduction to Higher Order Categorical Logic*. Cambridge University Press, (1986).

② Faith, C.. Algebra Rings, Modules, and Categories. *Springer Verlag New York Heidelberg*(1973).

③ Kuyk, W.. "Complementarity in Mathematics." D. Reidel, Boston, (1977).

④ Kuyk, W.. "Complementarity in Mathematics." D. Reidel, Boston, (1977).

⑤ Mayberry, J.. On the Consistency Problem for Set Theory: An Essay on the Cantorian Foundations of Classical Mathematics(I). *The British Journal for the Philosophy of Science* 28.1(1977):1–34.

⑥ Lambek, J. and Scott, P. J.. *Introduction to Higher Order Categorical Logic*. Cambridge University Press, (1986).

论的精细结构。"①

（三）范畴论在数学基础中的地位

关于范畴论在数学基础中的位置和地位的不同立场和争论与罗素和庞加莱关于逻辑在数学基础上的位置和地位的争论并不完全不同。相信或者反对范畴论应该占据基础"舞台"中心的两个阵营，都有由基础所涵盖的不同的意义或作用。

一方面，一些学者致力于证明范畴论是数学的适当基础。例如，洛夫尔在1966年提出，在近几十年数学的发展中，人们清楚地看到一种信念的兴起，即数学对象的相关属性是那些可以用抽象结构而不是用被认为构成这些对象的元素来表述的属性。因此，这个问题很自然地回答了人们是否能够为数学奠定基础，从而全力地表达这种关于数学的信念，这里的"基础"指的是单一的一阶公理系统，其中可定义所有通常的数学对象，并证明其所有通常的性质。如果洛夫尔以这种方式成功地提出了数学的基础，我们可以合理地认为逻辑主义的变体以一个新的名称重生了。因为逻辑学家试图通过构建单一的（高阶）公理系统来提供数学基础，就像集合论所做的那样。这至少是弗雷格和早期罗素的观点。此外，他们早期的尝试基于这样一种信念，即公理是关于一般概念或术语的，而不是元素和集合，并且从这些概念衍生的对象是以纯逻辑的方式衍生的。所以，将概念与抽象结构联系起来，从逻辑主义的角度来考察所有范畴的范畴的不同公理化是很有必要的。

洛夫尔最初支持数学逻辑基础的传统观点，即在一阶语言中，"范畴的范畴"的公理化表示。注意，这涉及三个步骤：一是认识到范畴论以某种方式统一了数学；二是相信这种概念的统一可以转化为本体论的归约；三是试图通过建立一个充分的逻辑基础来实现这种归约。但是在1969年，洛夫尔呈现了一幅不同的"基础"图景，提出基础意味着研究数学中的一般概念。洛夫尔考虑的一般概念

① Wang, H.. *The Concept of Set*. in P. Benacerraf and H. Putnam（eds.）, *Philosophy of Mathematics*, 2nd ed. , Cambridge：Cambridge University Press（1983）：520 – 70.

就是范畴论的通用箭头,这种意义上的基础不等同于数学的任何"起点",即逻辑关系或"证明",也就是说,它应该为数学提供某种证明。这个基础图景缺少了认识论基础,显然向自主的方法论基础和启发式衍生物迈进。

1969年,洛夫尔和蒂尔尼分离了基本的拓扑概念,并且提出类型论是数学的适当基础,认为每一种类型论都会产生一个拓扑,尤其是纯类型论会产生所谓的自由拓扑,而这就是数学的全域。如果遵循洛夫尔的观点,数学的发展应该以各种范畴的口号为指导,即范畴论强调不同数学领域共同的一般原则。实际上,这种基础的意义是逻辑和方法论维度的完全分离。

然而,许多学者认为真正的基础关系是方法论基础。正如哈彻所言:"真正的基础不是任意的起点,即一个综合系统或其他系统的一系列公理,而是某些关键的、统一的概念,这些概念在数学实践的许多不同方面都是共同的。"①范畴论中的普遍性和自然性概念显然同样重要。最吸引人的地方,就是范畴论的关键概念,例如自然变换、伴随性等不能被视为本原的。事实上,范畴是由艾伦伯格和麦克莱恩创造的,但他们的目的是为了定义自然变换的概念。所以我们所处的立场似乎是基础的,例如,从逻辑的观点来看,伴随性并不是本原的。

我们可以总结在该领域发现的主要断言如下:

1. 范畴论是启发式基础的。

2. 所有范畴的范畴的理论是数学的本体论和逻辑上的基础。

3. 范畴论为数学提供了方法论基础。按照戈根(J. A. Goguen)的说法:"基础应该提供一般的概念和工具,揭示数学及其应用的各个领域的结构和相互关系,并帮助做好和运用数学。"②

4. 拓扑借助其内在语言为"普通"数学提供了充分的逻辑基础。兰贝克和斯科特等人认为自由拓扑应该作为数学的基础,而麦克莱恩等人则认为具有选择的良指向的拓扑理论应该作为数学的基础。

① Hatcher, W. S.. *The Logical Foundations of Mathematics*. Pergamon Press, New York, (1982).
② Goguen, J. A.. A Categorical Manifesto. *Mathematical Structures in Computer Science* 1, (1991):49-68.

5. 拓扑理论为研究"局部"逻辑基础提供了适当的框架,即数学特定部分的基础,例如微分几何或代数几何。此外,一个拓扑公理构成了数学逻辑基础的基本不变量。

显然,上述特定的基础关系涉及本体论的、逻辑的、方法论的和启发式的关系,但缺失了认知关系和认识论关系。

费弗曼和贝尔(J. L. BELL)提出了反对范畴论是数学基础的最佳案例。他们提出范畴论可以作为数学的基础似乎至少有两种可能的意义:第一,在较强的意义下,所有的数学概念,包括目前的逻辑数学框架都可以用范畴论的术语来解释;第二,在较弱的意义下,人们只需要范畴论作为公理化集理论在其目前的基础作用上的一个(可能更好的)替代。

对于后者,考虑到科尔、米切尔(W. Mitchell)和奥修斯(G. Osius)等人为范畴术语中良指向的拓扑提供公理化,并表明所得理论等价于"有界的"策梅洛集合论的工作,费弗曼认为拓扑只是一种特殊类型的范畴,所以如果我们能够证明范畴一般不具有基础性作用,就更能证明拓扑也不具有基础性作用,因此,上述关于拓扑的工作并未表明拓扑构成了公理集合论的替代品。贝尔也提出拓扑不适合作为形式化通常表示在集论上的数学概念的手段。因为良指向拓扑的公理太弱,并且缺少替换公理的等价形式,因此无法获得 ZFC 的全部优势,但是可以在这种拓扑结构中模拟累积层次结构的构造。此外,当解释结构的一般概念和特殊类型的结构,例如群、环、范畴等时,我们隐含地假设已经理解了运算和集合的概念。换句话说,在认知的意义上,类和运算的概念明显优于任何结构的概念,例如范畴论中使用的概念。根据这一论点,这里的关键假设似乎是,数学的逻辑基础应该是基于集合和运算概念的理论,必须用认知基础的概念来表达。因此,这一论证必须依赖于认知基础和逻辑基础之间的紧密联系,以及类和运算的概念是认知基础的论断。这一论断意味着要么是一种经验主张,因此应该进行相应地检验;要么是某种先验论证,断言任何结构概念都必须基于集合和运算的概念。

事实上,到目前为止,还没有人声称范畴论应该是数学的逻辑基础。换句话说,在范畴图景中,认知和逻辑之间的联系是不存在的。这种主张要么是本体论的,要么是方法论的,但不会是认知的或认识论的。对于数学基础的本质和功能,显然存在着深刻的分歧。然而,这一论点也可以被推翻,成为支持范畴论的观点。一方面,任何结构概念都必须通过集合和运算的概念来定义,这种观点是不正确的。这种动态的结构方法当然是合法的。然而,存在一种静态或几何的结构方法是基于集合和关系的概念,而不是运算的概念。群、环和包括范畴在内的所有代数结构当然可以从动态的角度来看待。但还有其他类型的结构,例如几何和拓扑结构,其中包括范畴,这些范畴被更好地视为静态或几何对象。当我们考虑高维范畴理论时,这种观点甚至更加清晰。因此,我们可以直接用几何来解释范畴,从而避免运算的概念。另一方面,即使从动态的观点来看,也可以断言范畴论的基本运算就是集合和运算的概念,在这种情况下就是态射。因此,我们可以用费弗曼的论点来捍卫这一主张,即范畴论正是在正确的一般性水平上获得这些概念的理论。这种说法将逻辑基础与某种一般的认知元素联系了起来。

一般来说,我们有关于集合和范畴两个概念系统,它们以不同的方式统一数学。按照布拉斯(A. Blass)[①]对于范畴论与集合论的相互作用的阐述,从概念的角度来看,这两个系统之间的以下关系是可能的:

1. 范畴是结构化的集合,因此,范畴论是集合论的一个特殊章节。

2. 集合是非结构化的范畴,因此,集合论是范畴论的一个特殊章节。

3. 集合论和范畴论是组织数学全域的互补方式,彼此不可约化。任何数学系统都可以表示为集合或范畴,这取决于上下文语境和需要。这种互补性是算术与几何之间的传统互补性,而且是不可避免的,因为它反映了我们认知构成的基本特征。

4. 集合或范畴(或两者)将会简单地消失,因为它们只是方便的符号系统,就像以太概念从物理学中消失一样。

---

① Blass,A.. The Interaction Between Category Theory and Set Theory. *Contemporary Mathematics* 30, (1984):5-29.

总之,没有一个先验的论证能够证明从数学基础中排除了集合论或范畴论。范畴论至少在当代数学中起着重要的方法论作用,就像集合论在十九世纪末和本世纪起到了关键的方法论作用一样。

第二节　范畴基础问题的研究进路

一般地,具有适当的结构保持映射的一个数学结构产生一个范畴,范畴论以一种统一的方式来处理各种数学结构的概念,已经成为越来越多数学的标准研究框架,被人们称为结构主义数学方法的教科书。围绕着数学哲学基础的争论,范畴论作为基础框架的出现迫使人们面对"范畴论能否与集合论相提并论"的难题。归纳起来,学术界关于范畴基础问题的研究大致有三个不同发展方向:一是认为范畴论或者范畴的范畴为数学提供了基础;二是认为范畴论不能为数学提供基础;三是反对前两种关于范畴论基础问题的研究方式,提出应当将范畴论看作是一种数学语言。

一、作为基础的范畴论

这是洛夫尔、赫尔曼(G. Hellman)和麦克拉蒂(C. McLarty)等人所支持的观点,认为由于范畴论能够以一种统一的方式来处理结构的概念,因而可以作为数学的基础。

自 20 世纪 50 年代以来,范畴论已经成为拓扑学、代数学和泛函分析的标准研究框架;20 世纪 60 年代以后,在代数几何学和数论,以及越来越多的数学中,范畴论也是如此,一直是结构主义数学方法的基础。洛夫尔早在 1966 年就论证了范畴论作为数学基础的理论地位。他提出"尽管集合论提供了一个通用框架来处理各种数学结构,但是在一个范畴结构中所做的数学工作与在集合理论结构中所做的有着根本区别,可以证明以范畴论目前的基础作用,它完全可以替代集合论成为官方的数学基础"①。范畴论不仅仅是一个抽象的数学理论,所有数学概念,包括当前数学的逻辑元理论结构,都可以用范畴论的术语来解释。范畴论虽然依靠集合论作为数学实体的最终来源,但通过构造公理化的一般结构理论,即范畴理论和函子理论,足以超越集合论的特殊结构。范畴论完全不是反对集合论,它最终能够令集合概念达到一种新的普遍性。

赫尔曼在 2003 年提出范畴论能否为数学结构主义提供一种结构的问题,此后一直致力于"范畴论能够作为集合论的替代物为数学提供一个自主基础"②这一理论问题的研究。他阐明了如何断定一个公理系统的前提,即需要区分两种意义的结构公理:其一,结构公理假定只具有结构性质的实体;其二,结构公理规定结构性质并且假定根本没有实体。赫尔曼认为任何数学基础都必须能说明它所假定并且在何种意义上假定的实体,所以第二种意义上的结构公理不可能是基础。2005 年,麦克拉蒂进一步推进了赫尔曼的研究,关注各种范畴基础的前提预设,认为"一般范畴理论中的范畴公理在数学实践中通常以各种代数化方式用于不同的目的,而集合论中的公理没有类似的用途"③,并尝试用"范畴的范畴作为基础"(CCAF)的公理公理化范畴论的主要定理和范畴的元范畴,来说明范畴论的范畴基础并不是范畴论的集合论基础。

随后,马奎斯于 2006 年证明了从本体论的观点来看,"范畴论建立在数学对象概念的基础之上,根本上不同于基础的集合论概念结果,因此,反对范畴论的认识论上的论证是没有确实根据的"④。他构造了以不同集合概念为基础的数学

---

① Lawvere F W. . The Category of Categories as a Foundation of Mathematics. *Proceedings of the Conference on Categorical Algebra* (La Jolla 1965). New York:Springer Verlag,(1966):1 – 20.

② Hellman G. . Does category theory provide a framework for mathematical structuralism? *Philosophia Mathematica* (3)11,(2003):129 – 57.

③ McLarty, C. . Learning from Questions on Categorical Foundations. *Philosophia Mathematica*, 13 , 1 , (2005):44 – 60.

④ Marquis, J. P. . Categories, Sets and the Nature of Mathematical Entities. *The Age of Alternative Logics*. Assessing philosophy of logic and mathematics today,(2006):181 – 192.

全域,即弱 ω-范畴的全域,存在一个不同性质的分层和一种在该全域理论中能够提出和发展的形式语言。这种形式语言是一阶逻辑的扩张,即具有从属各类的一阶逻辑,FOLDS,并且借助这种图解语言来论证数学对象的性质,对反对的范畴结构作出回答。

二、作为结构工具的范畴论

这种观点的支持者以费弗曼、梅伯里和麦克莱恩等人为代表,他们认为像所有其他的数学分支一样,范畴论也需要以集合论作为自身的基础,所以不能作为数学的基础。范畴论被视为是相对于集合论为数学自主提供的一种结构主义框架。

费弗曼和梅伯里等人断言范畴论不能为数学提供一个适当的基础,其主要原因在于:第一,由于认识论的原因,范畴论不能为数学提供一个适当的基础,也就是,其预先假定更加简单理解的概念;第二,范畴论可能在数学的某些领域中是有用的,例如,在代数拓扑、同调代数、代数几何、同伦代数、K-理论、理论计算科学甚至数学物理学中,范畴论不能提供与集合论相媲美的数学画面。一方面,存在为数学提供结构的非形式的集合论。这种非形式的集合论并不十分清晰,但似乎发挥了重要的作用。另一方面,存在一个清楚明白、容易理解的全域,即累积分层,和一个用清楚明白、容易理解的形式语言写的清楚明白、容易理解的理论,即用一阶语言书写的(NBG 的)ZF 系统。因此,范畴论不能满足一些显而易见的哲学的和元数学的需要,人们可能期望或要求一个基本的框架。

(一)费弗曼的反对意见

费弗曼对范畴基础的批评最为持久,认为"范畴论不能作为逻辑基础,其不仅是心理上的派生物,而且是不合调的"①。1977 年,费弗曼提出相对于群、范畴等结构化概念,逻辑上和心理上优先考虑的是运算和集合等非结构化概念,人们要研究的结构化概念需要利用非结构化概念来解释或定义。"逻辑优先级"的使

---

① Feferman,S.. Categorical foundations and foundations of category theory. in R. Butts and J. Hintikka, eds. ,Logic,*Foundations of Mathematics*,*and Computability Theory*. Dordrecht:D. Reidel,(1977):149 – 169.

用不是指形式理论的相对强度,而是指定义概念的顺序,即有些概念必须在其他概念之前定义。费弗曼通过对向量空间、线性变换和阿贝尔范畴等一些数学实践的分析来证明范畴的箭头概念在逻辑上不可能优先于集合论的对象描述,提出范畴论者发现用范畴术语比用集合论术语来思考问题更加自然,这只是他们心理上的优势,与理解的自然顺序有关,我们更需要一个基础,而不是形式的充分性和实际效用。费弗曼并不主张接受当前的数学的集论基础,但认为在抽象数学的观点上,数学基础应该存在于运算和集合的一般理论中。

(二)贝尔的反对意见

贝尔对范畴基础问题的立场前后变化很大,他在 1981 年曾明确反对将范畴论作为一种基本结构,但是 1986 年以后,则开始重视范畴论的基础作用。贝尔认为"尽管有理由接受现有的集合论基础不适用于完全的范畴论,尽管范畴论毫无疑问具有基础意义,但它的性质使其并不适合作为数学的专属基础"[①]。那么,在何种意义下范畴论可以充当数学的基础?贝尔假设了范畴论可以充当数学基础的两种可能性:第一,强意义下,所有的数学概念,包括数学的逻辑元理论结构,都可以用范畴论的术语解释;第二,弱意义下,以范畴论目前的基础作用,只需要它充当公理集合论可能有更好的替代品。难以置信的是,在强意义下,范畴论是或者可能是足够充分的。考虑范畴论或任意其他一阶理论中所嵌入的元理论框架,这个框架有两个基本方面:一是组合的,涉及周围形式语言的题词的形式的、有限的表达性质;二是语义的,涉及语言表达式的解释和真值。这两个方面目前都不能归结为另一个。前者处理内涵对象,诸如实际描述非常重要的证明和构造,而后者使用外延对象,诸如同一性的确定不依赖于它们是如何提出或定义的类。因此,如果范畴论在强意义下提供数学的基础,则必须提供这两方面令人信服的解释。但是一个范畴被定义为某个类,且类是外延的,而组合的对象通常不是。由于没有理由假设内涵,即非外延的对象能够仅根据外延对象给出

---

① BELL,J. L. . Category Theory and the Foundations of Mathematics. Brit. J. *Phil. Sci.* 32,(1981):349 – 358.

一个令人满意的解释,范畴论根据类的表述一定不能为组合方面提供一个可靠的解释。因此,强意义下的范畴论在基础意义上是不充分的,这说明当前所设想的范畴论并不能成为数学的坚实基础。

(三)梅伯里的反对意见

梅伯里在 1990 年提出"数学的基础是在数学的逻辑,而不是在数理逻辑中找到的,只有集合论才能为这种逻辑提供基础"①。在弗雷格的传统中,人们无法抓住将对象作为结构中的位置来讨论的多重解释的概念这一观点是正确的,而假设遵循布尔传统需要直观的或其他集合论则是错误的。也就是说,弗雷格传统要求我们将对象作为概念的论域而不是结构来讨论,因此,在弗雷格传统中,多重解释的问题并不存在,它的量词被解释为在一个固定的论域上,也就是说,至少存在与要解释的量词类型相对应的一切。梅伯里注意到,布尔传统不像弗雷格传统,不需要任何结构作为对象,也不需要对象来"组成"结构。所以,在另一种布尔逻辑中,传统数理逻辑处理的是整个形式语言的家族,每一种语言都被设计用来适应无限种不同的解释。在这些语言中,量词的论域不是预先确定的,而是因解释而异。从这个角度来看,一种语言可以说只是一种句法组合,等待一种适合的结构赋予其公式的含义。

梅伯里所刻画的是弗雷格学派和布尔学派之间的二分法。然而他却错误地认为,当讨论结构本身时,只有集合理论才能解释逻辑有效性和逻辑一致性的这一核心概念的本质语义特征。事实上,兰贝克和斯科特在 1989 年的《高阶范畴逻辑导论》中已经证明了范畴论可以提供这种必要的语义解释。采用模型理论表示从给定的数学理论中解释的数学概念的内容,从而抓住了结构主义者的主张,即数学对象,也就是被解释的概念只是结构中的位置,在这里,"结构"指的是被解释的理论。然后,用范畴论来表示我们所说的概念和理论的结构,从给定范畴内进行解释。也就是,用给定范畴的"对象"和"箭头"来表示概念和理论的结

① Mayberry,J. . What is Required of a Foundation for Mathematics? in J. L. Bell,(ed.),*Categories in the Foundations of Mathematics and Language*,*Philosophia Mathematica*,(3),2,Special Issue,(1990):16 – 35.

构。这样做也就抓住了结构主义的观点,即解释为"对象"和"箭头"的概念和理论只不过是结构中的位置,这里的"结构"指的是被解释的范畴。因此,范畴论在"布尔"和"弗雷格"的术语意义上,都代表了数学(虽然不是逻辑)的语言,即从这个意义上说,如果把一个范畴当作"一个等待适当类型的解释来赋予其公式含义的的句法组合",那么我们就可以用范畴论来分析我们所说的内容和结构。

梅伯里提出,"我们采用公理化方法处理结构","当我们处理数学结构,我们从事的是集合理论","每个结构由一个集合或配有态射的集合构成"。实际上,考虑范畴论,或者更具体地说,范畴论的概念"对象"和"箭头",可以比集合论更一般地获得结构及态射的概念。既然范畴的范畴理论是一阶的,它就不能作为一种语言或基础,抓住"公理方法的核心法则,即同构结构的本质属性在数学上是不可区分的"。他声称,认为任何一阶理论都可以作为基础发挥作用的想法是不合逻辑的。事实上,任何公理理论,形式化的或非形式化的、一阶或更高阶的,都不能在逻辑上发挥数学的基础性作用。这里指的是传统的、现代的意义上的公理化理论,即群论、范畴理论和拓扑理论。显然,不能用公理化理论来解释什么是公理化方法。实际上,梅伯里的这一论断似乎忽略了一点,即人们可以在不诉诸范畴概念的情况下,获得到同构的必要的结构概念。通过诉诸于范畴论的事实,即"对象"是通过其"箭头"确定的同构,我们可以在不诉诸范畴性的情况下获得这个概念,因此,也不依赖于一些关于结构"由什么构成"的外部概念。从范畴论的观点来看,同构是作为范畴的结构的一个内在特征。

然则,梅伯里承认直觉主义集合论也不能充当这种结构意义上的基础,因为它不能用于讨论大范畴,例如,所有小群的范畴。他认识到,"考虑这些范畴似乎是普通结构主义的一种很自然的延伸,这似乎要求在普遍性上有一个更高的层次,在这个层次中所研究的概念就是结构本身的概念"。但是,他对这个问题的解决方案却不能令人满意,只是简单地否认这些结构是结构,从而摒弃了关于这些结构的讨论。他认为,事实上不可能有这样的结构,因为集合概念本身就是一个有限大小的外延多元性的概念,集合概念构成了我们讨论的结构概念。此外,认为集合概念是在大小上受限制的外延复数的主张,既是临时性的,也是误导性的。尤其是,由于应用大小限制的性质只是为了得到"集合是由结构概念构成的"这个结论,而误导是因为人们可以使用格罗腾迪克全域来解释大、小范畴和集合。

梅伯里的观点依赖于给集合论指派特权作用,他将集合直觉地定义为"一个由特定性质的可区分的对象组成的固定大小的外延复数"。实际上,集合理论只是另一种公理理论,集合全域只是另一种数学结构。集合的全域不是一个结构,而是所有数学结构栖息的世界,是所有数学结构畅游的海洋。梅伯里的反对意见"不能用一个公理理论来解释公理方法是什么"是决定性的,无论从提供一种理论来抓住"数学主题是数学结构"的意义上,还是在"结构畅游的海洋"的意义上,范畴论都不能为数学提供任何基础。

(四)麦克莱恩的反对意见

1992 年,麦克莱恩提出,"范畴论提供了一套工具根据形式组织各种数学分支,能够抓住数学的主题结构及其词法,但范畴论不能为数学提供基础"[①]。他认为范畴论的基础意义在于其通过提供一种分类方法,反映数学的多变特征,这种方式允许我们讨论数学结构以及这种结构的结构,而正是数学多变的本质解释了为什么数学没有基础。

为了证明数学是关于形式的,麦克莱恩描述了数学和物理科学之间的关系,进一步为我们提供了刻画范畴论和数学各分支之间关系的方法。关于数学和物理科学的关系,他声称,数学是多变的这一事实意味着同一个数学结构有许多不同的经验实现。因此,数学提供了共同的总体形式,每一种形式都可以并且确实用来描述外部世界的不同方面。这将数学与科学的其他部分联系起来,数学是科学的一部分,它适用于不止一种经验主义背景。这种描述尽管明确地说明了数学和世界的关系,但也隐晦地提供了范畴论和数学之间关系的说明。如果我们接受数学关系本身也是多变的性质的观点,那么我们可以将其视为一个隐含

---

① Mac Lane, S. . The Protean Character of Mathematics. in J. Echeverra, A. Ibarra, and J. Mormann(eds.), *The Space of Mathematics*. New York:de Gruyter, (1992):3 – 12.

的建议,即数学所有的分支都可以用特定的范畴根据其结构来组织。此外,这种特定范畴的结构可以通过一般范畴概念根据其结构进行组织。

例如,一个特定的范畴 C 是一个是双分类系统,该分类被称为 C 的对象 A 和 C 的态射 f。在上下文中的术语表述为,"A 是 f 的定义域(或上域)","k 是 g 和 f 的合成"和"f 是 A 的恒射"。一般的范畴可以按照 1966 年洛夫尔的传统从功能上定义。简单起见,参考麦克拉蒂 1995 年的定义方法,一般范畴 C 可以被认为是范畴 C 的范畴中的一个对象,其中,C 的对象和箭头分别看作函子 $1 \rightarrow C$ 和 $2 \rightarrow C$,这里,1 是终端范畴且 2 是一个恰好有两个全局元素 $0:1 \rightarrow 2$ 和 $1:1 \rightarrow 2$ 的范畴。这种定义范畴的方法始于一个公理,即范畴和函子共同构成一个范畴,也就是说,函子有定义域和上域,以及合成等。因此,我们有一般范畴和特定范畴之间的联系,在这种意义上,"一个范畴有对象和箭头……"变成了"我们从 1 和 2 开始考虑一个范畴的函子"的简称。同样,我们也建立了范畴论的消除作用和分类作用之间的联系。

由于范畴论的优点是能够系统化我们论及的结构和结构的结构,因此它应该被视为数学结构主义的框架。范畴论提供了普遍的包罗万象的数学结构,每一个结构都可以而且确实用来描述数学话语的不同方面。这让我们看到,数学就其本身而言是如何变化的,因此,这允许我们给予范畴论凌驾于其他数学分支上的特权。用麦克莱恩的话来说,"这将范畴论与数学的其他部分联系起来,范畴论是数学的一部分,它适用于不只一个以上的数学环境"。麦克莱恩认为数学本身是多变的,他引导我们注意到自然数有不止一种含义。这样的数字可以是序数:第一,第二,第三……;也可以是基数:一件事,两件事……自然数 2 既不是序数也不是基数,而是具有两种不同意思的数字 2。它就是"2"的形式,根据我们的目的适用不同的用途。因此,这些自然数的正式引入可以有不同的方式,根据皮亚诺假设,也就是它描述的不是唯一的数,而是这些数必须具有的性质,或者用基数,或者用序数来表示。

因此,无论是在与世界的关系上,还是在与其自身的关系上,将数学看成是多变的一个结果,无论是从经验主义还是数学自身来看,数学都不是关于对象的。一般而言,它是关于这种对象结构的公理化表述,而不是特定的对象。或者,正如麦克莱恩所指出的,"自然数不是对象,而是形式,根据其不同的实际意义进行不同的描述"。换句话说,数字的公理化描述,如皮亚诺公理并不定义数字,而是到同构的数字。

另一个结果是,我们看到了范畴论的价值,因为它提供了一种讨论"结构的结构"的方法。麦克莱恩提出,"对数学描述'直到同构'的普遍认知最近在范畴理论中再次得到强调,其中乘积、伴随不可避免地被定义为'直到同构'"。我们可以看到在何种意义上,数学结构主义,或者更具体地说,描述到同构的概念,作为数学和世界之间关系的描述,也可以用来刻画范畴论和数学各个分支本身之间的关系。如麦克莱恩所称,结构主义是多变特性的结果,因为数学不是关于这个或那个的实际事物,而是关于由各种事物或以前的模式暗示的模式或形式。因此,数学研究不是对事物的研究,而是对模式的研究,这本质上是形式的。关于事物的属性,许多人提出了定理或提供数据,但由此产生的数学独立于这些早期的建议。

数学多变的性质不仅使我们能够刻画数学的主题和方法,而且也说明了为什么数学不能有基础。也就是说,数学的多变性质解释了为什么任何一种试图描述或规定数学本质的、直观的或形式的理论都无法描述它的方法或主题。关于其方法,麦克莱恩指出,"这个公理系统有很多模型,而且没有集合论和范畴论能够涵盖所有这些模型,需要它们来理解数学的作用"。关于其主题,他进一步提出,数学不需要"基础"。任何提出的基础都声称数学是关于这个或那个基础的东西。但数学不是关于事物,而是关于形式。特别是数学不是关于集合的,例如,实数之所以存在于数学中,正是因为它们具有多重含义,但没有一种含义是"它是实数"。

麦克莱恩给出了一种刻画范畴论和数学各分支之间关系的方法,数学所有分支都可以根据其结构按照特定的范畴系统化,而且这些特定范畴的结构也可以借助一般范畴的概念系统化。范畴论提供了一般的数学结构,适用于不同的数学语境,因此可以将范畴论置于数学其他分支之上。要充分理解范畴论和数学之间的关系,回顾前面的类比,也就是,数学与世界的关系就"好像"范畴论与数学的关系。这不是排除意义上的"好像"数学的主题可以简化为范畴论的主题。更确切地说,"好像"的意义在于,正如数学凭借其根据结构对经验的和(或)科学的对象进行分类的能力一样,为我们提供了可以进行各种解释的广义结构。同样,一个特定的范畴,凭借其根据数学概念的结构对数学概念及其关系进行分类的能力,为我们提供了可以进行各种解释的框架。正是在这个意义上,特定的范畴作为概念的"语言框架",允许我们根据结构来组织各种理论的内容,因为"在对一个范畴的描述中,人们可以将"对象""态射""值域""上域"和"合成"看作未定义的术语或谓词。

　　同样,一个一般范畴,凭借其根据其共同结构对数学理论及其关系进行分类的能力,为我们提供了可以进行各种解释的框架。我们可以举例说明如何使用范畴论概念来组织我们所说的关于各种数学理论的共同结构。例如,麦克莱恩在1950年对阿贝尔范畴的公理化,证明了模块之间的关系就像阿贝尔群之间的关系一样;洛夫尔在1963年的论文中展示了如何将代数理论本身视为一个范畴,因此它的模型是函子。在这个意义上,一般范畴(大类)作为理论的"语言框架",允许我们根据结构来组织各种理论的共同结构,因为在对这种范畴的描述中,可以将"对象""函子"等看作未定义的术语或谓词。也就是说,一般范畴允许我们组织对于各种理论的结构的讨论,就像各种数学理论讨论其对象结构的方式一样,也就是"结构中的位置"。

　　那么,为什么范畴论不能为数学提供基础呢?麦克莱恩认为,由于消除作用的减弱,范畴论不能提供从结构角度来讨论所有数学对象的方法。注意,并不是因为范畴的范畴太大而不能作为基础。更确切地说,这是因为它不能把所有这样大的范畴都作为一般范畴来涵盖,也就是,作为所有范畴的范畴内的一个对象。因为范畴论无法抓住"范畴的范畴是一种数学结构"这一主张背后的所指,所以它不能用来断言数学是关于范畴的。尽管如此,范畴论仍然具有"基础意义"。它可以凭借其特殊的分类作用提供一种工具,按照范畴论的概念对我们讨论的结构进行分类,其方式不违背数学本身是多变的,并且有结构和其态射作为其主题的信念。

三、作为数学语言的范畴论

这是麦克莱恩早期研究和兰德瑞等人主张的观点,即范畴论应该被哲学家理解为数学语言,因为它以系统化和统一的方式,描述所有数学分支共同的结构要素,使我们能够讨论数学的一般结构。

麦克莱恩对于基础问题的立场有些模糊,而且多年来一直在演变。作为范畴论的奠基者之一,他起初并不认为范畴论提供了普遍的基本框架。范畴、函子和自然变换概念在数学实践中的引入,使麦克莱恩和艾伦伯格将范畴论看作是对于代数拓扑和同调代数的一种"有用的语言",也断言范畴论提供了部分数学的概念视图,但当时只是将范畴论作为一种语言方向,并没有将其作为进一步研究的领域。直至 20 世纪 50 年代中期,格罗腾迪克和坎对伴随函子理论的研究,让人们认识到范畴论不仅是一种方便的语言。在洛夫尔的影响下,麦克莱恩于 20 世纪 60 年代重新思考基础问题,对范畴论的集论基础进行了一定研究,并在 20 世纪 70 年代拓扑理论出现之后,提出可选择的良点拓扑和自然数对象有可能提供标准 ZFC 系统的合理的替代物,但其目的并不是为了证明范畴论是一个明确的或真实的框架,因此引发了与集合理论学家的争论。

1999 年,兰德瑞在跟随麦克莱恩研究的基础上,提出范畴论应该被看作是为数学话语提供了语言。他给范畴论指定的作用是组织和分类数学概念的内容和结构,与基础的方法相反,没有必要将数学概念的内容或结构化简为集合全域或"范畴的范畴"的组成部分。接受结构主义的观点,兰德瑞提出结构及其词法刻画了人们所讨论的数学主题。范畴论通过提供假定的分类方式反映数学的多变性,这种方式允许我们讨论数学结构和这种结构的结构。由于这种享有特权的分类范畴作用,我们应该把范畴论的"基础意义"看作是它为我们提供了数学结构的语言这一事实。这一论断连同结构及其词法刻画了数学主题的论断,为范畴论应该被哲学家理解为数学语言提供了基础。需要考虑的是,在何种意义上,这种有特权的组织结构的作用能够为范畴理论是数学语言这一论断提供基础。兰德瑞证明了范畴论并不需要集合论作为基础,而它也不能提供一个基础。然而,如果我们接受数学结构主义的观点,即数学由于其具有多变的性质,且具有其主题结构和形态,而且,如果我们接受范畴论允许组织所论及的数学概念和理论的内容和结构,那么我们就有充分的理由接受范畴理论为我们提供了数学的语言。

就我们对数学概念及其关系的讨论而言,范畴论的作用是提供一种方法来组织和分类我们讨论的各种数学模型中各种数学概念之间的关系。更具体地说,范畴论能够将各种数学模型中的数学概念和关系表示为特定范畴中的"对象"和"箭头",这些术语被当作"等待一种适当类型的解释赋予其公式意义的句法集合"①,因此可以称范畴论是数学概念及其关系的语言,因为它允许我们在不同的解释中讨论它们的一般结构,也就是说,独立于任何特定的解释。同样,我们关于数学理论及其关系的讨论也是用一般范畴来表示的。我们称范畴论是数学理论及其关系的语言,因为它允许我们用"对象"和"函子"来讨论它们的一般结构,其中,这些术语同样被视为"等待一种适当类型的解释赋予其公式意义的句法集合"。

我们的经验是:正如数学在经验世界或科学世界中是多变的一样,范畴论在数学话语中也是多变的。正如数学可以被看作是为世界提供语言一样,它允许我们用结构术语来讨论物理对象而不需要涉及任何特定对象,因此范畴论可以看作是为数学提供了一种语言,它允许我们用结构术语来讨论数学对象,而不必是任何具体的、构成的对象。因此,正是在这个意义上,范畴论应该被视为数学结构主义的框架——它是一种语言,使我们能够在数学结构的基础上分析数学的主题和方法。

---

① Landry, E.. Category Theory: the Language of Mathematics. *Philosophy of Science*, 66, 3 supplement, (1999): S14 - S27.

第三节　范畴基础的哲学价值

正如我们所清楚的事实,范畴论系统化并统一了数学的许多内容,它强调公理化方法和代数结构,是数学家工具箱里的一种强大的、灵活的形式工具。可以说,随着范畴论成为自主的研究领域并不断发展,它持续改变着整个数学的面貌。贴近数学的实践,范畴论代表了 20 世纪数学观念的最深刻和最强大趋势的顶峰,即在给定的数学情境中探寻最一般和抽象的成分。范畴论是否应当被看作是整个经典数学理论基础的集合论的严格的替换物,或者在不同的意义下它是否是基础的,这引发了许多关于数学本体论与认识论的问题,范畴基础问题因而对哲学研究提出了许多新的挑战。

一、范畴基础问题的历史意义

从整个范畴论产生和发展的历史进程来看,"无论范畴论具有什么样的价值,数学的、基础的、逻辑的或者哲学的,其重要性都不需要依赖任何集合论的基础"[1],范畴论的历史为探究和考察敏感的数学认识论提供了丰富的信息资源。从 1945 年正式诞生到 20 世纪 50 年代中期,范畴论在发展初期仅被看作是一种方便的形式语言,或者一种语言的方向,并没有作为一个专门的、独立的研究领域进一步探究。范畴论的奠基者把范畴概念作为一种启发式装置来使用,整个范畴概念本质上是一种辅助概念。范畴概念最初是由艾伦伯格和麦克莱恩为定义函子和自然变换而引入的,他们将函子取作集合论上的函数,范畴是作为函子的定义域和值域而提供的,范畴概念只需满足函子定义上的限制,因此,范畴概

---

[1]　Landry,E,Marquis,J. P. . *Categories in Context*:*Historical*,*Foundational and philosophical*. *Philosophia Mathematica*,13,(2005):1-43.

念可以完全放弃,范畴本身也不需要被精心构造。这种范畴的启发式立场,以及采用 NBG 公理系统①作为集合论框架的思想,使人们坚信群范畴是类而不是集合,所以在关于函子功能的研究中,基本上回避了什么是范畴的问题,甚至并不尝试去定义范畴。但是这一时期的成果为范畴论接下来的自主发展奠定了基石,将范畴和函子引入数学的实践成为代数拓扑和同调代数深刻研究的源泉和动力,这些概念是确定问题和定义概念的正确工具,理所必然推进了语言和概念的同化。

20 世纪 50 年代后期到 20 世纪 60 年代初期,直接用范畴论语言定义各种数学概念并描述众多数学分支成为可能,在数学上自主的发展使范畴论成为一个独立的数学领域,而不仅仅是一种方便的数学语言。交换范畴和伴随函子在这一发展过程中发挥了关键作用。1957 年,格罗腾迪克将范畴引入到同调代数,定义了交换范畴并引用一种公理的层次结构。借助交换范畴的公理化,人们可以讨论构成系统的共同结构特征,即范畴论对象。用范畴论术语来说,允许我们根据存在于对象之间的函子刻画一种结构类型,而不必指定这种对象或态射是由什么构成的。一般来讲,范畴论公理可以在完全不使用集合论的情况下完成同调代数的基本构造并证明基本定理。1956 年,坎在同调理论的研究中提出伴随函子的概念,将伴随函子看作是范畴论的基本概念。数学家们的研究从各种集合结构化的系统,例如,交换群、向量空间、模、环和拓扑空间等开始,转向由它们之间的态射规定的结构化系统的范畴,然后转向范畴之间的函子。就范畴的形成而言,与其他代数系统一样,具有特定属性的各类范畴被视为集合结构系统的类型。集合结构的系统和函数可用于说明、例证或者表示这种抽象范畴,但并不构成具体范畴。这一时期范畴论的工作和思考方式颠覆了传统数学概念和理论的自下而上的表达方法,而是坚持自上而下的"语境原则",范畴论的自主性和独立性因而逐渐增强。

20 世纪 60 年代中期以来发展的范畴论,在数学基础方面的作用得到不断拓

---

① NBG 公理系统是设计生成同 ZF 集合论与选择公理一起,即 ZFC 公理系统同样结果的集合论公理系统,但只有有限数目的公理而不使用公理模式,并且具有集合和类之间的区别。

展和深化。值得注意的是,对于不同数学家而言,"基础"这一术语具有不同的含义。洛夫尔对于范畴基础问题具有开创性的研究,断言范畴论为数学的逻辑或基础方面的概念分析提供了基础,建议任何可以在集合论上定义的对象,包括逻辑和集合论,都应该使用范畴的方法来定义。1961—1962 年,洛夫尔的目标是为连续介质力学找到一个可替代的、更适合的基础,因为他认为标准集合论基础是不充分的。1963 年,洛夫尔在对泛代数基础的研究中,提出代替集合论框架,使用纯范畴的方法发展整个理论。即通过"范畴的范畴"中的范畴性质来或分析或刻画代数理论概念以及代数理论模型的范畴。1964 和 1966 年,洛夫尔分别将集合的范畴和范畴的范畴公理化,提出不使用集合元素来研究集合论,因为同其他任意数学实体一样,集合也是范畴全域的一部分。集合确实在数学中发挥一定作用,但是这种作用应当在范畴论的语境下被分析、揭示和阐明。受格罗腾迪克在代数几何中使用拓扑的启发,洛夫尔论证了初等拓扑公理,尝试分析层理论中的变量集概念,并且将拓扑理论看作是这种分析所适合的语境,甚至是集合论的一种泛化。在洛夫尔看来,人们完全可能在拓扑理论的设置中,或者说,在范畴论的设置中进行基础研究。这些成果在范畴论的发展上具有直接和深远的影响。

二、范畴基础研究的共同要素

从范畴基础研究的各种立场来看,虽然不同范畴理论家使用术语"基础"的方式不同,但是对于"范畴论能够为数学提供适当基础"的主张仍然具有一定的共同之处。对基础研究感兴趣的洛夫尔、兰贝克、麦克莱恩、贝尔和马奎斯等人,由于他们对基础工作的观念不同,所以对数学基础的要求也有所不同。尽管范畴论可以回答人们对基本框架的任何要求,但必须正确看待它是如何以及在何种意义上具有普遍性。

从洛夫尔在数学基础和范畴论作用的研究中,我们发现范畴论为基础研究提供了适合的设置。洛夫尔思考的"基础"意味着研究数学中普遍性的东西,其足够强大来发展包括集合论在内的大部分数学,他认为是能够定义所有数学对象并证明其常规属性的一阶公理系统。洛夫尔希望提供一种可以对数学领域进行范畴地描述的语境，以便采取自上而下的方法进行概念分析。这种立场具有深刻的源于数学知识的历史性和辩证性的基础价值，"基础"并不规定是什么构成数学，而是描述数学的起源和本质特征。与洛夫尔不同，兰贝克在数学基础上的研究专注于标准哲学立场，即逻辑主义、直觉主义、形式主义和柏拉图主义如何与范畴的或者数学的拓扑理论方法相一致。他对基础分析采取一种彻底的逻辑立场，将拓扑结构看作是高阶类型论，认为所构造的类型论尽管不适用于范畴论和现代元数学，但足以进行算术和分析，至少能够成为集合论的基础，而且可以提供比受集合论研究的启发更能令人愉悦的哲学。麦克莱恩对于基础问题的立场源于对数学知识本质的信念，他将数学视为形式和函数，认为基础的和标准的哲学立场对于数学的本体论和知识来说都是不充分的。并且反对将集合论作为基础框架，在拓扑理论设置中构造了标准 ZFC 公理系统的合理的替代物，试图说服数学家们相信可替代基础的可能性，但其目的并不是为了证明范畴论是一个明确的或真正的框架。贝尔的立场与兰贝克类似，他对范畴论的基础作用采取一种辩证的观点，主张范畴论的产生是用变项代替常项的一个辩证过程的实例。贝尔建议在范畴论背景下采用自上而下的方法分析数学概念，虽然范畴论本身不能在这个框架中得到充分发展，但它仍然具有重要的基础意义，因为这说明了代数结构主义者试图忽略各种数学系统的具体性质，而倾向于用它们之间的态射来抽象地刻画这些数学系统的共有结构。马奎斯认为拓扑理论视角不能为范畴论自身提供足够的基础，应该提供一个"范畴的范畴"的元理论描述，包括适合的语法和背景域，以及适用于范畴论的理论。他主张范畴结构主义，指出形式语言中实体的恒等关系不由一阶公理预先给定，而来自语境，这是对结构上解释的语境原则的扩展。一个范畴作为语境可以根据各种系统的共享结构来分析它们，这种强大的范畴方法能够为数学自身的概念解释提供一个更加适合的框架。

总而言之，认可范畴基础作用的范畴理论家和范畴逻辑学家显式或隐式地遵守范畴的语境原则，使用自上向下的方法来分析数学概念，抽象数学系统之间的共享结构用它们之间的态射来说明，并且通常认为数学不需要一个独特的、绝对的或确定的基础。从范畴的角度来看,没有唯一的集合概念,因此没有必要假设数学是关于集合的,虽然集合在某些情况下是描述性的,但是范畴类型不需要从各种集合结构的系统中建立起来。范畴论与集合论并不是对立的,它最终使集合概念获得新的意义。

三、范畴基础作用的哲学影响

从范畴论的基础作用来看,范畴论为数学结构主义的解释提供了一种代数框架的哲学立场。数学结构主义者称数学是关于结构或者结构化系统的科学。范畴论包含结构主义的形式是显然的,因为结构主义把数学对象描述为结构,后者可以假定总是能够刻画到同构的意义上。具有基础主义倾向的范畴理论家,一般都具有结构主义的信念,认为"数学研究结构,数学对象只是结构中的位置"①。一般地,具有适当的结构保持映射的一个数学结构产生一个范畴。如我们所知,范畴是具有许多互补性质,诸如,几何学的、逻辑学的、计算的、组合学的代数结构。在描述具体的数学领域时,范畴论特别强调公理化方法和代数结构,因此必然会对数学结构主义的讨论产生重要影响。

按照哈勒(B. Hale)对模型结构主义、抽象结构主义和纯结构主义的区分,兰德瑞和马奎斯从哲学的角度分析了数学结构主义的各种解释和类型,研究范畴论可以被用来构造数学结构主义哲学的程度。数学结构主义建立在具体和抽象两个层次上:具体层次的结构主义认为一个特定的数学理论的主题是具体种类的结构化系统及其形态。也就是,特定的数学对象只不过是具有某种结构的"具体系统中的一个位置",一种特定的数学理论旨在根据这种对象所在位置的具体系统的共享结构,在同构意义下描述它们;抽象层次的结构主义被描述为数学的主题本身是各种抽象的结构化系统,即抽象结构及其形态。抽象的数学对象只不过是"抽象系统中的一个位置",其本身具有一个抽象的结构类型,而一个抽象的数学理论旨在根据这类抽象系统的共享结构来刻画它们。这种抽象结构的哲

① Resnik, M. D. . Structural relativity. *Philosophia Mathematica* 2(1996):83 – 99.

学解释有两种,一种是自下而上的集合论的现实主义,认为抽象结构自身作为合法的研究对象独立于任何证明它的系统而存在;另一种是自上而下的代数的唯名主义,指出抽象结构是满足公理的任何事物,这些公理被用来描述所考虑结构的抽象类型。可见,抽象结构主义并不主张结构的独立存在,只是通过将结构表示为其他结构中的位置来断言结构的实体存在。为了解决这一问题,赫尔曼和夏皮罗(S. Shapiro)等人提出了三种哲学定位的数学结构主义,分别是集合论的、自成体系的和模态的结构主义,试图提供一种背景理论,也即元语言来满足抽象结构独立存在的前提条件。他们建议"将集合论、结构理论或模态逻辑作为背景理论,使我们能够将结构作为实际或可能存在的对象来讨论"①。但是这种处理方式要么会遇到必需假定一个基本的"背景本体论"或"结构具体化"的问题,要么使数学依赖于一种可能性的原始概念,最后导致无论是从本体论还是认识论上,都无法超越数学柏拉图主义。

　　根据范畴论的实际应用,我们应该认识到在哲学解释的数学结构主义中,范畴论既是基础上的也是哲学上的选择。范畴理论家可以使用自上而下的代数方法,在范畴论的语境原则下,根据结构化系统的类型分析抽象系统的共享结构。使用范畴论的语言框架能够精确地指定适合的语境,以便我们讨论或研究数学。正如数学和范畴论的历史所显示的那样,一旦抽象过程有了合适的语言,允许人们充分表达同一性条件,就会产生一种自主水平的描述,并且这种描述并不依赖基础系统或任何背景理论。范畴论的公理化提供了自主的语言以及这种语境下的同一性标准,使我们可以根据存在于抽象类结构化系统之间的态射来分析它们的共享结构。与标准的数学结构主义自下而上的描述不同,使用范畴论框架构成的结构主义以自上而下描述抽象系统为特征。这种自上而下的代数结构概念的价值,不是为数学提供"构成基础",而是为结构主义主张的数学研究结构提供"描述性基础",使得数学可以被解释成"具有"结构的系统,或者关于结构化

---

① Shapiro, S.. *Philosophy of Mathematics: Structure and Ontology*. New York: Oxford University Press, 1997.

的系统。

因此,并不是所有的结构主义方案都需要一个背景理论告知我们作为对象的结构是什么,在范畴论的语言框架下,由于自上而下的代数方法,既不要求结构作为对象而独立于任何例证它们的抽象系统而存在,也不要求公理作为真理或结论来帮助我们分析抽象类结构化系统的共享结构。如果把范畴论作为抽象类数学系统的共享结构的框架,我们可以对数学结构主义做出一种合理的解释,这涉及范畴理论家自上而下的方法以及其对范畴论语境原则的使用。更重要的是,针对标准的现实主义和唯名主义,使用这个框架得到的解释既不需要结构理论,也不要求消除对象的结构化系统类型,并且针对各种变化也不要求用集合结构、位置结构或模态来取代或重建抽象类型的结构化系统之间的共享结构。

综上所述,数学基础问题一直是数学哲学研究的重要课题,范畴论的自主发展不仅给数学结构主义的解释注入了新的活力,为数学哲学的发展开辟了新的方向,而且使数学基础研究的内容不断丰富和拓展。作为抽象地处理数学结构以及结构之间联系的一般数学理论,范畴论打破了数学各学科之间传统的界限,重新建构数学对象的范畴结构模型,为解决数学基础争论提供了新的研究视角和恰当的基础解释路径。范畴论以其语言的强大描述力、方法的广泛适用性和结构的简明构成性等独特的理论优势逐渐显现出替代集合论成为现代数学全新的统一基础的合理性和可行性。不可否认,学界对范畴论数学基础仍存在不少质疑和挑战,相信随着契合数学实践的深入探索,以及范畴基础作用在更多学科领域的广泛应用,范畴论必定能够推进数学哲学突破性发展,为数学基础问题的研究提供更好的解决范式。

第四章 逻辑和数学的范畴基础

我们在这一章从历史和逻辑的角度出发讨论逻辑和数学的范畴基础。首先简要回顾数学公理化系统的范畴性概念以及几个相关的完备性概念,并概述这些完备性概念在公理化发展中的相互关系和历史渊源;其次根据形式逻辑的系统发展的一些基本事实,讨论各种逻辑和元数学的研究成果;最后考虑适合完备性概念的高阶公理化的逻辑框架,给出有效地扩展通常的集合论语义的一些建议,从而为理解高阶逻辑的相关优势和局限提供新的视角。

第一节 完备性和范畴性

20世纪,数学和逻辑学的指导任务之一是将数学概念乃至整个数学领域公理化,这契合了现代数学日益系统化和抽象化发展的趋势。因此,关于数学公理系统完备性的各种可能的概念引起了人们的极大兴趣,我们需要对这些完备性概念进行历史的回顾。这对于被理解为逻辑演算性质的完备性来说是正确的,而且对于一般数学公理化描述的完备性的另一种截然不同的概念,包括范畴性的概念,也同样适用。

笔者将首先阐述公理系统的范畴性概念和几个相关的完备性概念是如何首次概念化的。这与 19 世纪末和 20 世纪初数学公理化方法的发展有关,并且在包括戴德金、皮亚诺、希尔伯特、亨廷顿和维布伦等人的研究中都有所体现。在随后的形式逻辑的系统发展中,出现了各种逻辑和元数学的研究,哥德尔、塔斯基和其他人在 20 世纪 30 年代的著名成果就是这方面的例证。对这些早期元理论研究有贡献的另外两位思想家是弗兰克尔和卡尔纳普,他们的一些贡献甚至早于哥德尔和塔斯基。此外,在 20 世纪 20 年代弗兰克尔和卡尔纳普的著作中,也可以找到对于不同完备性概念最明确、最系统的讨论。

一、完备性和范畴性概念

出于历史和逻辑的目的,首先明确区分几个不同的完备性概念是很有用的。在这方面,假设给定一种形式语言 L,包括 L 语句中允许的逻辑结构的规范,例如命题运算、量化、高级类型等。同时假定,一方面形式演绎和演绎后承的概念,另一方面解释、满足、模型和语义后承的概念,已经以通常的方式引入。这允许我们运用数学上精确的方法来思考,一个语句 φ 是否可以从语句集 Γ 中推导出来,写作:$\Gamma \vdash \varphi$,也表示为 Γ 产生 φ;某个结构 M 是否满足语句 φ,写作:$M \vDash \varphi$;在满足 Γ 中所有语句的意义上,M 是否是 Γ 的模型;最后,Γ 是否在语义上蕴含 φ,写作:$\Gamma \vDash \varphi$,意味着 Γ 的所有模型 M 都满足 φ。

给定语言 L 这样的语法和语义,我们可以给出以下定义:

4.1.1 **定义** 对于 L 的所有语句 φ 和所有语句集 Γ,如果 $\Gamma \vDash \varphi$,则 $\Gamma \vdash \varphi$,演绎后承关系 $\vdash$ 相对于语义后承关系 $\vDash$ 被称为完备的。

非正式地说,如果一个演绎系统对于相应的语义是"足够强的",即在这个意义上,它产生的所有的语义后承也作为演绎后承,那么这个演绎系统就是完备的。众所周知,相对于传统的真值和集合论的语义,命题逻辑和一阶逻辑的标准演绎后承关系在这个意义上是完备的。在通常意义上,对于二阶或高阶逻辑来说,没有一个演绎后承关系相对于"标准集合论语义"①是完备的。

数学理论 T 的几个完备性概念截然不同,但同样重要。现在的逻辑学家习惯于从三个相关的意义上谈论一种"理论":一是根据某种语言 L 的原始概念表述的可能有限的或可递归枚举的公理集,即"公理化理论"的传统数学概念;二是在 L 语言中,或者演绎或者语义后承下给定语句集的闭包,即现在标准的"理论"的逻辑概念;三是在某种特定结构 M 中满足的 L 的所有语句集,即"M 的理论"。在下面的例子中,有争议的是由有限的公理给出的第一种意义上的理论。但以下定义适用于三种理论:

4.1.2 **定义**　如果对于一个理论 T 的所有模型 M、N,在 M 和 N 之间存在同构,那么相对于给定的语义,T 被称为范畴的。

非正式地说,这里的思想是 T"本质上只有一个模型"。熟悉的例子是具有通常的二阶归纳公理的二阶皮亚诺算术,以及全序域的二阶理论。相反,它们通常的一阶版本不是范畴的。

接下来的两个定义中体现了理论 T 的两个较为熟悉的完备性概念。其中,我们将以不完全标准的方式使用术语"语义完备"和"演绎完备",之后也使用"相对完备"和"逻辑完备"。

4.1.3 **定义**　如果以下任何一个等价条件成立,那么一个理论 T 相对于给定的语义被称为语义完备的:

(1)对于所有的语句 φ 和 T 的所有模型 M、N,如果 $M \vDash \varphi$,那么 $N \vDash \varphi$。

(2)对于所有的语句 φ,或者 $T \vDash \varphi$,或者 $T \vDash \neg \varphi$。

(3)对于所有的语句 φ,或者 $T \vDash \varphi$,或者 $T \cup \{\varphi\}$ 不是满足的。

(4)没有一个语句 φ 使得 $T \cup \{\varphi\}$ 和 $T \cup \{\neg \varphi\}$ 都是满足的。

非正式地说,定义(1)中的思想是,该理论的所有模型都是"逻辑等价的",即在一阶的基本等价情况下,所有模型都满足完全相同的语句。定义(2)中的思想是,语言的每个语句都是由 T"语义决定的",所以无论是它还是它的否定都是

---

① "标准集合论语义"的意思是排除 Henkin 模型。

T 的语义后承,即满足排中律。二阶皮亚诺算术和完备有序域的二阶理论在语义上都是完备的,而它们通常的一阶版本则不是。塔斯基的实数算术理论,即实封闭域的一阶理论在语义上是完备的,但与前面的例子不同,它不是范畴的。

现在,转到演绎或语法方面的定义:

4.1.4 定义 如果以下任何一个等价条件成立,那么一个理论 τ 相对于给定的演绎后承关系⊢被称为演绎完备的:

(1)对于所有的语句 φ,或者 $T \vdash \varphi$,或者 $T \vdash \neg \varphi$。

(2)对于所有的语句 φ,或者 $T \vdash \varphi$,或者 $T \cup \{\varphi\}$ 是不一致的。

(3)没有一个语句 φ 使得 $T \cup \{\varphi\}$ 和 $T \cup \{\neg \varphi\}$ 都是一致的。

注意,所谓"一致的"和"不一致的",总是意味着演绎一致性和演绎不一致性。如前所述,我们使用"可满足的"代替"语义一致的"。

非正式地说,该定义中的思想是 L 的每个语句都是由 T"演绎决定的",在这个意义上,每个语句或它的否定都是 T 的演绎后承,即满足排中律。一阶和二阶皮亚诺算术都不是演绎完备的,对于完备有序域的一阶和二阶理论也是如此。另外,塔斯基的实数算术理论提供了一个不仅在语义上,而且在演绎上完备的例子。

显然,4.1.4 定义(1)—(3)是 4.1.3 定义(2)—(4)的演绎的类似。不难看出,在任何逻辑系统的背景下,4.1.4 定义和 4.1.3 定义是等价的,其中的演绎后承关系在 4.1.1 定义的意义上是可靠的和完备的,例如在一阶逻辑的情况下。另外,正如上面的二阶例子所说明的那样,这在一般情况下是不正确的。此外,注意 4.1.2、4.1.3 和 4.1.4 定义中引入的概念在某种程度上是相对的,也就是说,范畴性和语义完备性与相应的语义相关,演绎完备性与相应的演绎系统相关。

从历史的角度考虑,在 T 理论中增加两个不太为人熟知的完备性概念也是很有用的:

4.1.5 定义 设 S 是 L 语言中的语句集,且 T 是 L 语言中的一个理论。如果每个语句 $\varphi \in S$ 都能从 T 中证明,那么称 T 相对于 S 是相对完备的。

依赖非形式的数学证明概念或与某种形式演绎系统相关的可证明性,我们可以考虑这一概念的非形式和形式化版本。我们之后将通过几个历史上的例子来说明这一概念。可以预见,其中 S 将是特定时间点上某个领域的定理,例如 1900 年左右的欧几里德几何定理,而 T 将是新的公理集,如希尔伯特公理。正如西格(W. Sieg)指出了相对完备性的历史重要性,特别是在与希尔伯特有关的方面,他称之为"准经验的完备性"。

最后,如果在先前的定义中设 $S = \{\varphi : T \vDash \varphi\}$,我们有下面的定义:

4.1.6 **定义**   对于所有的语句 φ,如果 $T \vDash \varphi$,那么 φ 可由 T 证明,则称一个理论 T 相对于给定的语义是逻辑完备的。

显然,我们可以再次考虑这个概念的非形式和形式版本,这取决于是用非形式的数学证明还是用形式演绎系统的证明。注意,如果使用后者,我们将回到 4.1.1定义意义上演绎后承关系的完备性的情况,即参数 Γ 被特定的理论 T 所替代。举例来说,尽管高阶演绎在 4.1.1 定义的意义上并不是完备的,但不难在高阶逻辑中找到在 4.1.6 定义的意义上逻辑完备的特定理论,例如,某个特定的有限基数集合的概念。

以上这些在历史上产生的完备性概念,与 19 世纪末和 20 世纪初数学公理化方法的发展有关。

二、形式公理化的发展

公理化方法在数学中的应用至少可以追溯到欧几里德的《几何原本》,也就是公元前 300 年左右。传统意义上,公理化是一种组织现有科学的概念和命题的方法,目的是增加命题的确定性和概念的清晰度。然而,我们感兴趣的是它的一种独特的现代改进,即现在通常称之为形式公理系统,也就是早先的公设理论。

"形式公理化"这一名称及其有影响力的认定可以追溯到 1934 年希尔伯特和伯奈斯所著的《数学基础》。在形式公理系统中,其目的主要不在于增加确定性,也不只是以系统的方式阐明和组织一个数学学科的概念和定理。相反,更进一步的目标是更抽象地处理数学研究的对象,然后对其进行完全地刻画,以"隐式地定义它们",就像这通常有些误导性那样。

当然,公理化方法已经非常成功地应用于不需要公理的"完备性"的情况,甚至不需要公理的情况,例如在群或拓扑空间的情况下。在这种情况下,这不是描述一个特定数学结构的问题,而是研究各种不同的、非同构的、所有满足某些一般限制的系统的问题。因此,一般来说,完备性概念出现在具有特定目标进行公理化的背景中。那么,称一个公理化是完备的,就等于说公理化已经实现了它们的目标,特别是不需要进一步添加"新公理"。

在其成熟的数学形式中,形式公理化涉及使用一种形式语言,这种语言被认为是未解释的,可以对其各种不同的解释进行研究和比较。理想情况下,至少在原则上,形式公理化还要求明确语言的语句之间的逻辑推理是允许的。这通常是通过指定一个只涉及形式语言,而不涉及其各种解释的形式演绎系统来实现的。

接下来,我们将讨论五个形式公理化的历史例子,它们代表了形式公理化发展中最相关的步骤。很明显,这些例子彼此之间也有着密切的联系。

（一）关于戴德金和皮亚诺的自然数

上面所描述意义上的形式公理化的重要先驱,在某种程度上也是第一个例子,就是戴德金在 1888 年的著名的小册子《数是什么,以及数应该是什么?》①中对自然数和初等算术的处理。戴德金处理自然数的方法显示出了现代纯粹数学的一种突出特征:抽象和公理化。在这篇经典文章中,戴德金的目标是把自然数理论建立在一个全新的、统一的、逻辑的基础上。这一目标在他 1890 年写给数学家克费施泰因(H. Keferstein)的一封著名的信中有所解释,他提出:"序列 N 的相互独立的基本性质是什么? 也就是说,这些性质不能彼此推导,但所有其他性质都是可以推导出来的吗? 我们又该如何剥离这些特定算术性质的属性,使它

①　Dedekind,R. *Was sind und was sollen die Zahlen?*. Reprinted in Gesammelte Mathematische Werke, Volume 3,R. Fricke et al. (Eds.),Braunschweig:Vieweg,1932,(1888):335–91.

们被纳入更一般的概念和理解活动之下,而没有这些概念和活动,思维便根本不可能进行,但有了这些概念和活动,又如何为证明的可靠性和完备性,以及一致的概念和定义的建构提供基础呢?"①

注意,这里戴德金强调"证明的完备性"。这段话反映了他的目标,即在他的证明中避免任何隐含的、隐藏的假设,从而明确所有与涉及的数学概念相关或不相关的内容。他在这里还引用了《数论随笔》②中前言的开头一行"数是什么,以及数应该是什么?"戴德金断言,在科学中,没有证明就不应该接受任何能够证明的东西。

戴德金想要用来为算术奠定基础的"更一般的概念"是函数和集合的非形式理论,后者称之为"系统"。在此基础上,他进一步介绍了这些系统可能满足的各种一般条件或概念。这一中心概念是"简单无限系统"。在目前的术语中,它的定义如下所示:

4.1.7 **定义**   如果存在集合 S 上的函数 f 和元素 $a \in S$,且满足以下条件,则 S 被称为是简单无穷的:

(1) $f(S) \subseteq S$,即,f 将 S 映射到自身。

(2) $a \notin f(S)$,即,a 不在 f 下 S 的像中。

(3) $f(x) = f(y)$ 蕴含 $x = y$,即,f 是一个一对一函数(戴德金术语:f 是相似的)。

(4) S 是包含 a 且在 f 下封闭的最小集合,即,它是所有此类集合的交集(戴德金术语:S 是 f 下具有基点 a 的链)。

在算术的公理化方面,皮亚诺在某种程度上可以看作是戴德金的继承者。对于戴德金定义中的自然数,我们不难识别现在所说的"皮亚诺公理"或"皮亚诺—戴德金公理"。当代的逻辑公式与 1889 年皮亚诺所著的《用新方法阐述的

①   Dedekind, R.. *Letter to Keferstein*. Published in From Frege to Gödel, J. van Heijenoort(Ed.), Cambridge, Mass.: Harvard UniversityPress, 1969, (1890):98 - 103.

②   Dedekind, R.. *Essays on the Theory of Numbers*. New York: Dover. W. W. Behman, trans. (1963).

算术原理》①中的原始公式没有太大区别,如下所示:

取 N 为一个集合,s 为定义在 N 上的函数,且 $1 \in N$,

1. $\forall x(x \in N \rightarrow s(x) \in N)$

2. $\forall x(x \in N \rightarrow 1 \neq s(x))$

3. $\forall x \forall y(s(x) = s(y) \rightarrow x = y)$

4. $\forall X[(1 \in X \wedge \forall y(y \in X \rightarrow s(y) \in X)) \rightarrow N \subseteq X]$

注意,这个公式化使用二阶逻辑,因为归纳公理 4 在所有集合上使用了量词 $\forall X$。这与戴德金的非形式版本相对应,该版本隐含地涉及集合上的量化,但至关重要的是在第 4 条中。

与皮亚诺不同,戴德金在他的论文中没有谈论"公理"。相反,他只是按照 4.1.7 定义的"简单无限系统"的概念工作。然后,作为"抽象"过程的结果,他引入了一个特定的简单无限系统 N,其"基本元素"为 1,并由 0"排列",他称之为"自然数"。之后,他又证明了一些相应的结果,包括以下两个定理:

定理 132:所有简单无限系统都与数列 N 是相似的(即,同构),因此[……]也彼此相似。

定理 133:每一个系统与简单无限系统是相似的,因此[……]到数列 N 是简单无限的。

戴德金还没有使用一个完备普遍的同构概念,也没有使用"范畴"这个术语。然而,这两个定理以及它们的证明表明,他基本上知道这样的刻画是范畴的。因为戴德金也提出,显然关于数字的每个定理,即对于按照映射 ϕ 排列的简单无限系统 N 的元素 n,且实际上我们完全不考虑元素 n 的特殊性质,而只讨论由 ϕ 的排列产生的概念的每个定理,对于由映射 ψ 及其元素 s 排列的每个其他简单无限系统 S 都具有完全一般的有效性。

这一观点的以下相关方面对我们的目的至关重要:首先,戴德金基本上是在

① Peano,G. . *The principles of arithmetic,presented by a new method. In H. Kennedy(Ed.)*,Selected Works of Guiseppe Peano,pp. 101 –34. Toronto:University of Toronto Press. H. Kennedy,trans,(1973).

上述 4.1.3 定义(1)的意义上,实现了他的公理化的语义完备性。严格地说,语义完备性包括语义后承的概念,这一概念直到 20 世纪三四十年代,甚至可能直到 20 世纪 50 年代塔斯基的研究,才得到一个明确的、数学上精确的表述。而戴德金显然直接从范畴性中推断出这种完备性。同时,他仅仅以"注释",而不是"定理"的形式来呈现这些见解,并且也没有提供证明。事实上,给出这样的证明需要一种比他掌握的更为成熟发达的逻辑语法理论。严格地说,戴德金甚至没有使用规范的、未解释的语言的概念及其相应的解释。相反,他谈及 N 语言和其他简单无穷 Ω 语言之间的"转换",将各种不同的系统归入"简单无限系统"的概念之下。

在基本上确立了范畴性和语义完备性之后,戴德金继续确立并提供了以下内容:在算术中给出归纳定义和证明的一般可能性;加法、乘法和取幂的特定归纳定义;相应交换律、结合律和分配律的证明;以及如何应用他定义的自然数来测量有限集的基数的说明。由此,他隐含地建立了他的公理在 4.1.5 定义的意义上的相对完备性,这里是关于自然数算术中通常的基本结果。

最后,《数是什么,以及数应该是什么?》的整体结构表明,戴德金将其刻画的范畴性、派生的语义完备性和相对完备性视为其系统方法的充分条件。正是在这些方面,或者在某种程度上,他对自然数的研究才应该被视为形式公理化的一个早期范例。然而,在其他方面,他的方法可能被视为更"概念性的"而不是"形式性的",特别是就他仍然缺乏严格意义上的形式语言的概念而言。虽然弗雷格在 1879 年出版的《概念文字:一种模仿算术语言构造的纯思维的形式语言》可以提供一些必要的概念和技术工具。当然,戴德金离一个形式演绎系统还有很长的路要走,这个系统允许我们在 4.1.4 定义的意义上考虑演绎的完备性。

(二)希尔伯特对欧几里得空间的研究

形式公理化最具影响力的早期例子可能是希尔伯特于 1899 年首次出版的《几何基础》。事实上,正是这篇文章在整个数学界确立了这种方法的有效性。这本书的开头指出:"几何和算术一样,其逻辑发展只需要一些简单的原理。这些原理被称为几何原理。"①

　　当然,正如希尔伯特立即承认的那样,从欧几里得时代起,几何学就已经公理化了。希尔伯特方法的独特之处在于,它比早期的方法更加抽象和"形式"。这并不意味着希尔伯特对它没有任何预期的解释或模型,他特别指出,对公理的选择是由"我们对空间感知的逻辑分析"来指导的。相反,这意味着他使用的一种核心的新方法是考虑广泛的不同解释,不仅是对他的公理系统作为一个整体,而且主要针对其各个部分建立独立性结果。也就是说,希尔伯特实际上把几何语言当作一种形式语言,因为就像塔斯基那样,希尔伯特仍然没有一个明确的、数学上精确的解释概念。按照这些思路,《几何基础》的第一章从以下对其主题的抽象描述开始:

　　　　定义:考虑三个不同的对象集。设第一个集合的对象称为点,记为 A,$B,C,\cdots\cdots$;设第二个集合的对象称为线,记为 $a,b,c,\cdots\cdots$;设第三个集合的对象称为面,并记为 $\alpha,\beta,\gamma,\cdots\cdots$。点、线、面被认为有一定的相互关系,用"位于""之间""一致"等词来表示。这些关系的精确和数学上的完备的描述来自于几何公理。

　　我们仍然可以将这一定义理解为引入的一种解释语言,从而允许各种"重新解释",除了为希尔伯特更为"形式"的方法奠定基础之外,我们对上面引用的这段话最感兴趣的是他的短语"完备的描述"。事实上,这句话与希尔伯特在其著作的导论中所写的内容相呼应,他在导论中陈述了自己的目标,指明目前的研究是一种新的尝试,旨在为几何建立一套完备的、尽可能简单的公理,并从这些公理中推导出最重要的几何定理,从而揭示各种公理组的意义,以及从各个公理中得出的结论的意义。

　　在整个《几何基础》中,希尔伯特并没有过多地阐述他所说的"完备性"是什么意思。然而,从上面可以清楚地看出,他把我们所称的非形式意义上的相对完

　　① Hilbert,D.. *Foundations of Geometry*(*second English ed.*). LaSalle:Open Court. Based on the tenth German edition,(1971).

备性作为他的主要目标之一,即关于他那个时代的数学家公认的"最重要的几何定理"。

为了进一步确定希尔伯特在《几何基础》中的"完备性"是什么意思,我们需要更仔细地研究他的公理及其在工作中的作用。这些公理分为五组:(Ⅰ)关联公理;(Ⅱ)顺序公理;(Ⅲ)全等公理;(Ⅳ)平行公理;(Ⅴ)连续公理。就目前的目的而言,以下两个关键问题构成第(Ⅴ)组公理:

V.1(阿基米德公理) 如果 AB 和 CD 是任意线段,那么存在一个数 n,使得从 A 开始沿着从 A 到 B 的射线连续构造的 n 个线段 CD 将经过点 B。

V.2(直线完备公理) 不可能以保持原始元素之间的关系以及从公理 I-III 和 V.1 得到的直线顺序和全等关系的基本性质这种方式,扩展具有顺序关系和全等关系的直线上的点系统。

后来希尔伯特对这两个公理各自的作用以及它们彼此的关系补充了一些解释:直线完备公理不是阿基米德公理的结果。事实上,为了借助公理 Ⅰ—Ⅳ 证明这种几何与普通解析笛卡尔几何相同,阿基米德公理本身是不充分的。另一方面,通过引用直线完备公理,可以证明对应于戴德金分割的一个极限的存在,以及关于凝聚点存在的波尔查诺 – 魏尔斯特拉斯(Bolzano-Weierstrass)定理;因此可证这个几何结构与笛卡尔几何结构相同。而且,通过上述处理,连续性要求被分解为两个本质上不同的部分,即阿基米德公理,其作用是准备连续性要求,以及直线完备公理,这构成整个公理系统的基石。随后的研究基本上只基于阿基米德公理,而一般不假设完备性公理。此外,如果在一个几何中,只假设阿基米德公理的有效性,那么就有可能通过"无理数"元素来扩展点、直线和平面的集合,从而在得到的几何中,每条直线上的一个点无一例外地对应满足其方程的每三个实数的集合。通过适当的解释,可以同时推断出所有公理 Ⅰ—Ⅴ 在扩展几何中都是有效的。因此,通过无理数元素的附加得到的这种扩展几何正是普通空间笛卡尔几何,直线完备公理 V.2 也在其中成立。

这些阐释中有几个方面值得说明:首先,注意希尔伯特再次明确指出,他的公理允许不同的解释或模型。因此,一个仅仅基于有理数集合和某些代数数的笛卡尔几何空间满足除直线完备公理之外的所有欧几里德几何公理。正如希尔伯特所指出的,只要考虑由数字 1 产生的代数数域和五种运算:加法、减法、乘法、除法以及形式为 $\sqrt{1+a^2}$ 的根的画法的迭代应用即可。其次,该公理增加的是确保任何满足所有公理的对象系统本质上与希尔伯特所说的相同,"正是"基于实数集的普通的笛卡尔空间。对他来说,这一事实的意义大概是"构成了整个公理体系的基石"。事实上,在其他公理的背景下,这最后一个公理所做的,是使希尔伯特的整个公理系统成为范畴的。

同时,简单而明确地断言希尔伯特对其公理的理解是范畴的,这未免太过强有力了。注意,像戴德金一样,希尔伯特还没有在《几何基础》中使用一个明确的、普遍的同构概念。此外,他并没有即使是隐含地提出一个定理来确立他的公理是范畴的,只是把这保留在没有证明的简短的评论中,也没有注意到他的公理的语义完备性是一个结果。在后两个方面,他的论述实际上落后于戴德金。最后,虽然相对完备性和对范畴性的部分见解在希尔伯特的工作中发挥了一定作用,但他所说的公理体系预期的"完备性"究竟是指其中之一还是另一种,这一点完全不清楚。

事实上,如果我们稍微超越《几何基础》,就会发现希尔伯特在这一时期的著作中"完备性"的含义可能是另外一回事儿。他在 1900 年发表的文章《论数的概念》中,显然是在《几何基础》之后不久写的,再次评论了几何的情况:"在几何学中,首先假设所有元素都存在,然后通过某些公理将这些元素彼此联系起来。因此,必须证明这些公理的一致性和完备性,即必须证明这些给定公理的应用永远不会导致矛盾,而且这个公理系统足以证明所有的几何命题。"[1]这段话的最后一句,几何公理应该允许证明"所有几何命题",而不仅仅是希尔伯特在《几何基础》中所写的"最重要的几何定理"。这就展示了一种可能性,即希尔伯特在《论数的概念》和《几何基础》中真正意义上的"完备性",就是我们所称的逻辑完备

① Hilbert, D.. *Über den Zahlbegriff*. Jahresbericht der Deutschen Mathematiker-Vereinigung 8, (1900): 180 – 84.

性:根据他的公理,对于所有几何真理的非形式可证明性。

然而,总的来说,希尔伯特在撰写《几何基础》和《论数的概念》时对"完备性"的概念并不完全清楚。其中一些段落可能指向范畴性(4.1.2 定义),另一些指向相对完备性(4.1.5 定义),还有一些指向逻辑完备性(4.1.6 定义)。事实上,希尔伯特在"直线完备公理"中使用的"完备性"一词,以及后面在文本中删除"直线完备性"中的限定词"直线"的做法,进一步加深了这种不清晰。

关于希尔伯特对"完备性"的这一附加使用,应作两个进一步的澄清,一个是历史性的,一个是概念性的。首先,直线完备公理实际上并没有出现在 1899 年的德国原版《几何基础》中。它第一次出现在 1900 年的法语译本中,之后也出现在 1902 年的英语译本中,然后是德语第二版和之后的所有版本。此外,这个公理的最初版本不是上面引用的那个,而是以下这样的变体:

完备性公理 不可能在一个由点、直线和平面组成的系统中添加新元素,从而使这样一般化的系统形成一个符合所有五组公理的新几何。换句话说,只要我们认为这五组公理是有效的,那么几何的元素就构成了一个无法扩展的系统。①

也就是说,完备性公理最初被表述为整个空间的极大性条件。直到后来,希尔伯特才将其重新表述为空间中直线的极大性条件。在《几何基础》的后期版本中,整个空间的完备性公理的初始版本变成了一个定理,也就是说,它被证明是基于仅适用于直线的完备性公理,希尔伯特把这一结果归功于伯奈斯。

澄清的概念要点是这样的:希尔伯特的完备性公理断言整个空间或空间中的每条直线不能在保持所有其他公理的同时,通过添加附加的点来进一步扩展。为了防止常见的误解,这里有必要非常精确和明确。也就是说,公理没有说明任何关于公理系统的语义、演绎或逻辑完备性,也没有提到任何范畴性,例如,明确要求公理系统是范畴性的。当然,直线完备公理与其他公理一起,产生了整个公理系统的范畴性,而这种范畴性反过来又影响了这个公理系统的语义完备性。

① Hilbert, D.. *Foundations of Geometry*(*first English ed.*). LaSalle:Open Court. L. Unger, trans, (1902).

然而,直线完备公理本身提到的是几何空间中的点,而不是相应语言中的公式。换句话说,它断言的是几何空间的"完备性",更好的说法是极大性,而不是公理系统的完备性。如果我们用形式逻辑术语重新表述希尔伯特公理,这方面就会很明显。然后,直线完备公理表明,它本身涉及公理模型上的量化,而不是对语句上的量化。此外,关于希尔伯特的直线完备性公理在更普遍的数学中的发展,埃利希(P. Ehrlich)在 1995 和 1997 年做了进一步有趣的讨论。

最后,关于《几何基础》的三个相关的观察结果:第一,就像自然数的皮亚诺公理一样,希尔伯特的几何公理可以在高阶逻辑中自然而直接地表述出来。实际上,除了本质上是高阶的直线完备性之外,公理只需要一阶逻辑。但希尔伯特本人,就像他之前的戴德金一样,只研究函数和集合的非形式背景理论。第二,在这个时候,希尔伯特和戴德金一样,还没有足够精确的形式演绎概念,无法将演绎完备性的概念概念化,而不是范畴性,相对完备性或逻辑完备性。第三,正如我们已经看到的,希尔伯特在范畴性和语义完备性之间的关系以及相关的语义后承概念上不如迪德金那么明确。由于希尔伯特主要关注与几何公理相关的独立性问题,并通过考虑公理的各个子集的模型来回答这些问题,语义后承的概念在他的早期研究中是隐含的。总的来说,他似乎还没有意识到非形式数学可证明性的概念可能会在句法或语义后承方面得到富有成效的分析,或者两者之间可能存在显著的差异。当然,这在他后来的工作中发生了巨大的变化。

(三)戴德金和希尔伯特关于实数的研究

除了自然数和几何空间之外,19 世纪和 20 世纪初数学中最迫切需要公理化处理的是实数理论,以及微积分。三位数学家在这方面作出了突出贡献:戴德金、希尔伯特和美国公设理论家亨廷顿。我们先简要地讨论戴德金和希尔伯特的贡献,之后再讨论亨廷顿的贡献。

当前,通常把实数理论建立在完备有序域的公理基础上。这些公理的第一个明确版本可以在 1900 年希尔伯特的《论数的概念》中找到。然而,考虑其中的关键部分:对直线完备性或连续性公理的精确表述,至少可以追溯到 1872 年戴德金出版的《连续性与无理数》。

希尔伯特在《论数的概念》中所做的不仅是建立他自己版本的公理,而且用有序域的显式公理来补充它。希尔伯特的公理被分为四组,类似于他对几何的处理:(Ⅰ)合成公理,确保所有数字的和、积、逆等的存在;(Ⅱ)计算公理,交换性、结合性等;(Ⅲ)排序公理,以通常的方式将加法和乘法与排序联系起来;(Ⅳ)连续公理。

在研究希尔伯特群(Ⅳ)中的两个公理之前,让我们首先重新思考一下戴德金对直线完备性的描述,以及它的一些标准变体。戴德金在《连续性与无理数》中的主要贡献是考虑了数字集 R 的以下条件:

戴德金连续性:对于 R 的所有分割 (A,B),存在 R 中元素 c,使得对于所有的 $a \in A$ 和所有的 $b \in B$, $a \leqslant c \leqslant b$。

给定有序域的公理,这个条件等价于以下条件:

最小上界性质:对于所有的子集 $S \subseteq R$,如果 S 有上界,则 S 在 R 中存在最小上界。

另外几个变体在历史上也发挥了重要作用:

波尔查诺连续性: R 的每个有界无限子集在 R 中都有一个凝点。

维尔斯特拉斯连续性: R 中每个有界、无限和递增的元素序列在 R 中都有一个最小上界。

柯西连续性: R 中每个无限的 Cauchy 元素序列都收敛于 R 中的一个元素。

康托尔连续性: R 中每个无限嵌套区间序列都有一个非空交集。

这些条件中的每一个都以一种略有不同但等效的形式反映了实直线是"直线完备"或"连续"的含义。其中任何一个的逻辑表述都需要二阶逻辑。

希尔伯特清楚地意识到其中的几种选择,但他没有选择其中任何一种实现对实数的公理化。相反,他使用了与《几何基础》相同的程序,将阿基米德公理作为公理Ⅳ.1,并补充以下内容:

Ⅳ.2(完备性公理):不可能在数字系统中加入另一种系统,使得公理Ⅰ、Ⅱ、Ⅲ和Ⅳ.1 在这个组合系统中也都得到满足。简而言之,这些数字构成了一种系统,这个系统在继续满足所有公理的同时不能被扩展。①

这种情况可以缩写为:

希尔伯特连续性:不存在有序阿基米德域,其中 R 是适当有序子域。

首先,希尔伯特意识到,增加这两个公理就排除了所有的非预期模型。也就是说,正如我们看到的那样,公理Ⅳ.1 和Ⅳ.2 暗示波尔查诺关于凝点存在的定理。因此,我们认识到满足所有公理的任何数字系统本质上与通常的实数系统都是一致的。

再次,人们很容易将对其实数公理范畴性的清晰理解归因于希尔伯特。然而,正如几何的情况一样,应该在这方面更加犹豫和谨慎。特别是,希尔伯特并没有提出、更没有证明相应的定理,他只是在相关的评论中暗示了这个问题。更基本的问题是,他仍然没有一个精确的、一般的同构概念。同样,他也没有从上面推断出他的公理的语义完备性。

最后,在这种情况下,希尔伯特对于他所说的"完备性"的含义仍然没有什么详尽说明,除了在《论数的概念》的结尾处有简短但富有启发性的评论:"在上述概念下,对所有实数的整体存在性所提出的怀疑失去了一切正当理由;因为通过实数的集合,我们不必设想,例如,基本序列的元素所依据的一切可能的定律的总和,而只需设想刚才所描述的系统,这种系统的相互关系由有限的封闭公理系统 Ⅰ—Ⅳ 给出,而且只有当能够通过有限数量的逻辑推理从公理中得出新的命题时,这些命题才是有效的。"注意,尽管希尔伯特仍然没有可用的逻辑演绎系统,将给"有限数量的逻辑推理"这个概念带来真正的影响,但是这可以用来指出形式演绎和演绎后承关系的方向。事实上,他所说的"有限数量的逻辑推理",似乎更有可能只是指一个普通的、非形式的数学证明。

(四)亨廷顿关于正实数的研究

亨廷顿在 20 世纪之交后不久的一系列论文中采取了澄清完备性概念的下

---

① Hilbert, D. . On the concept of number. In W. Ewald(Ed.) , *FromKant to Hilbert*, Volume 2 , pp. 1089 – 1095. New York : Oxford University Press. W. Ewald , trans , (1996) .

一步,特别是在将范畴性概念理解为一种完备性的方面。其中发表最早的、相关性最强的是他于 1902 年发表的《绝对连续量理论的完备公设集》①。

在这篇文章中,亨廷顿并没有试图给出公理或"公设",因为他更倾向将它们称为所有实数的系统,而只是针对正实数,他称之为"绝对连续量"。除了对正实数的代数和排序性质的相对标准要求外,这还涉及一个"连续性公理"。下面是亨廷顿版本的一个假设:

假设:如果 S 是元素 a_k 的任意无限序列,使得 $a_k < a_{k+1}$,$a_k < c$($k = 1, 2,$ $3, \cdots$),其中 c 是某个不变元,则有且只有一个元素 A 具有以下两个性质:

1. 当 a_k 属于 S 时,$a_k \leqslant A$;

2. 如果 y 和 A' 满足 $y + A' = A$,则 S 中至少存在一个元素,假定是 a_r,且 $A' < a_r$。

亨廷顿认为这一假设本质上与魏尔斯特拉斯(K. Weierstrass)对无理数的定义所采用的原理相同。因此,亨廷顿没有使用希尔伯特式的极大值条件,尽管他在其他方面借鉴了希尔伯特的工作。

就如亨廷顿在《绝对连续量理论的完备公设集》引言中写到的目标那样,他提出了一个完全的假设或原始命题集,从中可以推导出绝对连续量的数学理论。其目的就是证明以下六个假设构成一个完全集,也就是:(Ⅰ)一致的;(Ⅱ)充分的;(Ⅲ)独立的,或不可约的。通过这三个条件,我们意味着:(Ⅰ)至少存在一个组合,其中所选择的组合规则满足所有六个条件;(Ⅱ)基本上只可能有一种断言是可能的;(Ⅲ)六个假设中没有一个是其他五个假设的结果。命题 1—6 构成了演绎数学理论的全部逻辑基础。亨廷顿提出的公理系统的三个充分性条件中的第二个,他称之为"充分性",显然是与当前讨论最相关的一个。

像戴德金在自然数的情况下一样,亨廷顿在他论文的其余部分中致力于研究"充分性"条件的几个引理和定理。其中最重要的是:

---

① Huntington, E. V.. *A complete set of postulates for the theory of absolute continuous magnitude. Transactions of the American Mathematical Society* 3, (1902):264–79.

定理:满足假设1—6的任意两个集合M和M'是等价的;即,它们可以一一对应,只要M中的a和b分别对应M'中的a'和b',$a+b$就对应$a'+b'$。

也就是说,亨廷顿所提供的是:对同构概念的规范表述;在此基础上明确的范畴性,也即"充分性"定义;还有一个单独的定理,证明了他的假设体系是范畴的。

与此同时,亨廷顿在上文引言中所说的"完备性"究竟是什么意思,仍然有些不清楚。这在很大限度上取决于他的隐晦短语"演绎数学理论的完备逻辑基础"的含义。毫无疑问,他把范畴性作为其论文的核心,表明这也许就是他所说的"完备"。然而,短语"演绎数学理论"指向演绎或逻辑的完备性。此外,人们还没有意识到这些概念可能与范畴性或语义完备性有显著不同。就像希尔伯特的例子一样,"可演绎性"的概念仍然过于模糊,并且与未经分析的、非形式的数学可证明性的概念联系在一起,以至于不允许进一步的进展。尽管如此,亨廷顿以明确而谨慎的方式,结合了戴德金和希尔伯特的一些见解。显然,他还首次为范畴性创造了一个特殊的名称,即"充分性"。在这些方面,形式公理在他的工作中得到了高度的巩固。正如科克伦(J. Corcoran)指出的那样,亨廷顿在1917年出版的《连续统和其他类型的序列顺序》一书中有对这些问题的特别有趣、系统的处理。

(五)维布伦对欧几里得几何和射影几何的研究

希尔伯特的公理方法,特别是应用于几何学,也被另一位所谓的美国公设理论家维布伦采用并进一步发展。维布伦的数学生涯始于他对希尔伯特的《几何基础》的详细研究。结果是,他提出了一套经过修改的公理,并于1904年首次发表在《几何公理体系》中。

目前为止我们讨论的几个概念都出现在维布伦的上述论文中。在描述目标时,维布伦提出"我们的目的之一是证明,在这12个公理中,基本上只有一类是有效的。所以,任何可以用点和顺序来表述的命题,要么与我们的公理相矛盾,要么对于验证公理的所有类都同样成立。因此,这些术语中任何可能陈述的有效性都完全由公理决定,所以任何进一步的公理都被认为是多余的。"①维布伦所描述的公理系统称为是范畴的,而一个可以添加独立公理的公理系统则被称为析取的。至于术语"范畴的"和"析取的",维布伦使用的是由杜威(J. Dewey)提出的那些术语。

维布伦认为,命题系统的范畴性质是希尔伯特在他的"完备性公理"中提到的。亨廷顿在其关于实数系统的假设的文章中表达了这一概念,并提出他的假设足以定义本质上单一的集合。也许更好的办法是保留"定义"这个词,以便用一个符号替代另一个符号,并且如果一个公理系统足以确定一类对象或元素,那么它就是范畴的。

这里有几个要点值得我们注意:第一,维布伦显然非常清楚范畴性的含义,他在这方面引用了亨廷顿的观点。与此同时,当他提出"一个命题系统的范畴性质是由希尔伯特在他的'完备性公理'中提到"时,他显然误解了希尔伯特的公理,或者至少以一种误导的方式描述了它。第二,维布伦就像他之前的戴德金一样,在没有证明的情况下,明确指出语义完备性是范畴性的直接后承。然而,他的语义完备性的主要表述"任何命题要么与我们的公理相矛盾,要么对所有验证公理的类都同样成立"并不等同于4.1.3 定义(1),正如戴德金的情况一样,而是等同于4.1.3 定义(3)。这里,我们将"与我们的公理相矛盾"解释为"不能同时满足",即涉及的语义不一致。此外,维布伦随后的评论"这些术语中任何可能陈述的有效性都完全由公理决定"与4.1.3 定义(2)一致。维布伦对公理系统的定义是"析取的",即"一个可以添加独立公理的公理系统"指向4.1.3 定义(4)。因此,我们四个版本的"语义完备性"中有三个在维布伦的评论中明确地提出,并且他认为它们显然是等价的。第三,也许是最有趣的一点,维布伦将范畴性与语义完备性联系的比以前更紧密。例如,他是如何将析取作为否定的一种补充概念引入的? 这是范畴的否定,也即4.1.3 定义(4)形式的语义完备性的否定。不

① Veblen, O.. A system of axioms for geometry. *Transactions of the American Mathematical Society* 5, (1904):343 – 384.

过,目前还不清楚这些概念之间究竟有什么关系。

1906 年,维布伦发表了另一篇关于同一主题的文章,题为《几何的基础:历史概要和一个简单的例子》。作为面向更广泛受众的综述文章,这篇论文进一步阐明了维布伦的观点。关于范畴的概念,他描述为:"如果我们面前有一个范畴的公理系统,那么用我们的基本的(未定义的)符号来表述的每一个命题,对于满足公理的对象系统来说,要么是真的,要么不是真的。在这个意义上,它要么是公理的后承,要么与公理相矛盾。"①

假设维布伦的意思是"对于满足公理的每一个对象系统,每一个命题要么为真,要么为假"。因为,正如他先前所强调的,一个范畴公理系统"本质上只有一个"模型。然后,假设我们理解语义意义上的短语"公理后承"和"矛盾",可以看到他在这里再次毫不犹豫地从范畴性转向语义完备性,后者现在以 4.1.3 定义(3)的形式表述。

维布伦在文章中讨论的通常是语义意义上的,而不是演绎意义上的"后承",这一点在他 1904 年文章中的另一个简短评论中得到了证实。在那里,他注意到,在范畴的,因而语义完备的系统的情况下,"任何新的公理都是多余的,即使它不能通过有限数量的三段论从公理推导出来"。在这一点上,维布伦在这里提出的是,一个潜在的新公理可能是旧公理的语义后承,而不是旧公理的演绎后承,即不具有"在有限数量的三段论中是可演绎的"。当然,这意味着语义后承的概念可能与演绎后承的概念不一致。这是一个全新的建议。

除了 1906 年的文章,在另一篇简短的文章中,维布伦对同一主题更直接、更明确,尽管仍然有些犹豫。在这里,他提出了问题:"如果一个命题是公理的后承,它能通过三段论的过程从公理中推导出吗?"

鉴于维布伦同他之前的戴金德、希尔伯特和亨廷顿一样,并没有使用精确的演绎后承的概念,而只是使用隐含的语义后承的概念,这个问题是相当引人注目

① Veblen, O.. The foundations of geometry: A historical sketch and a simple example. *Popular Science Monthly* 68,(1906):21 – 28.

和富有洞察力的。维布伦在这方面迈出了迄今为止所有其他作者都没有考虑到的重要一步。此外,维布伦在完成了希尔伯特和欧几里得几何的研究工作后不久,他将注意力转向了射影几何,并且和其同事杨(J. W. Young)成功地为几何构造了一个范畴的公理系统。这个公理系统最早发表在1908年他们的文章《射影几何的一组假设》①中。

第二节　逻辑和元理论

到1908年,当代数学的几个主要领域:自然数理论、实数理论、欧几里得几何和射影几何已经进行了公理化。在每种情况下,"完备性"都被表述为一个明确的目标,公理化的充分性标准。"完备"的意思,或多或少是明确地说明主要是范畴性,其次是各种等价形式的语义完备性,在某些情况下甚至是相对完备性或逻辑完备性。此外,语义的完备性被反复认为是范畴性的直接后承,虽然从未有人给出这一事实的证明,有时这两个概念被混为一谈,或被视为等同的概念。直到1904—1906年,我们才在维布伦的一些旁白中发现了第一个表示怀疑的表述,即范畴性和语义完备性可能都不需要与演绎或逻辑完备性一致,或者更一般地说,演绎后承关系可能不同于其语义对应关系。

一、《数学原理》及其衍生物

如前所述,尽管迄今为止,一些学者已经以不同程度的精确性使用了语义后承的概念,这一概念直到后来才在数学上得到精确的表述。从当代的观点来看,到目前为止所考虑的工作中缺少的主要因素是一个精确且纯粹的演绎后承的形

---

① Veblen,O,Young,J. W.. A set of assumptions for projective geometry. *American Journal of Mathematics* 30,(1908):347–380.

式概念。如果没有这样的概念，就很难系统地研究语义后承与演绎后承之间的关系，甚至很难清晰而富有成效地阐述相关问题。这种情况只是逐渐地改变。忽略弗雷格的工作，这在一定程度上是由于他对公理系统的传统的、反形式主义的观点。在这方面向前迈出的第一大步是 1910—1913 年出版的怀特海和罗素的系列专著《数学原理》。尽管《数学原理》的两位作者并没有按照戴德金、皮亚诺、希尔伯特、亨廷顿和维布伦的精神，将他们的逻辑塑造成一个形式的公理化模型，但他们确实使一些数学家和逻辑学家，尤其是希尔伯特和卡尔纳普相信这种新的、更形式的逻辑演绎方法的价值。

《数学原理》中提出的逻辑本质上是高阶谓词逻辑，以及一个有争议的关于类型和可约性、无穷和选择公理的"分支"理论。从后来的观点来看，它包含了许多由哲学驱动的复杂性，这些复杂性在数学上是不方便的和不必要的。这一点在 20 世纪 20 年代随着以下两个发现而逐渐得到承认：一是可以将命题逻辑和一阶逻辑的子系统分离出来，并对其进行研究；二是可以将逻辑的高阶部分简化为"简单"的类型理论，从而至少在数学目的上也消除了对有问题的可约性公理的需要。

以今天的观点来看，似乎没有必要对命题逻辑和一阶逻辑分别加以关注。我们已经了解到，这些子系统具有有趣的且数学上重要的性质。特别是，在上述 4.1.1 定义的意义上，命题逻辑和一阶逻辑对于标准真值和集合论语义都是完备的。对于命题逻辑，这个结论是由伯奈斯[①]在 1918 年的一篇未发表的作品独立提出的，波斯特[②]在 1921 年发表了这一结果。对于一阶逻辑，这个结果是由哥德尔[③]在 1929 年确立的。此外，正如拉姆齐（F. Ramsey）所称："一阶逻辑很早就被

---

① Bernays, P.. Beiträge zur axiomatischen Behandlung des LogikKalküls. *Habilitations schrift*. University of Göttingen, unpublished, (1918).

② Post, E.. Introduction to a general theory of elementary propositions. *American Journal of Mathematics* 43, (1921):163 – 185.

③ Gödel, K.. *Über die Vollständigkeit des Logikkalküls*. Ph. D. thesis, University of Vienna. Published in Collected Works, Volume 1, S. Feferman et al. (Eds.), Oxford: Oxford University Press, 1986, (1929):60 – 100.

证明具有各种相关的特征,如紧致性和勒文海姆—斯科伦(Löwenheim-Skolem)性质。"①

从20世纪10年代到20世纪30年代,大多数致力于公理化和数学基础研究的逻辑学家,包括希尔伯特、哥德尔、卡尔纳普和塔斯基,并没有研究一阶逻辑,而是遵循简单类型理论的思路,研究一些高阶逻辑的版本。这一理论的一个主要历史来源是拉姆齐(F. Ramsey)在1926年发表的文章《数理逻辑》,其中提出了简化《数学原理》中的逻辑给定的各种论点。当时,其他人也提出了类似的建议,包括波兰逻辑学家赫维斯特克(L. Chwistek)②。对该理论的最先的一般阐述,分别在1928年希尔伯特和阿克曼的《阿克曼理论逻辑的基本概念》和1929年卡尔纳普的《数理逻辑概论》中发表。该理论在1940年丘奇的《简单类型理论的构想》③中达到了其"典范"形式。

当然,我们现在知道,"无论是高阶逻辑还是被称为二阶逻辑的限制片段,就其标准集论语义而言,在4.1.1定义的意义上都是不完备的"④,这是由哥德尔在1930年提出的著名观点。但是,应该注意,这种不完备性是相对特定的语义选择而言的。此外,高阶逻辑由于具有更强的表达能力,在公理化方面具有一些重要的优势。特别地,它允许上述讨论的经典数学理论的有限公理化和范畴公理化。

二、弗伦克尔、卡尔纳普和早期的元理论

除了一阶逻辑和简单类型理论的出现,20世纪二三十年代,人们对元理论问题的关注有所增加,现在也包括对形式演绎的考虑,特别是与完备性和范畴性的概念有关的考虑。

这些工作大多来自或受到以哥廷根为中心的希尔伯特学派证明理论的影

---

① Ramsey, F.. Mathematical logic. *The Mathematical Gazette* 13,(1926):185 – 194.

② Chwistek, L.. The theory of constructive types. *Annales dela Societe Polonaise de Mathematique* 2 – 3,(1924—1925):9 – 48 and 92 – 141.

③ Church, A.. A formulation of the simple theory of types. *Journal of Symbolic Logic* 5,(1940):56 – 68.

④ Gödel, K.. *Uber formal unentscheidbare Sätze der Principia Mathematica und verwandter Systeme* 1. Reprinted in Collected Works, Volume 1, S. Feferman et al. (Eds.), Oxford:Oxford University Press,1986,(1931):144 – 194.

响。在这一点上,希尔伯特和他的同事们特别关注演绎问题,所以在这方面远远超出了希尔伯特的《几何基础》和《论数的概念》。因此,关于一阶逻辑在 4.1.1 定义的意义上是否完备的问题,1928 年希尔伯特和阿克曼的《阿克曼理论逻辑的基本概念》①和 1929 年希尔伯特的《数学基础问题》②中发表了有影响力的陈述,对于常见的自然数和实数公理系统是否在 4.1.3 定义和 4.1.6 定义的意义上是演绎完备还是逻辑完备的问题也是如此。这些问题的答案,以及类似的进一步结果,主要归功于维也纳的哥德尔和华沙的塔斯基及其同事们。

在这里,我们将集中讨论另外两个人物:弗伦克尔和卡尔纳普的贡献。他们的工作之所以特别有价值,有以下几个原因:第一,他们的许多元理论研究实际上早于哥德尔和塔斯基,并且在很大程度上独立于希尔伯特学派;第二,他们的调查与本节前面所述的发展有直接联系;第三,与 20 世纪三四十年代以后的大多数元理论研究不同,他们的研究不局限于一阶逻辑,从而为我们提供了一个有益的更广阔的视角;第四,在他们的著作中提出的一些问题,特别是在高阶逻辑的特定语境下,语义完备性和范畴性之间的关系,不仅是有趣的,而且仍未解决。总的来说,弗伦克尔和卡尔纳普在这方面应该得到迄今为止更多的关注和赞扬。

第一篇直接而系统地关注范畴性和几个不同的完备性概念之间关系的文本可能是弗伦克尔《集合论》中的"引言"。这本书最初出版于 1919 年,1923 年扩大到第二版,1928 年再次扩大到第三版。第一版对这个问题仍然保持沉默,但在第二版中,弗伦克尔增加了一个单独的章节"公理化方法"。在这本书中,他探讨了公理化理论有关的几个一般问题和条件,即有限公理集。弗伦克尔提出:"除了公理的独立性之外,如果可能的话,公理系统通常需要的第二个甚至更重要的性质是系统的完备性。"到目前为止,对这一性质的研究要少得多,而且在研究时,根本就不能从同样的意义上理解。我们首先想到的可能是这样一个概念,根据这个概念,公理化系统的完备性要求公理包含并支配基于它们的整个理论,这

---

① Hilbert,D. and Ackermann,W.. *Grundzüge der theoretischen Logik*. Berlin:Springer,(1928).

② Hilbert,D.. Probleme der Grundlegung der Mathematik. *Mathematische Annalen* 102,(1929):1 – 9.

样每个相关的问题都可以用这样或那样的方式,通过从公理中的推论得到回答。显然,在这个意义上评估完备性与前面讨论的数学问题的可判性问题密切相关,因此,也面临着相当大的困难。弗伦克尔认为:"公理系统的另一种意义上的完备性更为明确,也更易于评价,这似乎首先是由维布伦刻画的。据此,如果一个公理系统唯一地确定了它所支配的数学对象,包括它们之间的基本关系,并且在基本概念和关系的任意两种解释之间,人们可以通过 1—1 和同构的关系实现转换,那么这个公理系统就被称为完备的。"①

因此,弗伦克尔在 1923 年清楚地区分了范畴性(上述提到的第二个概念)和看起来非常像演绎完备性(上述提到的第一个概念)的概念。然而,演绎和语义完备性之间没有区别,这让人们对上面的短语"从公理中推断"产生了一点疑问。

弗伦克尔在他的书的第三版中对后者的区别进行了明确的讨论,将之前关于公理系统完备性的阐释修改和扩展为:公理系统的完备性要求公理包含并支配基于它们的整个理论,使得属于这个理论的基本概念并可以根据这个理论的基本概念表述的每一个问题都可以公理的演绎推理的方式来回答。具有这一性质意味着在不添加基本概念的情况下,我们无法在给定的系统中添加任何新的公理,从而使系统在这种意义上是"完备的"。因为每一个与公理系统不矛盾的相关命题都已经是一个后承,因此不是独立的,即不是"公理"。

以下想法与第一种完备性含义密切相关,但到目前为止还不够深入,更容易评价:一般来说,许多相互矛盾的,因而不能被证明是同一公理系统的后承的命题,却仍可以单独地与该系统兼容。这样的公理系统没有明确地回答某些相关问题是肯定的还是否定的;而且这不仅是在当前演绎性的意义上或未来的数学方法上,而且在可由独立性证明表示的绝对意义上也是如此。因此,有充分的理由称这种公理系统为不完备的。因此,人们可以提出完备性的问题如下:设 A 是与给定公理系统相关的命题。无论我们实际上是否成功地从系统中推断出 A 的

---

① Fraenkel, A.. *Einleitung in die Mengenlehre* (*second*, *revised ed.*). Berlin: Springer. First edition published in 1919, (1923).

真或假,或者在理论上确保 A 的可推断性,如果只有 A 的真或假,但不是两种可能性都与系统相容,则称这个系统是完备的。

完全不同的是另一种完备性含义,这可能是维布伦首次明确描述的。据此,"如果一个公理系统在形式意义上唯一确定了属于它的数学对象,即在任意两个实现之间,总是可以通过 1 - 1 和同构关系实现转换,那么它就被称为完备的,也称'范畴的'(维布伦)或'单一同态的'(弗雷格—卡尔纳普)公理系统"①。

显然,从以上描述可知,弗伦克尔在 1928 年能够明确的,首先是演绎的完备性,然后是语义的完备性,最后是范畴性,这与我们的 4.1.4 定义、4.1.3 定义和 4.1.2 定义非常接近。此外,关于演绎和语义的完备性,他提到了我们所区分的几种变体,并且像维布伦一样,承认它们的等价性。

弗伦克尔的书在 1928 年版中更进一步,一方面,辨识他的三种意义上的完备性;另一方面,澄清与希尔伯特的"完备性公理"意义上的完备性之间的区别。因此,正如弗兰克尔所强调的那样,这种演绎完备性在概念上与希尔伯特的"完备性公理"中所涉及的完备性没有任何关系。在后者中,它是被公理支配的对象,在前者中是不能扩展的公理本身。当然,在完备公理中所表达的内容和下面要讨论的完备性概念之间仍然有密切的联系。

与几年前的维布伦相比,弗伦克尔在这方面显然更加谨慎和精确。在卡尔纳普 1927 年发表的文章《特征与非特征的区别》中,这一点也得到了阐述,只是更简短些。

弗伦克尔进一步澄清了演绎完备性和语义完备性之间的关系:如果我们比较上述三种不同的完备性概念,那么第一种意义上的完备性概念显然具有特殊的地位,相应地,它也被称为完备性。我们只能通过"建立一种固定的证明方法,可证明地引致任何相关问题的解决来评估它。因此,如果所讨论的领域,例如,严格有限结构不是平凡的,则将其视为不可实现的"②。就第二个概念而言,情况

---

① Fraenkel, A.. *Einleitung in die Mengenlehre*(third, revised ed.). Berlin: Springer,(1928).
② Weyl, H.. *Philosophie der Mathematik und Naturwissenschaften*. München: Oldenbourgh,(1926).

完全不同。正如我们应该注意到的那样,在这种情况下,一个"自身确定"的决定和这个决定是什么的一般确立之间存在区别,例如,在证明方法的形式中。用一种更数学的方式来说:一个公理系统实际上可以确定一个领域,因为它绝不允许除了众所周知的公理 A 之外,它的矛盾对立面¬ A 也与这些公理相容,与此同时,决定 A 或¬ A 是否成立是不可能的。因为这样的决定是不可能在有限的步骤中强制执行的! 此外,不可能建立作出这种决定的一般方法。在许多情况下,公理系统的语义完备性可能是一个事实。但是如何将这一事实确立为公理系统的特征属性的问题仍然悬而未决。这个问题显然是相当有趣的,如何将其与上面第三种意义上的完备性(范畴性)联系起来的问题也是如此。

值得注意的是:一方面,弗伦克尔比维布伦更清楚和明确有关演绎和语义完备性的区别,更不用说戴德金、希尔伯特和亨廷顿。他对拥有一个演绎完备的、"非平凡"公理系统的可能性也非常悲观,部分原因是在魏尔之后,他仍然认为,不可能提出一个在 4.1.1 定义的意义上完备的逻辑演算。另一方面,他明确提出了语义完备性和范畴性是如何相关的问题,以及如何首先确定一个系统在语义上是完备的问题。正如我们所看到的,几位早期的作家在没有证明的情况下指出,范畴性意味着语义的完备性;但至关重要的是,弗伦克尔的问题也涉及相反的问题:语义完备性是否意味着范畴性?

在这一点上,我们要转向卡尔纳普,特别是 20 世纪 20 年代下半叶被忽视的一部关于逻辑和公理的著作《通用数学公理研究》①。卡尔纳普在这本书中用以下三种方式扩展了弗伦克尔的考虑:一是认真地尝试回答弗朗克尔关于范畴性、演绎完备性和语义完备性之间精确联系的问题;二是与弗伦克尔不同,他将自己的研究放在一个形式的、逻辑的框架,即简单的类型理论中;三是他提出了弗伦克尔的问题,涉及他的三个完备性概念与希尔伯特的"完备性公理"意义上的完备性之间的关系。因此,卡尔纳普系统而详细地阐述了我们现在所称的"元理

---

① Carnap,R.. *Untersuchungen zur Allgemeinen Ariomatik*. Darmstadt:Wissenschaftliche Buchgesellschaft. Edited by T. Bonk and J. Mosterin,(2000).

论"问题。事实上,他有时在研究中使用的一个暂定的名称是"元逻辑"。

在进一步考虑卡尔纳普的元逻辑研究之前,需要从当代读者的角度澄清一些基本思想和结果,以防止一些可能的混淆。一方面,一个公理化理论的范畴性蕴含着它的语义完整性,并且在适当的设置下也不难证明,这一点在今天是众所周知的。这不仅适用于一阶逻辑,也适用于高阶逻辑中的公理化理论。另一方面,这个反命题是否成立的问题,即使在今天也没有得到完全的回答,尽管事实上,用弗伦克尔的话来说,"这显然是相当有趣的"。此外,这种从语义完备性到范畴性的推断主要取决于两个背景条件:第一,这取决于所使用的逻辑语言,特别是在语义完备性的定义中,应该出现什么类型的语句。显然,如果我们将注意力限制在一阶语句上,这个推理就失败了。例如,勒文海姆—斯科伦定理所蕴含的一阶理论可能只有一个模型的基本等价类,但不是范畴的。但是高阶逻辑的情况如何呢? 第二,在这里,准确理解"公理化理论"的含义至关重要。事实上,如果我们在某种给定语言中的任意语句集的意义上,通过来自这些语句集的有限基数的论证考虑一般的"理论",就不难看出,从语义完备性到范畴性的推论再次失败。然而,在上面的历史例子中,我们关注的是有限公理集的具体情况。剩下的问题可以说是弗伦克尔考虑的问题:对于在高阶逻辑中具有有限多个公理的理论 T,T(在上面定义 4.1.3 的意义上)的语义完备性是否蕴含了它(在上面 4.1.2 定义的意义上)的范畴性? 显然,这个问题的答案仍然未知。

回答这个问题和一些相关的问题正是卡尔纳普在 20 世纪 20 年代给自己设定的任务,他不仅仔细研究了弗伦克尔 1923 年版的书,还为其 1928 年版的书作出了贡献。也就是说,在简单类型论的一个系统的逻辑框架内,受怀特海和罗素《数学原理》的影响,他着手研究弗伦克尔提出的三种不同的完备性概念之间的关系。卡尔纳普自己对这些概念的术语是"*Entscheidungsdefinitheit*"(演绎完备性),"*Nicht-Gabelbarkeit*"①(语义完备性,比较维布伦的"非析取"概念)和"*Monomorphie*"(范畴性)。

---

① "Nicht-Gabelbarkeit"字面上的意思是"不可分叉",在这种意义上,一条路上可能有一个分岔。

卡尔纳普工作的基石,正如他的《通用数学公理研究》所体现的那样,是一个被称为"*Gabelbarkeitssatz*"(完备性)的定理。它本质上说明,语义完备的蕴含着范畴的。遗憾的是,卡尔纳普对这个定理的证明是错误的,他最终自己也认识到了。这种认识导致他在 1930 年左右放弃了他的整个元理论研究课题。特别是,尽管已经完成了大量的手稿,他决定不出版《通用数学公理研究》。然而,这项工作并非没有直接影响,因为这似乎是卡尔纳普当时的学生哥德尔思想的催化剂,他是少数几个读过卡尔纳普手稿的人之一。

卡尔纳普在试图证明"*Gabelbarkeitssatz*"时失败的原因有几个方面。特别是,他实际上假设任何一致的理论都有一个可以在简单类型理论中定义的模型,这是错误的。更一般地说,他试图将形式公理化方法与遗传逻辑学家的立场相结合,结果是他不完全清楚各种句法和语义事实和属性之间的关系。从根本上说,这项工作缺乏随后在语法和语义、对象语言和元语言之间的清晰区分。尽管存在这些缺陷,但我们应该认识到,卡尔纳普在《通用数学公理研究》中的主要贡献之一是明确地推测了"*Gabelbarkeitssatz*",也就是,断言有限公理系统的语义完备性蕴含了其在简单类型理论的背景下的范畴性。

卡尔纳普在他的研究中考虑的另一个问题是,希尔伯特的"完备性公理"与其他三个完备性概念之间的关系,这一问题是《通用数学公理研究》第二部分计划中的核心问题,但完成程度较低。在这方面,卡尔纳普的主要贡献是注意到希尔伯特公理可以被视为一个"极值公理",更具体地说,是一个"极大性公理",因为它表示任何模型都不能在不违反其他公理的情况下得到扩展。正如卡尔纳普还指出的,皮亚诺算术的归纳公理可以被看作是一个类似的"极小性公理":这意味着任何模型都不能被限制在不违反其他公理之一的适当子集上。此外,这两个"极值"公理都导致了范畴的,因而语义上完备的理论。基于这些观察,卡尔纳普提出了进一步的问题,即这种现象如何推广,他再次得到了一些有趣的偏序结果,这些结果发表在 1936 年与他的学生巴赫曼(F. Bachmann)①共同撰写的论

---

① Carnap, R. and Bachmann, F. . *Uber Extremalaxiome*. Erkenntnis 6, (1936) : 166 – 88.

文中。

总而言之,尽管也有各种缺点,卡尔纳普从 20 世纪 20 年代开始在弗伦克尔基础上进行的逻辑和元理论工作,仍然是对高阶公理化以及范畴性、各种完备性概念和直线完备性之间关系的最系统的处理之一,特别是在简单类型理论的框架内。不可否认,这种情形与其说是由于其范围和深度有限,不如说是由于随后历史上远离高阶逻辑的转变。受希尔伯特、哥德尔和塔斯基研究结果的影响,随后的许多工作都集中在一阶逻辑的模型理论上。正如科克伦在几何学方面所观察到的那样:"到 20 世纪 30 年代,有限的范畴公理系统以各种高阶几何理论而闻名。由于包括塔斯基在内的某些逻辑学家,开始怀疑高阶逻辑的基础意义,这些结果似乎失去了一些重要性,而更多地被视为试图构建适当的一阶几何基础的挑战。"①尽管结果证明这是富有成效和重要的,但从上述戴德金、皮亚诺、希尔伯特、亨廷顿和维布伦等人的初始观点来看,对形式公理化的研究似乎由于随后对高阶公理化的忽视被截断,并在某种程度上中断了其进展。

第三节　高阶公理系统

在早期的逻辑和元理论研究中最先提出的许多问题不仅具有历史意义,而且具有持续的逻辑和数学兴趣。很明显,与范畴性和完备性等概念相关的一阶逻辑的标准限制,与希尔伯特、卡尔纳普、哥德尔、塔斯基等人在 20 世纪二三十年代早期工作中最初处理这些概念的方式相冲突。实际上,这方面悬而未决的一些有趣的问题只有在更广泛的框架中,即高阶逻辑中,才能获得真正的意义。

①　Corcoran, J. . *Review of Tarski*. A. Collected Papers. Volume 4. *Mathematical Reviews* 91. *Review* 91h: 01104. (1991).

因为,从历史的角度来看,对一阶逻辑的限制是没有根据的,而且可能具有误导性。从技术角度来看,这也是不明智的,因为这些问题的某些方面在高阶逻辑中得到了更自然、更有效地处理。

为此,我们将逻辑框架扩展到了高阶逻辑框架,并对语义采取了比当代的元逻辑和元数学中的习惯更广泛的观点,考虑相对于高阶逻辑演绎完备的替代语义。也就是说,将语义概念的范围从标准的、集合论的语义扩展到更一般的拓扑和范畴论语义。这似乎比向高阶逻辑的转变更加激进,但这对一些以前晦涩难懂的主题的解释是合理的。因此,这将使我们能够按照卡尔纳普或塔斯基难以预见的,但又与他们的观点并不矛盾的思路,对一些早期结果进行一些强化。

我们首先简要回顾一下这个扩展的逻辑框架。

一、一阶逻辑的局限性

在这里,我们关注的是在形式公理化系统中使用逻辑作为工具的问题。在这方面,偶尔会发现一阶逻辑和集合论语义的标准框架存在一些缺陷,因此考虑几种可能的替代方案。需要注意的是,一阶逻辑和集合论语义确实是形式公理化中重要而有用的工具。这里的建议不是拒绝或取代它们,而是为了特定的研究目的加强它们。此外,很明显,高阶逻辑,特别是其语义的使用,涉及超出一阶逻辑的哲学预设,一些思想家认为这是有问题的。因此,也要清楚地指出,我们的兴趣主要是历史和数学,并不打算从哲学角度对高阶逻辑的相对优点进行持续的讨论。

也就是说,在形式公理化中使用一阶逻辑(以下简称 FOL)所涉及的明显困难在于它无法用无限模型完全描述结构。勒文海姆—斯科伦定理表明,仅使用FOL 不可能完全公理化一个无限的数学结构,甚至到同构。由此可见,FOL 不适用于描述数学的基本对象,如自然数、实数和复数,以及欧几里得空间。

此外,今天数学研究的许多对象通常都是用公理化来描述的,这些公理并不预期是范畴的,但也不是一阶的。例如,在理想上具有条件的环,如诺特环或主理想整环;流形上的结构,如向量丛或张量域;泛函分析中使用的各种空间,如希尔伯特空间和巴拿赫空间,甚至经典数学对象,如欧几里得空间和射影空间,都是公理化确定的。可以毫不夸张地说,自 1900 年左右开始现代公理化方法以来,公理化方法已经成功地接管了数学。但是,正如刚才提到的例子所说明的那样,在这种方法中使用的不仅仅是 FOL。

当然,我们可以用集合论来描述这些非一阶公理化概念的模型。但这并不能改变它们的公理化表示本质上是高阶的事实。在这种情况下,也不能像有人建议的那样,把高阶逻辑视为多类型一阶逻辑。因为在指定诸如刚才提到的那些涉及高级类型的关系或函数结构时,如果公理化要达到预期目的,那么这些类型就必须被这样解释,而不是作为附加的一阶结构来解释。因此,我们认为高阶公理化理论最好是根据其自身的方式来认识和研究,而不是被转换成集合论或一阶逻辑。

二、高阶逻辑

(一)定义

我们首先提出 FOL 的一个简单且相当标准的扩展,它具有确切表达现代数学的许多公理化处理的能力。这种一般类型的逻辑语言是上述"《数学原理》及其衍生物"部分中提到的类型理论的派生物,通常被称为高阶逻辑或简单类型理论。注意,由于类型理论在计算机科学中的应用,加之其目前正经历着某种复兴。实际上,有数百种不同的逻辑系统可以被称为"高阶逻辑"或"类型理论"。

高阶逻辑系统是指在"低阶"元素之间的"高阶"关系或函数上具有变量和量化的逻辑系统。例如,我们可以通过在基本域 A 的子集上添加变量 X, Y 来扩展环理论的常用语言$(A, +, \cdot, 0, 1)$。这使得我们可以通过在交换环理论中添加熟悉的条件来公理化,例如,主理想整环:

$$\forall I \subseteq A(\text{"}I\text{是一个理想"} \rightarrow \exists x \in A(I = (x))) \tag{A}$$

其中,表达式"I 是一个理想"和主理想环(x)像通常一样定义。当然,还可以添加一些逻辑术语来表示子集的构成和隶属关系。

(二)HOL 语言

我们现在给出高阶逻辑一种特定语言的非形式描述。

高阶逻辑语言(以下简称 HOL)由类型符号、项和公式组成。我们写作 $\tau:X$ 来表示项 τ 具有类型 X。

类型:除了基本类型符号 $A,B,\cdots$ 和公式的类型 P 之外,其他的类型通过类型形成运算:

$$X \times Y, X \to Y, P(X)$$

归纳建立。

项:除了每种类型的变量 $x_1,x_2,\cdots:X$,以及可能的一些基本的、类型化常量符号之外,其他的项通过项形成运算:

$$\langle \sigma, \tau \rangle, p_1(\tau), p_2(\tau)$$

$$\alpha(\tau), \lambda x:X.\ \sigma$$

$$\{x:X \mid \varphi\}$$

归纳建立。

公式:除了方程 $\sigma = \tau$ 和原子公式 $\tau \in \alpha$ 之外,其他的公式是由通常的逻辑运算:

$$\neg\,\varphi, \varphi \wedge \psi, \varphi \vee \psi, \varphi \Rightarrow \psi, \forall x:X(\varphi), \exists x:X(\varphi)$$

归纳建立的。

项的类型是由形成项时使用的项的类型以预期的方式确定的,而这些形成受到一些明显的意义条件的制约。例如,如果 $\tau:A \times B$,则 $p_1(\tau):A$。只要方便,我们就使用通常的惯例来书写公式,例如,将 $\langle x, \langle y, z \rangle \rangle$ 写作 $\langle x, y, z \rangle$。注意,已经包括了基本类型和常量符号的可能性,它们被用作公理化理论的基本语言。以环理论为例,有一个基本类型符号,例如 A,以及以下用它们的类型表示的基本常量符号:

$$0, 1 : A$$

$$+\,,\ \cdot : A \times A \to A$$

一般来说,我们定义由类型符和常量组成基本语言,以及这种语言的语句集组成的一个理论,称为公理。这里,我们假定一个理论具有有限的基本符号和公理,尽管原则上没有理由不能考虑无限理论。在这些项中,例如,环理论由语言

$(A,+,\cdot,0,1)$和带单元的环的常用公理组成;而主理想整环理论则是通过增加上述公理(A)得到的。

需要强调的是,这种使用 HOL 来呈现公理化理论的方法,虽然在日常数学实践中很常见,但与弗雷格和罗素等逻辑学家最初的预期用途完全不同,也与前面提到的卡尔纳普在其《通用数学公理研究》中使用的方法大相径庭。诸如范·海耶诺德(J. van Heijenoort)①、戈德法布(W. Goldfarb)②这些先驱者拥有所谓的"通用的"逻辑观念,根据这种观念,存在单一的逻辑系统,其具有单一的、确定的量化域,即,"一切事物",以及由"所有的"函数、概念、命题函数等组成的确定的高阶类型。相比之下,这里使用的概念可能有几种基本类型,能够用各种不同的方式解释,就像一阶逻辑语义中常见的那样。事实上,理解 HOL 语言最明确的方法是将其作为 FOL 常用语言的扩展,即通过添加高阶类型 $X{\rightarrow}Y$ 和 $P(X)$ 及其相关项 $\langle\sigma,\tau\rangle,p_1(\tau),p_2(\tau),\alpha(\tau),\lambda x{:}X.\,\sigma,\{x{:}X\,|\,\varphi\}$,然后根据方程中的项和变量,以及基本公式构建通常的 FOL 公式。特别是,FOL 中的任何传统理论在当前意义上也是 HOL 中的理论。当需要时,可以用通常的方式将形式演绎系统指定为具有逻辑公理和推理规则的形式系统。文末附录中概述了一个这样的系统,但我们强调还有许多等效的公式。

(三)语义

HOL 的语义本质上是 FOL 语义的扩展,经过调整可以利用由于附加类型的存在而导致的简化。我们将假设给定一个具有适当结构的"语义全域"来解释 HOL 语言。在这里,我们先使用集合和函数,之后再推广到其他具有所需结构的"全域",即适合的范畴。

与其陈述一个理论模型的形式定义,不如给出一个特例,这应该足以推断出一般概念。假设我们有一个形式为 (A,c,α) 的理论,具有基本类型符号 A,常量

---

①　van Heijenoort,J. . Logic as Calculus and Logic as Language. *Boston Studies in Philosophy of Science* 3,(1967):440 – 446.

②　Goldfarb,W. . Logic in the Twenties:the Nature of the Quantifier. *Journal of Symbolic Logic* 44,(1979):351 – 368.

符号 c 和公理 α。例如,这可能是半群理论,其中 c 是 $\cdot:A \times A \to A$,且 α 是结合律:

$$\forall x,y,z:A \quad x \cdot (y \cdot z) = (x \cdot y) \cdot z$$

为每个类型 X 指派一个非空的集合 $[X]$ 的解释,如下所示:

$$[A \times B] = [A] \times [B] \qquad \text{(笛卡尔积)}$$

$$[A \to B] = [B]^{[A]} \qquad \text{(函数集)}$$

$$[\wp(A)] = \wp([A]) \qquad \text{(幂集)}$$

$$[P] = \{\top, \bot\} \qquad \text{(任意二元集)}$$

包含自由变量 $x:X$ 的项 $\tau(x):Y$ 被解释为函数 $[\tau]:[X] \to [Y]$,如下所示:

$$\text{对于基本常量 } c:X, [c] \in [X]$$

$$\text{对于变项 } x:X, [x] = 1_{[X]}:[X] \to [X] \qquad \text{(恒等函数)}$$

$$[\sigma, \tau] = ([\sigma], [\tau]) \qquad \text{(有序对)}$$

$$[p_i(\tau)] = \pi_i([\tau]) \qquad \text{(第 i 投影)}$$

$$[\alpha(\tau)] = [\alpha]([\tau]) \qquad \text{(函数应用)}$$

$$[\lambda x:X.\sigma] = \text{函数 } x \longmapsto [\sigma]$$

$$[\{x:X|\phi\}] = \text{子集}\{x\varepsilon[X] \mid [\phi] = \top\}$$

$$[\sigma = \tau] = \top \text{ 当且仅当} [\sigma] = [\tau]$$

$$[\tau \in \alpha] = \top \text{ 当且仅当} [\tau]\varepsilon[\alpha]$$

$$[\phi \wedge \psi] = [\phi] \wedge [\psi] \text{ 且对于} \neg, \vee, \Rightarrow \text{类似}$$

$$[\forall x:X\phi] = \top \text{ 当且仅当 对于某个 } x\varepsilon[X], [\phi] = \top$$

注意,我们在 $\{\top, \bot\}$ 上使用布尔运算 $\vee, \wedge$ 等来解释相应的逻辑运算。

一个解释 $[-]$ 满足一个语句 σ,也就是"σ 在 $[-]$ 下为真",前提是:

$$[\sigma] = \top$$

当然,一个理论的模型是满足公理的解释。如果 M 是一个模型,当我们将其视为一种解释时,也写作 $[-]_M$,我们使用的记法是:

$$\text{对于} [\sigma]_M = \top, M \vDash \sigma$$

这个定义与一阶理论模型的通常定义是一致的。例如,在上述半群的例子中,当前意义上的一个解释由配有二元运算 $[\,\cdot\,]:[A]\to[A]\times[A]$ 的一个集合 $[A]$ 组成。一个模型是这样一种结构,其中:

$$([A],[\,\cdot\,])\vDash\forall x,y,z:A(x\cdot(y\cdot z)=(x\cdot y)\cdot z),$$

这很容易被理解为运算 $[\,\cdot\,]$ 是结合的。

根据我们的定义,高级类型的函数和关系在传统术语中由对应的集合来解释,模型是"标准模型"而不是 Henkin 模型。注意,这种解释完全取决于对基本语言的解释。因此,在这种意义上,一阶语言的解释就是一阶结构。

这里所使用的"内部"满足概念可能并不常见,不同于基本模型理论中更常见的"外部"概念,因为真值被表示为真值集 $\{\top,\bot\}$ 的元素,以及公式 $\varphi(x)$,其中 $x:X$ 被表示为一个函数:

$$[\varphi(x)]:[X]\to\{\top,\bot\}$$

当然,$[\varphi(x)]$ 只是子集:

$$[\{x:X\mid\varphi(x)\}]=\{a\in[X]\mid[X]\vDash\varphi(a)\}\subseteq[X]$$

的特征函数。因此,一个语句(闭公式)被解释为一个真值 $\top$ 或 $\bot$,而"真"语句($=\top$)正是在该解释下成立的那些语句。

以这种方式内部化真值的原因是,虽然它相当于集合论语义的外部方法,但这种内部概念可以很容易地以外部语义无法实现的方式推广到其他语义域。在布尔值模型中有时也使用类似的过程。

现在以通常的方式使用语义来定义语句之间的语义后承 $\phi\vDash\psi$ 的概念:

如果对于每种解释, $[\phi]\leq[\psi]$,则 $\phi\vDash\psi$

其中,真值的顺序是通常的,$\top\leq\bot$。使用解释函数的逐点排序,可以类似地定义公式之间的语义后承。关于一个理论的语义后承概念是按照预期的方式定义的,只考虑作为理论模型的那些解释。

我们有时会听到这样的说法:HOL 比 FOL"更强",但这只是就其表达能力,而不是其语义后承而言。更准确地说,高阶语义后承与一阶语义后承的关系是保守的。假设 T 为一阶理论,被认为是 HOL 中的一个理论。HOL 意义上的 T 的模型正是通常 FOL 意义上的模型。因此,如果一阶语句 ϕ 在每个 HOL 模型中都为真,那么它在 FOL 意义上是语义有效的。

HOL 的语义后承与 FOL 的语义后承在几个重要方面不同:它不是紧致的;通常的勒文海姆—斯科伦定理不成立;并且其定理不是递归可枚举的。

(四)完备性和范畴性

现在可以更精确地考虑在 HOL 的背景下,一个公理化理论的完备性和范畴性如何关联的问题。如前所述,对这一主题的早期研究主要是弗伦克尔、卡尔纳普、林登鲍姆(A. Lindenbaum)和塔斯基等人,20 世纪 80 年代以来,柯克伦、里德(S. Read),以及阿维亚德和卡鲁斯(A. Carus)等对相关问题也进行了深入的讨论。简而言之,主要的积极结果是:范畴性通常在 4.1.1 定义的意义上意味着语义完备性,正如 FOL 中的理论一样,而在某些情况下,逆命题也成立,这可能更令人出乎意料。

4.3.1 命题 如果一个理论 T 是范畴的,那么它在语义上是完备的。

证明:给定范畴 T,足以证明,如果对于某个模型 M 和语句 $\sigma, M \models \sigma$,那么对于任何其他模型 $N, N \models \sigma$ 也成立。但由于 T 是范畴的,所以在通常意义上存在 T 模型 $i: M \cong N$ 的同构。很容易看出同构保持满足,就像在一阶情况下一样。更详细地,通过结构归纳法证明,对于任意公式 ϕ,都有 $[\phi]_M = [\phi]_n \circ i^n$,映射 $M^n \rightarrow \{\top, \bot\}$,其中,$\phi$ 中有 n 个自由变量,且 $i^n: M^n \cong N^n$ 是笛卡尔积上的诱导同构。特别地,如果对某个语句 $\sigma, M \models \sigma$,那么 $\top = [\sigma]_M = [\sigma]_N, N \models \sigma$ 也同样成立。

更有趣的问题是,上面命题的逆命题在什么条件下成立? 如上所述,我们对有限公理集的限制在这里至关重要。事实上,不难找到逻辑上等价的非同构模型,因为语句集的数量是有界的。这样一种模型的无限的"理论"在语义上是完备的,但不是范畴的。

然而,对于这里所讨论的有限理论,情况却大不相同。正如卡尔纳普在 1928 年假设了从语义完备性到范畴性的含义,并提供了一个错误的证明。以下特例的正确证明是由达纳·斯科特给出的,以回应卡尔纳普失败工作的讨论。

4.3.2 命题 如果理论 T 只有一个基本类型,并且没有基本的常量符号,那么如果它在语义上是完备的,则 T 就是范畴的。

证明：设 σ 是有限个公理的合取，并定义一个新语句：

$$\sigma_0 =_{df} \sigma \wedge (\forall U : P(X))(\sigma^U \Rightarrow U \cong X)$$

$$= \text{“} X \text{ 是满足 } \sigma \text{ 的 } X \text{ 的最小子集”}$$

其中，X 是基本类型，U 是变量类型 $P(X)$，$U \cong X$ 由通常的同构定义表示，且 σ^U 是由通过相对化 σ 中出现的从 X 到 U 的所有类型和量词而派生出的新语句。

如果 σ 是满足的，那么根据集合的选择公理，σ_0 也是满足的。但是，如果 σ 也是完备的，那么我们就断言 $\sigma \Leftrightarrow \sigma_0$。因为如果 $M \vDash \sigma$，那么可以取某个 $M' \subseteq M$，使得 $M' \vDash \sigma_0$；自此也有 $M' \vDash \sigma$，由于 σ 是完备的，我们也有 $M \vDash \sigma_0$。但是，σ_0 显然是范畴的，所以 σ 也必定是范畴的。

虽然将这一结果推广到其他一些情况并不困难，但我们不知道其在一般情况下的适用程度。给定有限理论的语义完备性，其范畴性的一些简单的充分条件是：有一个可定义的模型，有一个没有适当子模型的模型，并且在某种程度上是范畴性的。后者很容易从上述定理中推断出，即一个语义完备理论的所有模型都必须具有相同的基数。对于有限理论的语义完备性通常蕴含着范畴性这一推测，我们不知道任何反例。

总之，卡尔纳普的推测似乎还没有定论，几乎没有迹象表明它会朝哪个方向发展。这无疑是高阶公理化中主要的悬而未决的问题之一。

三、拓扑语义

借鉴阿沃德在 2000 年的论文《连续性和逻辑完备性》[1]中的描述，考虑 HOL 的通常集合论语义的替代方案。这是从范畴论中得出的，是所谓的"拓扑语义"的一个特例，我们不作一般的考虑。然而，这里概述的拓扑语义应该足以让我们大致了解在语义"全域"而不是集合中解释 HOL 所涉及的内容。

首先简要回顾为 HOL 考虑替代语义的动机。第一个也是最明显的原因是集合论语义后承关系在任何合理意义上都不能演绎公理化。具体地说，给定一

---

[1]　Awodey, S. . *Continuity and Logical Completeness*. Technical Report CMU-PHIL-116, Carnegie Mellon University, (2000).

个常规的演绎后承关系 $\varphi \vdash \psi$，哥德尔不完备性定理告诉我们，在 4.1.1 定义的意义上，这个关系相对于集合论语义后承不可能是完备的。

然而，这并不一定意味着高阶演绎在某种程度上是有缺陷的。从 $\varphi \vdash \psi$ 蕴涵 $\varphi \vDash \psi$ 的意义上来说，这至少对于集值语义是可靠的。此外，通过上述提到的语义保守性的简单论证，它在一阶演绎上是保守的。正如我们下面将看到的，关于这里所考虑的拓扑语义实际上是完备的。

扩大 HOL 语义范围的另一个原因是，与完备性一样，这也影响了公理化理论的范畴性概念，有效地使其成为一个更强的条件。实际上，由于范畴性是一个语义概念，将语义限制在集合上会使其依赖于集合的非平凡性质，这可能会产生特殊的、不必要的结果。例如，在下面的 4.3.4 例子中，指出了一个简单的、范畴的理论，以防连续统假设成立。某些公理化理论，如自然数和实数的范畴性，似乎证实了它们的充分性，而不依赖于集合更微妙的性质。概括语义范围更符合这一意图，下面将进一步讨论。

最后，考虑替代语义的一个简单原因是对语义对象本身的兴趣。使用逻辑来推理集合以外对象上的结构的可能性，例如拓扑群，使得对此类对象的系统研究本身就是很有用的。这确实是下面考虑的拓扑语义的情况，所使用的语义对象（层）是日常的数学对象。对于 HOL 最常见的替代语义，即所谓的"Henkin 模型"，情况并非如此。这些仅用于证明演绎完备性，并没有独立的数学兴趣。

拓扑语义中使用的对象是"连续变化的集合"。我们先通过考虑与拓扑空间上连续的实值函数环的类比来激发这个想法。这个例子还展示了如何使用连续可变性来违反常数的某些性质，这本质上是允许关于拓扑语义的高阶演绎的完备性的原因。

（一）连续函数环

实数 R 构成拓扑空间、阿贝尔群、交换环、完备有序域等。考虑仅用环的语言：

$$0, 1, a + b, a \cdot b, -a$$

和一阶逻辑表示的性质。例如，R 是一个域：

$$R \models \forall x (x = 0 \models \lor \exists y \; x \cdot y = 1)$$

现在,考虑乘积环 R × R,其具有形式为:

$$r = (r_1, r_2)$$

的元素和积运算:

$$0 = (0, 0)$$
$$1 = (1, 1)$$
$$(x_1, x_2) + (y_1, y_2) = (x_1 + y_1, x_2 + y_2)$$
$$(x_1, x_2) \cdot (y_1, y_2) = (x_1 \cdot y_1, x_2 \cdot y_2)$$
$$-(x_1, x_2) = (-x_1, -x_2)$$

由于这些运算仍然是结合律、交换律和分配律,R × R 仍然是一个环。

但是,元素 $(1, 0) \neq 0$ 不能有逆,因为 $(1, 0)^{-1}$ 必须是 $(1^{-1}, 0^{-1})$。因此,R × R 不是一个域。

以类似的方式,可以构成更一般的乘积环 R × ⋯ × R = R^n,或者对于任何指标集 I 的 R^I。虽然不是在一般域中,但乘积环 R^I 总是冯·诺依曼正则的:

$$R^I \models \forall x \exists y (x \cdot y \cdot x = x)。$$

对于给定的 x,我们可以取 $y = (y_i)$,且具有:

$$y_i = \begin{cases} x_i^{-1}, & \text{如果 } x_i \neq 0 \\ 0, & \text{如果 } x_i = 0 \end{cases}$$

通过传递到"连续变化的实数",可以产生违反 R 的更多性质的环。什么是"连续变化实数"? 设 X 是一个拓扑空间,那么,实数 r_x 在 X 上连续变化,就是一个连续函数:

$$r : X \to R.$$

我们为这些函数配备了逐点运算:

$$(f + g)(x) = f(x) + g(x),\text{等等。}$$

所有这些函数的集合 $C(X)$ 在空间 X 的点的指标集 $|X|$ 上构成乘积环的子环,即环:$C(X) \subseteq R^{|X|}$。但是与乘积环不同的是,$C(X)$ 不是正则的:

$$C(X) \nvDash \forall f \exists g (f \cdot g \cdot f = f).$$

以 $X = \mathbf{R}$ 和 $f(x) = x^2$ 为例,则必定有:

$$\text{如果 } x \neq 0, g(x) = \frac{1}{x^2}.$$

但当然:

$$g(0) = \lim_{x \to 0} g(x) = \lim_{x \to 0} \frac{1}{x^2} = \infty.$$

所以,不可能有连续的 g 满足 $f \cdot g \cdot f = f$。

因此,"连续变化的实数" $C(X)$ 比乘积环 $\mathbf{R}^I$ 具有更少的"常量"实数域 R 的性质。通过这种方式,从常数传递到连续变量"抽象掉"了常数的某些性质。

(二)连续变量集

正如实数可以推广到"连续变量实数",也即连续函数一样,我们现在将集合的概念推广到"连续变量集",即"层"。

作为第一步,注意到乘积、幂集、等式等的类型形成运算可以在其他集合"全域"中解释。实际上,考虑"集合对"的全域,Sets × Sets。对象具有形式:

$$A = (A_1, A_2),$$

且运算是按以下分量方式定义的:

$$(A_1, A_2) \times (B_1, B_2) = (A_1 \times B_1, A_2 \times B_2)$$

$$\wp(A_1, A_2) = (\wp(A_1), P(A_2))$$

$$P = (P, P)$$

项形成也是类似的分量方式。事实上,逻辑运算也可以按分量方式定义:

$$(a_1, a_2) \in (A_1, A_2) = (a_1 \in A_1, a_2 \in A_2)$$

$$(\varphi_1 \varphi_2) \wedge (\psi_1, \psi_2) = (\varphi_1 \wedge \psi_1, \varphi_2 \wedge \psi_2).$$

这种对逻辑语言模型 HOL 的解释的意义是:通常的逻辑公理和推理规则都是有效的。另一方面,它不满足 Sets 的所有属性。例如:

$$Sets \vDash A \cong 0 \vee \exists x \ x \in A$$

但是在 Sets × Sets 中,可以把对象(1,0)取作 A,其与 0 不是同构的,那么 $a \in (1,$

0)意味着 $a = (a_1, a_2)$,其中 $a_1 \in 1$ 和 $a_2 \in 0$,这是不可能的。

就像环的情况一样,我们也可以推广到 $\mathrm{Sets} \times \cdots \times \mathrm{Sets} = \mathrm{Sets}^n$,实际上对于任何指标集 I,都可以推广到 Sets^I,以获得 I 指标集合族的"全域"。

所有这样的"积全域"都有一些共同点,例如,它们都满足选择公理,这可以被看作在形式上类似于环的正则性。为了找到更一般的"全域",考虑在任意拓扑空间 X 上连续变化的更一般的集合族:

$$(Fx)_{x \in X}.$$

但"连续变化集"应该是什么?问题是我们不能像对待实值函数环那样,简单地取一个连续的集值函数:

$$F: X \to \mathrm{Sets},$$

因为 Sets 不是一个拓扑空间。

在现代数学中,我们经常遇到连续变化的结构。有必要回顾一下通常是如何做到这一点的,以便找到我们所寻求的概念。在空间 X 上的"连续变化空间" $(Yx)_{x \in X}$ 称为纤维束。它由一个空间 $Y = \sum_{x \in X} Y_x$ 和一个连续的"指标化"投影 $\pi: Y \to X$, 和 $\pi^{-1}\{x\} = Y_x$ 组成,如下所示:

$$Y = \sum_{x \in X} Y_x$$

$$\pi \downarrow$$

$$X$$

"连续变化群" $(A_x)_{x \in X}$ 是一个群层。它主要由一个纤维束 $\pi: A = \sum_{x \in X} A_x \to X$ 组成,且满足下面的附加要求:

(1)每个 A_x 是一个群;

(2)纤维 A_x 中的运算"连续地结合在一起";

(3)π 是一个局部同态。

然后,我们可以回答什么是"连续变化集"的问题,称它是集合的层,即纤维束:

$$F = \sum_{x \in X} F_x$$

$$\pi \downarrow$$

$$X$$

使得 π 是一个局部同态,在这个意义上,每个点 $y \in F$ 都有某个邻域 U,π 在 U 上是一个同态 $U \xrightarrow{\sim} \pi(U)$。特别是,这保证每个纤维 $F_x = \pi^{-1}\{x\}$ 是离散的,并且在适当的意义上,纤维之间的变化是连续的。

要在层中定义 HOL 的语义,需要解释基本的类型形成和逻辑运算。其中一些可以逐点定义,$(F \times G)_x \cong (F_x \times G_x)$。然而,其他的不能,例如,层 F、G 的指数 G^F 是"层值同态"$\mathrm{hom}(F, G)$,根据连续映射芽 $F \to G$ 来定义,其中 $(G^F)_x \not\cong G_x^{F_x}$。这就是拓扑语义不同于指标族的乘积语义的原因。

如同乘积全域 Sets^n 一样,给定空间 X 上所有层的全域 $\mathrm{sh}(X)$ 在公理都为真和推理规则都是可靠的意义上对 HOL 进行建模。但总的来说,层违背了选择公理。事实上,人们可以发现 HOL 的层模型也违反了集合的许多其他性质。

(三)拓扑完备性

如果我们把层看作在参数中连续变化的集合,则常量集作为无变化的特例出现。我们给出的 HOL 语义产生了拓扑语义,其中标准集论语义是一个特例。由于变量集的特殊性质,一些对变量集不成立的逻辑陈述对所有常量集都成立。从这个意义上说,常量集的逻辑是相当强的,而变量集的逻辑则弱得多。也就是说,对所有变量集成立的情况比对常量集成立的情况要少。这就像实数域和实值函数环之间的区别。那么,现在的问题可能是:连续变化集合的逻辑是什么?也就是说,HOL 的哪些语句在所有的层模型中是真的?阿沃德和布茨(C. Butz)在 2000 年的论文《高阶逻辑的拓扑完备性》①证明的定理给出了答案,即:

4.3.3 **定理**　HOL 相对于拓扑语义是完备的。

---

① Awodey, S. and Butz, C. . Topological Completeness for Higher-order Logic. *Journal of Symbolic Logic* 65, (2000): 1168 – 1182.

这里所指的完备性是 4.1.3 定义意义上的演绎完备性,关于标准的、经典的演绎后承关系而言。因此,如果一个语句在所有拓扑模型中都为真,那么它就是可证明的。

我们想知道这个结果是如何与演绎高阶逻辑的哥德尔不完备性相协调的。大致来说,在哥德尔定理中,语句"为真但不可证明"的意义只涉及"所有常量集为真",而不是"所有变量集为真"。因此,"为真但不可证明的"哥德尔式的语句只适用于常量集,但它被一些变量集所违反,否则它将是可证明的。

四、范畴的概念

在考察了关于标准的、集合论语义的完备性和范畴性,以及有关替代语义的演绎完备性之后,我们转向范畴性的可能的替代概念。正如我们所知,高阶逻辑中的一些公理化理论在通常意义上是范畴的,即任何两个标准模型都是同构的,只要假设用于建模它们的集合具有某些性质,例如满足连续统假设或选择公理。这本质上是因为集合的这些性质可以用 HOL 表示。例如,如果连续统假设成立,下面的简单理论就是范畴的。

4.3.4 例子 理论 T_0 有一个基本类型符号 U,一个关系符号 $R:PP(U)$,以及两个公理表示条件:"U 是可数无限的"和"$|U| < |R|$。"

但是,将范畴性作为公理系统充分性的基本标准的想法,似乎对于假设其对诸如连续统假设是否成立等问题并不敏感。事实上,这些问题似乎与至少一些经典数学概念,如自然数的描述范畴性无关。如我们所见,范畴性的某些版本是公理系统充分性的主要早期条件之一,完全独立于集合论的精确说明或对其更微妙性质的任何理解。

下面讨论几种强化的范畴性概念,尽管这些强化确实具有自己的特点,但其对语义的特殊性质并不敏感。所考虑的概念被称为唯一的、可变的和可证明的范畴性。一些最令人感兴趣的经典理论确实具有更强的性质。最后讨论普遍性的范畴论概念及其与公理化描述的关系。

(一)唯一范畴性

"这个概念通过要求任意两个模型 M 和 N 通过唯一的同构 $M \cong N$ 是同构的

来加强传统的范畴性。"①这显然等同于称所讨论的理论是范畴的,而且它的模型没有非平凡的自同构。

自然数和实数的经典的公理化确实具有这种更强的性质,如果通过为 i 添加常数符号来消除作为自同构的复共轭性,则复数也具有这种性质。下面,我们将更加清晰地说明这一点,公理化有时是范畴的,因为模型之间存在一些自然或典范的映射,而不是通过选择公理得到的映射,因此公理足以使这些典范的映射同构。唯一范畴性的性质似乎也伴随着其他一些需要考虑的强化,它与范畴论中的普遍性概念有关。

(二)变量范畴性

我们已经考虑了在参数空间 X 上的连续变化模型 M 的概念,这一概念通过模型层的概念精确表示,这是连续变量集的"全域"$\mathrm{sh}(X)$ 中的模型。变量范畴性的概念只是范畴性对此类变量模型的明显的泛化:

4.3.5 **定义**   如果任意空间 X 上的任意两个连续变量模型 M, N 是同构的,则理论 T 被称为变量范畴的。

这个条件要求的不仅仅是存在一个同构:

$$对于每个 \ x \in X, h_x : M_x \xrightarrow{\ \sim\ } N_x.$$

此外,各种 h_x 必须组合在一起,构成一个单一的、连续的同构:

$$在 \ X \ 上的, h : M \xrightarrow{\ \sim\ } N.$$

因此,实际上,h_x 也必须随参数 x 连续变化。

注意,这个概念确实推广了传统的范畴性,因为传统概念是单点参数空间上变化的特例。在这个意义上,传统范畴性是变量范畴性的限制或平凡的情况。当然,要求不同空间上的模型是同构的是没有意义的,因为至少在当前情况下,这些模型之间没有映射的概念。

这个概念有一个明显的唯一版本,通过要求模型之间的唯一同构而获得。

---

① Tarski, A.. *Logic*, *Semantics*, *Metamathematics*. 2nd edn. Indianapolis: Hackett, (1983).

例如,关于 N 和 R 的经典理论就具有这个性质,它们是唯一可变的范畴。然而,即使假设 CH,上面设计的理论 T_0 并不具备这一点。原因大致是,在给定的模型 M 中,变量子集 $R_M \subseteq P(UM)$ 可能与 $P(UM)$ 逐点同构,仅出于基数的原因,而不存在参数空间 X 上的连续同构 $R_M \xrightarrow{\sim} P(UM)$。

变量范畴性背后的基本思想是:同构还必须与模型连续参数化的强烈要求往往会"打破"偶然或任意的映射选择,并将其限制在某种程度上与所讨论的结构固有或典范相关的映射上。接下来的概念提供了另一种截然不同的限制可能同构的方法,即要求它们是可定义的或可证明的。

(三)可证的范畴性

这里要阐明的思想是:范畴论的任何两个模型之间的连接同构可以从该理论的语言中定义,并且可以从该理论的公理中证明是同构的。为了明确这个概念,假设理论 T 形式如下:

$$U, f : T(U), \alpha(U, f).$$

其中,U 是基本类型符号,f 是类型 $T(U)$ 的基本常量符号,且 $\alpha(U, f)$ 是语言 U, f 和高阶逻辑中的语句。这里用类型符号 $T(U)$ 表示 U,以提示我们 f 的类型可以包含 U 作为参数,例如,如果 f 表示 U 上的二元运算,那么 $T(U)$ 是 $U \times U \to U$。类似地,公理 $\alpha(U, f)$ 可能包含基本语言 U, f。

现在,考虑新的理论 T^2,其本质上是并排书写的 T 的两个副本。它具有:

基本类型:U_1, U_2

基本项:$f_1 : T(U_1), f_2 : T(U_2)$

公理:$\alpha_1(U_1, f_1), \alpha_2(U_2, f_2)$

其中,与 $T(U)$ 由 U 构建的方式相同,$T(U_1)$ 由 U_1 构建,例如,如果 $f : U \times U \to U$,则 $f_1 : U_1 \times U_1 \to U_1$,对于 $T(U_2)$ 也是如此。这些公理类似于 T 的公理,分别用 (U_1, f_1) 和 (U_2, f_2) 替换 (U, f)。

注意,T^2 的模型只是 T 的模型对,

$$\text{Mod}(T^2) = \text{Mod}(T)\text{Mod}(T).$$

4.3.6 定义　T 被称作可证范畴的,如果:$T^2 \vdash \exists h : U_1 \to U_2$ "h 是一个 T 模型同构",其中,公式"h 是一个 T 模型同构"将以明显的方式在高阶逻辑中阐明。

可证范畴性背后的思想是,理论 T 本身具有足够的"逻辑强度",以确保任何两个 T 模型是同构的。这个概念显然依赖于由 ⊢ 表示的逻辑后承关系。这里,我们假设高阶逻辑中经典的、语法的后承关系。如果我们用经典集值语义的语义后承来替代,会得到另一种不同的更弱的概念。这个概念显然等同于传统的范畴性。当然,任何可证范畴的理论也是范畴的。

更强的条件将由较弱的逻辑后承概念 ⊢ 产生。例如,通过省略排中律,使用直觉可证性代替经典可证性,会使一个理论更难被证明是范畴的。从经典的角度可以证明是范畴的理论并不难,但从直观的角度来看则不然。

我们熟悉的自然数和实数理论可证是范畴的,甚至是直观的。依赖于连续统假设精心设计的理论 T_0 显然是无法在高阶逻辑中证明 CH 的。

正如这些评论所表明的,在可证范畴性和语义考虑,如完备性之间存在关联。事实上,关于拓扑语义的高阶演绎后承关系的完备性被用于以下定理的证明:

4.3.7 定理　一个理论是可证范畴的,当且仅当它是可变范畴的。

上面提到的直观的可证范畴性这一更强的概念,相当于一个用任意拓扑来表述的特定语义概念,我们在这里不再深入讨论。

(四)通用性

范畴论提供了一种"唯一规范"的概念,它以一种有趣的方式与范畴性相关,这一点仍有待澄清。对此,我们不深入讨论,仅提出一些基本联系和几个例子。

我们考虑的基本概念是通用映射性质,可以用来描述特定的数学结构。与当前主题的联系源于这样一个事实:通用映射性质是直到同构的唯一刻画,满足通用映射性质的任何两个结构都必然是同构的。事实上,这样的结构是唯一同构,因此,通用映射性质可以与唯一范畴理论进行比较。

然而,这两个概念似乎并不等同。虽然有些概念可以用范畴的、公理化的理论和通用映射性质来表述,但有些概念似乎以这样或那样的方式更自然地给出,如下面的例子所示。

例1：遵照洛夫尔在1969年提出的例子，根据通用映射性质刻画的自然数，称为"自然数对象"①。在具有终端对象1的任何范畴中，考虑如下形式的任意结构：

$$1 \xrightarrow{\ a\ } U \xrightarrow{\ f\ } U.$$

其中，f 上没有条件。自然数对象是这种类型的通用结构。也就是说，一个 (N,o,s) 使得给定任何这样的 (U,a,f) 存在唯一同态 $h:(N,o,s) \to (U,a,f)$，即映射 $h: N \to U$ 使得 $ho = a$ 且 $hs = fh$，如下图所示：

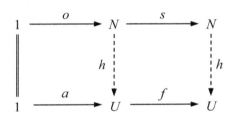

当这两个公理都在像 Sets 这样的范畴中解释时，这种刻画等价于熟悉的皮亚诺公理。值得一提的是，它也适用于比 Sets 更一般的范畴，其中皮亚诺公理不能被解释。

例2：一个可以由通用映射性质给出，而不是由任何熟悉的公理给出的概念，是生成元集合上的自由群。考虑两个生成元的情况，元素 x,y 上的自由群 $F(x,y)$ 具有这样的性质：对于任何群 G 和元素 $g,g' \in G$，存在唯一的同态 $h:F(x,y) \to G$，其中，$h(x) = g$ 和 $h(y) = g'$。多项式环的概念由类似的通用映射性质定义。

例3：实数 R 提供了由唯一的范畴理论刻画的结构的例子，该范畴理论不是由任何已知的通用映射性质确定的。

当然，对于自由群、多项式环等，甚至对于任何特定的通用映射性质，我们都可以找到高阶公理。相反的，实数也许可以用一个适当的通用映射性质来刻画。

① Lawvere, F.. Adjointness in Foundations. *Dialectica* 23, (1969):281 – 296.

我们不知道这两种情况是否都是如此,只是简单地讨论范畴性和通用性之间的联系,作为可能进一步研究的方向。事实上,这一思路似乎与卡尔纳普关于极值公理和希尔伯特的直线完备性公理方面的工作密切相关。

第五章　范畴逻辑到集合论的应用

我们在这一章首先讨论范畴意义下集论全域的泛性质；其次，利用代数和共代数的方法对良基公理 FA 和非良基公理 AFA 进行重新表述和比较，使用范畴论的语言以及其内部的对偶特性说明 FA 和 AFA 之间的关系，证明 AFA 是 FA 范畴论上的对偶；然后探讨在适当的范畴下，集合、图和共代数之间的对应关系，也就是，借助于集合的图，尝试定义一个非良基集合和一个共代数的一一对应；最后研究非良基公理的范畴模型，根据共代数的终结性，给出同一公理家族 AFA^- 的范畴论意义下的描述。

第一节　集合论全域的泛性质

范畴论或范畴逻辑在集合论中的应用，可解决理论计算机科学中许多实际问题。使用范畴论的原理和方法可以研究给定结构类的泛性质，以及各类结构之间的相互关系。几乎每一个具有适当的同态概念的集合理论上定义的数学结构都产生一个范畴。简单地讲，代数和代数同态（即代数之间的态射）构成一个代数范畴，共代数和共代数同态（即共代数之间的态射）构成一个共代数范畴。

在代数范畴和共代数范畴下,良基集合和非良基集合分别有特定的涵义。从范畴的角度,借助于代数的和共代数的理论来考虑集合论的良基公理和非良基公理,能够以一种新的、统一的方式来研究集论全域的泛性质。

一、良基集合与非良基集合

集合论是数理逻辑的一个重要分支,也是整个现代数学的基础。19世纪70年代,主要由德国数学家康托尔创立的集合论通常称作康托尔集合论。康托尔集合论的精髓是无穷序数理论和无穷基数理论,但这一理论中存在着矛盾,人们称之为悖论。例如,罗素悖论、大基数悖论和大序数悖论等。为了解决集合论悖论,许多数学家建立起了多种严谨的集合论体系,其中应用最为广泛的就是在20世纪初,主要由策梅罗和弗兰克尔建立的公理化集合论,也称为集合论的策梅罗—弗兰克尔公理系统,简记作 ZF。最初由策梅罗于1908年公理化的集合论系统有七条非逻辑公理,但没有良基公理,也称基础公理,直到1925年,冯·诺伊曼引入了良基公理。良基公理把集合的论域限制到良基集合,即良基公理保证我们所讨论的集合全域是良基的,也就是排除非良基集合,也称超集,排除了循环的集合。

(一)非良基集合

5.1.1 公理(良基公理)　所有的集合是良基的。即任意非空集合都有 $\in$-极小元。

形式化表示:$\forall x(x \neq \emptyset \rightarrow \exists y \in x(y \cap x = \emptyset))$.

良基公理也称作基础公理或正则公理。除了上面陈述的一阶形式,良基公理的表述也有其他不同的形式[1]:

(1)不存在集合的无穷序列 $x_0, x_1, x_2, \cdots, x_n, x_{n+1}, \cdots$,序列中的每一项是前面一项的一个元素;

(2)令 a 是任意集合,并且 $g: \wp a \rightarrow a$,令 b 是任意传递集合。那么存在唯一

---

① Moss, L. S.. Non-wellfounded Set Theory. *Stanford Encyclopedia of Philosophy*, CSLI. 2008. http://plato. stanford. edu/entries/nonwellfounded-set-theory/

一个函数 $g:b \rightarrow a$,使得对于所有的 $x \in b, g(x) = f(g[x])$;

（3）对于所有的集合 x,存在一个序数 α 使得 $x \in V_\alpha$;

（4）$V = W$（W 是所有良基集合的收集）。

特别地,这些形式是等价的。

（二）非良基集合

在 ZFC 公理系统中,由于良基公理的限制,我们讨论的只有良基集合而没有非良基集合。早在 1917 年,米尔马诺夫（D. Mirimanoff）就区分了良基集合和非良基集合,不过他在当时称之为"普通集和非常集"（ensembles ordinaires et extraordinairy）[1]。非良基集合也称作超集或奇异集合。简单地讲,如果一个集合不是良集的,则它就是一个非良基集合。

5.1.2 **定义**　称一个集合 x 是非良基的,是指有一个集合组成的无穷序列 $x_0, x_1, \cdots, x_n, \cdots$（不一定都不相同）,使得

$$\cdots \in x_n \in \cdots \in x_1 \in x_0 = x$$

成立。也就是说,非良基集合有一个无穷 $\in$ 降链。

类似于无穷小数有无穷循环小数的情形,无穷降链中也有循环出现。

直观上,非良基集合是允许包含自身的集合,也就是集合可以成为它自身的元素。例如,考虑一个简单的集合 $x = \{x\}$,它可以用图表示为:

其中,图的结点表示集合,边表示逆向的隶属关系。将上图展开得到一个无穷树图,即 x 的展开图如下表示:

---

① Sangiorgi, D. . On the Origins of Bisimulation and Coinduction. *ACM Transactions on Programming Languages and Systems*, 31(4), (2009): P135.

x 的展开图也可以用无穷降链 $\cdots \in x \in \cdots \in x = x$ 表示。显然,该集合是循环的,也是非良基的。

实际上,循环的集合可以用无穷 $\in$ 降链表示,而不循环的非良基集合也可以看作循环节无穷的循环集。为了更明确地说明非良基集合,我们规定无穷 $\in$ 降链中的集合是两两不相同的,则可以将非良基集合看作两类集合:一类是具有循环性质的集合;另一类是具有无穷 $\in$ 降链性质的集合。

二、代数与共代数

共代数方法是代数方法的有力互补工具,是一种十分数学化的研究方法。在范畴论的意义上,共代数是代数的对偶概念。

（一）代数与初始代数

5.1.3 **定义**　假定已知一个固定的自函子 $\Phi:C \to C$,这里,C 是一个范畴。

（1）如果在 C 中,$\alpha:\Phi A \to A$,则 (A,α) 是一个代数。且如果 α 是一个双射,则该代数是一个满代数。当 α 容易理解时,我们只使用 A 表示该代数。

（2）已知代数 (A,α) 和 (B,β),如果 $\pi:A \to B$,使得图:

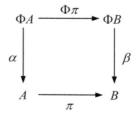

可交换,那么 π 是一个从 (A,α) 到 (B,β) 的同态（或态射）,记作,$\pi:(A,\alpha) \to (B,\beta)$。

代数和同态构成一个范畴。初始对象的一般概念当应用到代数的范畴上时，可给出：

（3）如果(A,α)是一个代数，且使得对于任一代数(B,β)，都存在唯一的同态$(A,\alpha)\to(B,\beta)$，则(A,α)是一个初始代数。

（二）共代数与终结共代数

5.1.4 定义 假定已知一个固定的自函子 $\Phi:C\to C$，这里，C 是一个范畴。

（1）如果在 C 中，$\alpha:A\to\Phi A$，则(A,α)是一个共代数。其中，A 是 C 中的对象，且 α 是 C 的映射，也称作 A 上的转换结构。

（2）已知共代数(A,α)和(B,β)，如果 $\pi:A\to B$，且使得图：

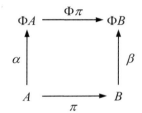

可交换，即满足 $\beta\circ\pi=(\Phi\pi)\circ\alpha$。那么 π 是一个从(A,α)到(B,β)的同态，记作 $\pi:(A,\alpha)\to(B,\beta)$。

共代数和同态构成了一个范畴，可记作 C_Φ。终结对象的一般概念当应用到共代数的范畴上时，可给出：

（3）如果(A,α)是一个共代数，且使得对于任一共代数(B,β)，都存在唯一的同态$(B,\beta)\to(A,\alpha)$，则(A,α)是一个终结共代数。

显然，共代数与代数是同一种结构。而且，在范畴论的意义上，自函子 $\Phi:C\to C$ 在与范畴 C 对偶的范畴 C^{op} 上可以看作自函子 Φ^{op}。C^{op} 与 C 有相同的对象，但 C 中的态射 $f:A\to B$，在 C^{op} 中被看作态射 $f:B\to A$。如果(A,α)是相对于 Φ^{op} 的一个代数，则称(A,α)是相对于 Φ 的一个共代数。因此，"共代数是代数在该意义下的对偶概念"[1]。

---

[1] Aczel，P.. *Non-well-founded sets*. Stanford：CSLI Publications，(1988)：82 - 83.

三、良基集合全域和初始代数

在标准集合论 ZFC 中,用非良基公理替换良基公理得到的公理化集合论系统称作非良基集合论。作为良基公理 FA 的替换物,非良基公理 AFA 具有扩张集论全域的作用,它保证非良基集合存在,从而能够对各种循环现象做出解释。借助于非良基公理,非良基集合论可以得到更为丰富的集合全域。集合全域 V 视情况而确定,V 在不同的集合论中的结构不同。例如,在标准集合论 ZFC 中,$V = W$,这里,W 是所有良基集合构成的全域;在非良基集合论 $ZFC^- + AFA^-$ 中,$V = V^-$,这里,V^- 是根据同一公理家族 AFA^-①确定的所有非良基集合构成的全域。

5.1.5 命题 良基集合的全域是一个初始$\wp_s$-代数。

证明:对于每一个$\wp_s$-代数结构 $h:\wp_s X \to X$,存在唯一的函数 $h^\#:W \to X$ 使得下面的图交换:

$$\begin{array}{ccc} \wp_s W & \xrightarrow{\wp_s(h^\#)} & \wp_s X \\ \| & & \downarrow h \\ W & \xrightarrow{h^\#} & X \end{array}$$

即,

$$h^\#(0) = h(0)$$
$$h^\#\{x_i\}_I = h\{h^\#(x_i)\}_I.$$

该证明可以根据良基隶属关系上的简单归纳法来证。

四、非良基集合全域与共代数

非良基公理 AFA 是良基公理 FA 的初始代数表述的对偶。即在范畴论的意义下,FA 和 AFA 是对偶的一对公理:

良基公理(FA):$\wp_s V = V$ 是一个初始$\wp_s$-代数。

---

① 我们在这里说的同一公理家族 AFA^- 指的是:奥采尔(Peter Aczel)非良基公理 AFA、斯科特(Dana Scott)非良基公理 $SAFA$ 和芬斯勒(Paul Finsler)非良基公理 $FAFA$。

非良基公理$(AFA):V=\wp_sV$是一个终结$\wp_s$-共代数。

也就是，AFA假定全域是"最大"可能的域，而FA假设它是"最小"可能的域。

为了更加方便地证明非良基公理的终结共代数表述，我们给出陈述一个$\wp_s$-共代数的存在性的定理。

5.1.6 定理($终结\wp_s$-共代数定理)　令$\wp_s:S\to S$是在基础集合论中可定义的类范畴S上的自函子，且$X\longmapsto\{x|x$是一个集合$\land x\subseteq X\}$将一个类X映射到它的子集的类，则$\wp_s$有一个终结共代数。

方便起见，我们下面用$(G,\to)$代替G表示一个可达点图，这里，箭头"$\to$"表示逆向的集合隶属关系"$\in$"。令$(X,\to)$是全域V中的一个可达点图，且令(X,k)是集合范畴上的幂集函子$\wp$的一个共代数，其中，$k:X\to\wp X$。图$(X,\to)$与共代数(X,k)之间具有如下形式定义的一一对应：

对于任意的$x,x'\in X$，

$$x\to x'\Leftrightarrow x'\in k(x).$$

类似的，类的范畴S上的幂集函子$\wp_s$的共代数与"局部小的"可达点图一致。由于定义在类的范畴上，局部小的可达点图也就是可能大的可达点图，使得它的每个结点的孩子(即，子结点)的收集是一个集合。

奥采尔最初提出的非良基公理AFA的陈述依据"图"和"装饰"的概念。根据他的思想，集合可以看作具有装饰的可达点图。图的一个装饰是给图的每一个结点指派一个集合的一个函数，使得指派给一个结点的集合的元素是指派给该结点的孩子的集合。因此，在这个意义上，奥采尔将AFA表述为：每一个图有唯一的装饰。这里的图指的是集合的可达点图。

由于具有相同基础集的可达点图和共代数具有我们上面所描述的一一对应关系，所以，一个可达点图的装饰同与它对应的一个共代数的装饰也应该是一致的。我们定义与一个图对应的$\wp_s$-共代数(X,k)的一个装饰是从(X,k)到$V=\wp_sV$的共代数态射：

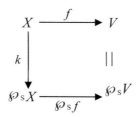

也就是说,一个从 X 到全域 V 的函数 f,且使得对于每一个 $x \in X$,

$$f(x) = \{f(x') \,|\, x' \in k(x)\}.$$

根据图,这个函数对应于以下方式将图中每一个结点映射到一个集合的函数:

$$f(x) = \{f(x') \,|\, x \to x'\}.$$

也就是图的装饰函数。

根据上面的构造,与一个图相对应的一个共代数的装饰,即共代数态射与该图的装饰函数相同。因此,根据终结共代数的定义,如果对于每一个共代数 (X, k),存在唯一的到 $V = \wp_s V$ 的共代数态射,则共代数 $V = \wp_s V$ 是终结的。换言之,共代数 $V = \wp_s V$ 是终结的当且仅当每个局部小的可达点图有唯一的装饰。而且,该断言中的"局部小的"可以用"小的"替换。注意,局部小的可达点图和小可达点图的区别就在于它们所定义的范畴不同,局部小的可达点图定义在类的范畴上,而小可达点图(即,通常称作的可达点图)定义在集合的范畴上。我们有下面的引理:

5.1.7 引理 每个局部小的可达点图有唯一的装饰当且仅当每个小可达点图有唯一的装饰。

证明:用反证法。假设每一个可达点图有唯一的装饰,并且与共代数 (X, k) 相对应的一个局部小的可达点图有两个不同的装饰 f 和 g。那么,存在一个结点 $x \in X$ 使得

$$f(x) \neq g(x).$$

现在,从 x 可及的 (X, k) 的子图不仅是局部小的而且是(完全)小的。也就是,只存在从 x 可及的许多集合结点,因为每个结点只能有许多集合孩子。那

么,f 和 g 都是这个小子图的装饰,于是根据假设,这蕴涵着

$$f(x) = g(x).$$

与假设矛盾。得证。

因此,假定"全域 V 是幂集函子的一个终结共代数"等价于奥采尔的非良基公理 AFA 的表述:"每一个可达点图有唯一的装饰。"[1]也就是说,AFA 具有终结性:

5.1.8 定理(AFA 有终结性)　每一个可达点图有唯一的装饰当且仅当 $V = \wp_s V$ 是一个终结$\wp_s$-共代数。

第二节　非良基公理的范畴模型

一、良基公理和非良基公理的对偶性

在只考虑集合的幂集函子的情况下,我们描述代数形式的良基公理和共代数形式的非良基公理,而且,它们在范畴理论的形式上是对偶的。

5.2.1 定理(代数形式的 FA)　(V,i) 不是一个集合,而是关于幂集函子$\wp$的一个初始代数,满足对于所有的集合 x 和所有的 $f:\wp x \to x$,存在唯一的映射 $m:V \to x$ 使得 $m = f \circ \wp m$,即,下图可交换:

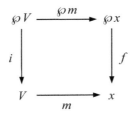

① Turi,D.,et al.. On the foundations of final coalgebra semantics:non-well-founded sets, partial orders, metric spaces. *Math. Structures Comput. Sci.*,8(5),(1998):514-516.

5.2.2 定理(共代数形式的 AFA) (V,j)不是一个集合,而是关于幂集函子 $\mathscr{P}$ 的一个终结共代数,满足对于所有的集合 x 和所有的 $e:x \to \mathscr{P}x$,存在唯一的映射 $s:x \to V$ 使得 $s = \mathscr{P}s°e$,即,下图可交换:

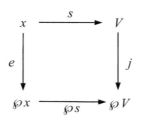

而且,映射 s 被称作系统 e 的解。[1]

注意,我们在这里陈述的这两个公理是与集合有关的形式,这种表述形式应用到类范畴上的幂集函子 $\mathscr{P}s$,则 FA 等价于(V,i)是对于 $\mathscr{P}s$ 的一个初始代数;AFA 等价于(V,j)是对于 $\mathscr{P}s$ 的一个终结共代数。由于 $\mathscr{P}$ 实际上是一个恒等函子,这种公理的表述同我们前面所讨论的,与类上的幂集自函子 $\mathscr{P}s$ 的初始代数和终结共代数对应的 FA 和 AFA 其实是一致的。此外,这两条公理之间的对偶特性能够说明许多其他概念之间也具有更加系统的、完全的对偶性。

二、同一公理家族 AFA˜ 的终结性

使用正则互模拟关系 ~ 处理的同一公理家族 $AFA˜$,包括奥采尔的非良基公理 AFA,斯科特的非良基公理 $SAFA$ 和芬斯勒的非良基公理 $FAFA$。在范畴的层面下,非良基公理 AFA 具有终结性,也就是,AFA 等价于假定集合的全域对于幂集自函子是一个终结共代数。在适当的范畴下,集合、图和共代数之间具有对应关系,也就是,根据集合的图,我们可以定义一个非良基集合和一个共代数的一一对应。继而根据共代数的终结性,可以给出同一公理家族 $AFA˜$ 的范畴论意义下的描述。

(一)集合、图和共代数

每一个集合都可以用一个可达点图来描述,并且一个可达点图可以看作集

---

① Moss, L. S. . *Non-wellfounded Set Theory*. Stanford Encyclopedia of Philosophy, CSLI. (2008). http://plato. stanford. edu/entries/nonwellfounded-set-theory/

合范畴上的某一适当函子的一个共代数。因此,借助于集合的图,集合与共代数能够对应起来,如图 1 所示:

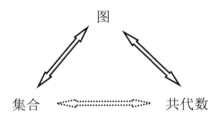

图1　集合、图和共代数的关系

　　令 H 是包含所有良基的和非良基的可达点图的收集,且 ~ 是 H 上的一个正则互模拟。我们知道 $AFA\tilde{}$ 表示与陈述"一个可达点图是一个精确图当且仅当它是 ~ – 外延的"一致的公理。根据对集合全域和外延性的讨论,每一个精确图都是一个 ~ – 外延的图,从而有唯一的装饰。在某种意义上, $AFA\tilde{}$ 确定的每一个全域 $V\tilde{}$ 是适当地包含了标准集合论 ZFC 的全域 V 的一个扩张的全域。根据图,我们如下定义非良基集合全域 $V\tilde{}$:

$$V\tilde{} = \{G \in H \mid G 是 ~ – 外延的\}.$$

　　这表明了集合和图的对应关系,因为每一个 ~ – 外延的可达点图 G 都唯一地对应于 $V\tilde{}$ 中的一个集合,反之亦然。

　　每一个图都是定义在集合范畴上的幂集自函子$\mathscr{P}$的一个共代数。也就是,一个图$(G, \to)$可以重新包装为一个共代数(G, e),这里,映射 $e : G \to \mathscr{P}G$ 根据 $e(x) = \{y \in G \mid x \to y\}$ 给定。换句话说,我们用函数替换图的边关系,该函数给每一个结点指派它的孩子的集合。相反方向的重新包装也成立,所以,在这种意义上,"图定义为具有隶属关系的集合"和"图定义为幂集函子的共代数"的概念仅仅是记法上的变体。因此,每一个精确图,即一个 ~ – 外延的可达点图都唯一地对应于全域 $V\tilde{}$ 上幂集函子的一个共代数。

　　(二)$AFA\tilde{}$的终结性

　　一般来讲,一个精确图确定唯一的集合。非良基公理 *AFA*、*FAFA* 和 *SAFA* 分别给出了判断精确图的不同标准,从而确定了不同的集合全域。

根据5.2.2定理,类似地,我们也可以描述共代数形式的 *SAFA* 和 *FAFA*。在不同的集合论中,全域的结构有所不同。同一公理家族 *AFA~* 确定的全域 $V = V~$,这里,$V~$ 可以表示 V_A、V_S 或 V_F,且 $V_A \subseteq V_S \subseteq V_F$。显然,无论我们讨论的论域是 V_A 或是 V_S 还是 V_F,论域中的每一个可达点图$(G, \to)$都能够看作定义在集合范畴上的幂集函子$\wp$的一个共代数(G, e),其中,$e: G \to \wp G$ 根据 $e(x) = \{y \in G \mid x \to y\}$ 给定。

最后,我们概括同一公理家族 *AFA~* 的共代数形式的表述,也就是,*AFA~* 具有终结性。下面,我们考虑类范畴 *S* 上的幂集自函子$\wp_s$,它与集合范畴上的幂集自函子$\wp$的关键区别在于在集合中不能解决$\wp V = V$的问题,而在类中能够做到。并且考虑定义在类上的局部小的可达点图,根据5.1.7引理,"局部小的可达点图"可以用"小的可达点图"来替换。

根据我们的定义,基础集相同的一个图$(X, \to)$与一个共代数(X, k)之间存在一个一一对应,即,对于任意的 $x, x' \in X$,

$$x \to x' \Leftrightarrow x' \in k(x).$$

假定$(X, \to)$是非良基全域 $V~$ 中的一个 ~ – 外延的可达点图,且令(X, k)是与该图相对应的、关于类范畴上的幂集自函子$\wp_s$ 的一个共代数。根据我们的定义和构造,共代数(X, k)的装饰函数同与它对应的图$(X, \to)$的装饰函数一致。因此,对于(X, k)的唯一装饰也是对于$(X, \to)$的唯一装饰。一个$\wp_s$-共代数(X, k)的装饰是从(X, k)到 $V~ = \wp_s V~$ 的共代数态射:

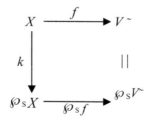

即,从 X 到全域 $V~$ 的函数f,且满足对于任意的 $x \in X$,

$$f(x) = \{f(x') \mid x' \in k(x)\}.$$

　　根据图的理论和图与共代数之间的一一对应关系,该函数对应于图$(X, \rightarrow)$的装饰函数:

$$f(x) = \{f(x') \mid x \rightarrow x'\}.$$

即,将图中的每个结点映射到一个集合的一个函数。而且,如果我们令图$(X, \rightarrow)$的这个装饰是一个单射,即装饰函数给不同的结点指派不同的集合,则该图就是一个精确图。此外,根据终结共代数的定义,如果这个装饰函数是唯一的,则$V^{\sim} = \wp_s V^{\sim}$是一个终结共代数。所以,共代数$V^{\sim} = \wp_s V^{\sim}$是终结的当且仅当每个$\sim$ – 外延的可达点图是一个精确图。

　　因此,假定"全域$V^{\sim}$是类上的幂集函子的一个终结共代数"等价于$AFA^{\sim}$的表述:"一个可达点图是一个精确图当且仅当它是$\sim$ – 外延的"。也就是说,$AFA^{\sim}$具有终结性:

　　5.2.3 定理(AFA有终结性)　一个可达点图是一个精确图当且仅当它是$\sim$ – 外延的等价于$V^{\sim} = \wp_s V^{\sim}$是一个终结$\wp_s$-共代数。

第六章　模态逻辑的范畴模型

范畴论以不同的方式统一了各种数学结构,对逻辑哲学中出现的几乎所有问题都有一定的影响。范畴逻辑是范畴论到逻辑学的应用,逻辑中使用的范畴工具具有极大的灵活性,几乎所有构造性和直觉主义数学的结果都能够用适当的范畴设置来模型。

我们在这一章首先给出共代数模态逻辑的一些例证,以克里普克模型、标号转换系统为例,讨论模态逻辑的范畴模型,并且概述共代数模态逻辑产生和发展的一些基本事实和研究状况;其次讨论模态逻辑的拓扑理论方法,描述这种方法导致的形式系统,根据给定拓扑中的模态算子定义来考察模态算子的函子性,给出模态逻辑方法的一些特殊情况和实例;然后探讨指称和模态的拓扑理论方法,即基于类概念或者可数名词解释为指称前提的模态逻辑方法,以及其产生的形式系统;继而在局部理论的背景下考察局部模态算子的理论,将这种背景下产生的命题模态逻辑公理化,并且研究这些形式系统的完备性和可判定性;之后刻画非经典一阶逻辑的预层语义和独立性结果,通过在任意范畴上的预层中引入模型,证明具有常数域的弱排中律的中间逻辑 D-J 相对于克里普克语义是不完备的,并且给出具有嵌套域的模态系统的不完备性结果;最后讨论部分代数理论的一种语法表示,即左正合逻辑,通过描述左正合逻辑的语义说明左正合逻辑是具有保守扩展的相干逻辑,并且根据左正合范畴理论、通用霍恩逻辑的应用实例阐明左正合逻辑在具有所有有限极限的任何范畴中都是可解释的。

第一节　共代数与模态逻辑

代数与共代数是一对范畴,共代数是代数的对偶概念,数学、逻辑学和理论计算机科学中的许多结构都能够很自然地看作共代数。代数方法已经在计算机科学各领域中有了广泛的应用,并且对现代逻辑的发展有着深远的影响。而共代数直至 20 世纪 90 年代中后期才被越来越多的学者关注。近年来,对描述共代数性质的模态逻辑以及从共代数的角度对模态逻辑语义所进行的研究迅速地发展起来,并促进了共代数模态逻辑的产生和发展。

一、共代数模态逻辑的例证

模态逻辑的研究与共代数方法的研究密切相关,彼此推动着发展。共代数与基于状态的系统之间有着极为密切的关系。"共代数的概念是基于状态的系统,例如克里普克模型、标号转换系统和流自动机的一种抽象表示。"[1]这些系统具有共同的性质:一是系统的行为依靠自身的内状态,不为使用者所见,即"黑盒"观点;二是系统是反应性的,即未必终止,并且与它的环境交互作用;三是这种交互作用通过伴随着系统发生的一系列操作而产生。这些系统可以很自然地看作共代数。

（一）克里普克模型

对于模态逻辑学家来说,克里普克框架和模型提供了共代数的最好例证。例如,原子公式集 A 的克里普克模型是一个三元组 $\langle S, R, V \rangle$,其中,S 是可能世界或状态的集合,$R \subseteq S \times S$ 是一个可及关系,且 $V: A \to \wp S$ 是原子公式的一个赋

---

① Hasuo, I. . *Modal logics for coalgebras-a survey*. Report, Tokyo Institute of Technology, (2003).

值,这里,V(a)是 a 为真的状态集。通过下面的构造,可得到克里普克模型的共代数形式。对于一个克里普克模型〈S,R,V〉,根据:

$$next(s):=\{s'\in S|sRs'\}=s \text{ 的下一可能状态}$$

$$prop(s):=\{a\in A|s\in V(a)\}=\text{在 s 上为真的命题}$$

定义 next:S→$\wp$ S 和 prop:S→$\wp$ A,取其笛卡尔乘积,(S,〈next,prop〉:S→$\wp$ S × $\wp$ A)对于符号差函子:TX:=$\wp$ X × $\wp$ A 和 Tf:=$\wp$ f × $\wp$ A 是一个共代数。

考虑克里普克模型的一个态射,现在可以将其看作 T-共代数,T = $\wp$ Id × $\wp$ A。令(S,〈next,prop〉) = 〈S,R,V〉和(S',〈next',prop'〉) = 〈S',R',V'〉是克里普克模型,且 f:S→S″。减弱上面定义中的条件,在只有 p-态射或伪满射的条件下,我们得到 f 是关于 T-共代数的态射,当且仅当对于每个 s ∈ S,

(1)prop (s) = prop'° f (s),即,对于每个 a ∈ A,$s_{\langle S,R,V\rangle}$ ⊨ a 当且仅当 f(s)⊨$_{\langle S',R',V'\rangle}$a;

(2)f[next(s)] = next'°f(s),即,s_1Rs_2 蕴涵 $f(s_1)R'f(s_2)$,并且,如果 $f(s_1)R's_2'$,则存在 $s_2\in S$ 使得 s_1Rs_2 且 $f(s_2) = s_2'$。

可见,模态逻辑的经典语义模型——克里普克模型可以自然地看作共代数,而描述共代数的性质也很自然地需要使用模态逻辑。

(二)标号转换系统

作为转换系统上的一种统一的抽象方法,共代数已经得到了越来越多的关注。在集合和函子的范畴 Set 上,理论计算机科学中所考虑的各种系统,包括标号转换系统、概率系统和时间系统,都能被模型为某一函子,即在这种情况下也称作行为函子的共代数。在其他范畴,例如,预层范畴或标称集合范畴 Nom 中,共代数也能作为有名称约束的进程代数系统的模型。共代数方法提供了一种在共归纳和互模拟上的抽象观点。

转换系统的性质通常使用一种模态逻辑来说明。迄今为止,已经有各种逻辑逐步发展起来描述不同类型的系统的性质,例如,亨尼西(M. Hennessy)和米尔纳(R. Milner)研究的对于标号转换系统的亨尼西—米尔纳(Hennessy-Milner)逻辑;荣松(B. Jonsson)、易(W. Yi)和拉森(K. G. Larsen)研究的对于概率系统的概

率模态逻辑;米尔纳、帕罗(J. Parrow)、沃克(D. Walker)和达姆(M. Dam)研究的
有名称约束的系统的逻辑。重要的是,这些逻辑都是可表达的,即它们刻画了各
自不同的互模拟概念。这些逻辑的非表达部分通常也用于描述其他进程等价的
概念,例如,跟踪等价或检验等价等。总之,一种转换系统的成功的抽象理论必
须能够提供在模态逻辑及其性质上的一般性观点。而且,使用共代数的方法和
理论能够将模态逻辑的理论抽象到一般水平上。

(三)其他系统

将系统看作共代数和终结语义的范式的观点及其相关的共归纳原理已经应
用于各种不同的主题。诸如,自动机理论、组合数学、π-演算的标志语义、进程
演算和 GSOS-格式、概率转换系统、基于软件发展的成分和递归程序模式的解等。
将面向对象的程序设计中的类模型为共代数,使得一些新型验证工具,例如,
LOOP、CCSL、COCASL 也能将推理和基于共代数研究的模态逻辑结合起来。

总之,共代数和模态逻辑之间的联系十分明显:一个自函子的共代数可以看
作抽象的动态系统或转换系统,而模态逻辑可以看作讨论这些系统的自然规范
语言。定义模态逻辑的共代数语义能够以一种统一的方法得到不同类型的模态
逻辑的结果,而模态逻辑的类型也可以根据不同的自函子来确定。所以,人们不
仅研究用于描述共代数性质的模态逻辑,而且从共代数的角度来研究模态逻辑
的语义。这些动因促进了共代数模态逻辑的产生和发展。

二、共代数模态逻辑的产生

1999 年,莫斯(L. Moss)在他的论文《共代数逻辑》中,最先研究了"适合描述
共代数性质的逻辑,即包含特征公式的无穷模态逻辑"[1],他称其为共代数逻辑,
我们现在通常也称作共代数模态逻辑。自此之后,共代数模态逻辑的研究逐步
开展起来。莫斯提出的共代数逻辑是共代数到逻辑的第一个抽象方法的概括。
他研究的包含特征公式的无穷模态逻辑,也就是,每个模态世界对根据一个无穷

---

① Moss,L. . Coalgebraic logic. *Annals of Pure and Applied Logic*,96,(1999):241-259.

公式被刻画到互模拟上。莫斯工作的出发点是无穷模态逻辑的特征现象,其基本结果是模态世界对 $\langle M, w \rangle$ 和 $\langle M, v \rangle$ 满足某一确定的原子命题集上的无穷模态逻辑的同一公式,当且仅当存在一个 M 中的互模拟,使得 w 和 v 有关系。除了到互模拟的关系之外,无穷模态逻辑也有一个到集合论的幂集运算的关系。确定一个原子命题集 AtProp,从 AtProp 可以得到有穷和无穷模态逻辑。对于这两种模态逻辑来说,克里普克模型是集合上的函子 $F(A) = \wp(A) \times \wp(AtProp)$ 的共代数。莫斯概括了模态逻辑到在集合上的函子 F 的共代数上解释的逻辑系统,具体研究了包含特征公式的无穷模态逻辑的一个片段 $L(\triangle)$,并且定义了与集合上的函子 F 一致的共代数逻辑 L_F 及其语义。具体来说,定义 $L_F = (\wp + F)^*$,称其为 F-语言。也就是,L_F 是最小的类,使得

$$L_F = \wp L_F + F L_F.$$

于是,我们有两个单射,分别写作 $\wedge : \wp L_F \to L_F$ 和 $inr : F L_F \to L_F$,也将 $\wedge \varnothing$ 写作真。给定一个 F-共代数 $E = \langle A, e \rangle$,定义满足关系 $Sat(= Sat(F, E))$ 是以下算子:

$$\Phi : \wp(A \times L_F) \to \wp(A \times L_F)$$

的最小固定点:

$$\Phi(R) = \{\langle a, \wedge S \rangle : S \subseteq L_F, \text{且}$$

$$\forall \varphi \in S, \langle a, \varphi \rangle \in R\} \cup \{\langle a, \varphi \rangle : \exists w \in F(R), e_a = F\pi_1^R(w) \& \varphi = (inr \circ F\pi_2^R)w\}.$$

可证 Φ 是单调的。特别地,当我们将 Sat 用作一个二元关系时,可将其写作 $\vDash$。固定点性质意谓着 L_F 具有下面的特征结果:

(1)如果 $\forall \varphi \in S, b \vDash_E \varphi$,则 $b \vDash_E \wedge S$;

(2)如果 $\exists w \in F(Sat)$ 使得 $F\pi_1^{Sat}(w) = e_b$ 且 $(inr \circ F\pi_2^{Sat})w = \varphi$,则 $b \vDash_E \varphi$.

第(2)条适用于 $\varphi \in (inr \circ F)L_F$,且当这样一个 w 存在时,我们称 w 是 $b \vDash_E \varphi$ 成立的前提。

共代数逻辑 L_F 的语言完全根据函子 F 来确定,而且它是能够在 F-共代数上解释的逻辑系统。这种共代数逻辑在无穷合取和一个称为 $\triangle$ 的运算下是封闭

的。此外,莫斯概括了无穷模态逻辑到共代数逻辑的特征结果,并且使用这些特征结果,根据有序代数的极大元得到了关于终结共代数的表现定理,最终证明了共代数逻辑的公式可以看作终结共代数元素的近似值。

三、共代数模态逻辑的发展

21 世纪初,继莫斯之后,霍比格尔(M. Rößiger),库尔茨(A. Kurz)和帕蒂森(D. Pattinson)等人进一步研究了共代数模态逻辑。

霍比格尔研究了多项式自函子如何产生模态逻辑的问题。2000 年,霍比格尔提出了能够描述包括非确定性的共代数系统的模态语言,讨论了多项式自函子产生模态逻辑的方法。"这类函子由常数集,使用乘积、上积、求幂运算的恒等函子和幂集函子归纳构造而得。"①因此,克里普克结构成为一种特殊的情况。这种方法在对于共代数的模态语言和对于克里普克结构的模态逻辑之间构建了一座桥梁。次年,霍比格尔在他定义的以多项式自函子的共代数为模型的模态逻辑中,证明了"像有穷的共代数互模拟性与逻辑等价一致"②,并给出了一个完备的和完全的推理演算系统。他将模态逻辑的思想和概念直接应用到共代数理论中,给出了一个公理化系统并且定义了典范共代数。这导致了一个完备性结果。可证每个典范共代数在某一类共代数中是终结的。这种方法也为给定多项式函子的所有共代数的终结共代数,生成了一种函数的描述。霍比格尔证明了对于多项式函子上的共代数,给出一种模态逻辑并且对其公理化是可能的,使用这种方法构造的模态逻辑语言可以用来描述各种确定性系统。然而是否能够将其一般化到其他各种函子上是需要进一步研究的问题,例如,另外的构造原则可以是幂集函子或初始代数和终结代数基础集函子。包括幂集函子在内,这些函子能提供一种语言,这种语言能够概括这种方法以及关于克里普克结构的模态逻辑。

库尔茨主要研究共代数的模态逻辑与代数的等式逻辑之间的对应关系,以

①　Rößiger, M.. Coalgebras and modal logic. In Reichel H, ed. Proceedings of the CMCS 2000. *Electronic Notes in Theoretical Computer Science*, 33, (2000).

②　Rößiger, M.. From modal logic to terminal coalgebras. *Theoretical Computer Science*, 260, (2001): 209 – 228.

及共代数模态逻辑应用到理论计算机科学方面的内容。2000年,库尔茨研究了描述共代数,特别是作为广义模态逻辑模型的共代数的逻辑语言,以及共代数中的模态逻辑与代数中的等式逻辑之间的对应关系。库尔茨根据对偶的伯克霍夫变化定理和类似的结果刻画了对于共代数的模态逻辑的表达力,说明了"如果具有符号差函子上足够的信息,则共代数可以看作转换系统,即可作为一适当的模态逻辑的克里普克模型"①。在面向对象的程序设计的意义上,这种方法可以提出一种模态逻辑,用于说明由类生成的共代数。而且,库尔茨证明了共代数的范畴与代数的范畴是同构的,给出了(一阶)等式逻辑的模型,也证明了对于共代数的模态逻辑是对于代数的等值逻辑的对偶。2001年,库尔茨提出了"使用模态逻辑描述基于面向对象的程序设计语义上的共代数方法"②。在此之前,在雷歇尔(H. Reichel)于1995年发表的论文《基于终结共代数的对象语义方法》和雅各布斯(B. Jacobs)于1996年发表的论文《对象、类和共代数方法》中,共代数仅被用于形式化面向对象的程序设计中的类和对象的概念。同对代数一样,他们也使用等式逻辑来说明共代数,即类和对象。1995年,亨泽尔(U. Hensel)和雷歇尔的论文《在终结共代数中定义方程》和雅各布斯的论文《谓词和余自由共代数》中都给出了等式规范和共代数之间的一个解释。库尔茨使用了一种不同的方法,即用模态逻辑来说明共代数,他将模态逻辑的标准概念应用到共代数上,介绍了共代数的模态语言和共代数到终结共代数的模态可定义类。通过将共代数构造为克里普克模型,模态逻辑可被用作共代数的一种逻辑。对于某种函子,可证这种逻辑的表达力允许定义互模拟概念上的共代数,并能够给出这种逻辑的一个完全的演算系统。库尔茨讨论了这种方法和莫斯的共代数逻辑之间的关系,并且认为所考虑的函子应该至少扩展到幂集函子。关于类和对象的规范,考虑包含安全和生动性规范的时间推理应该更有意义。更深一步的论题还包含遗传、

---

① Kurz, A.. "Logics for coalgebras and applications to computer science." [Ph. D. Thesis], LMU, (2000).

② Kurz, A.. Specifying coalgebras with modal logic. *Theoretical Computer Science*, 260, (2001):119 – 138.

加细、合成、通信和检验等。根据量化和无穷合取的性质,这种逻辑的外延需要进一步考虑。此外,更为普遍的一个问题涉及等式和模态规范之间的关系。库尔茨提出是否存在一种方法可将模态逻辑构造为等式逻辑的一个对偶,即模态代数和克里普克模型之间的对偶性。在他看来,模态逻辑可以成为解决共代数理论上的一些新问题和结果的有效工具。

库尔茨还提出了泛共代数可以做为系统的一般理论。"'系统'可以理解为能在某一环境中运转且与环境通信的某种实体。假定一个系统有一个固定的接口,环境仅能执行该接口允许的系统上的那些观察结果、实验或通信。'一般理论'可以理解为允许我们用一种统一的方法尽可能多地研究各种不同系统的一种理论。"①这是一种折中的方法,使用某种统一的方法允许我们研究的系统的类型越多,期望得到的结果就越少。也就是说,我们能够用一种统一的方法处理对于共代数的逻辑。从计算机科学的观点来看,这个问题很有趣,因为共代数是系统,而逻辑是规范语言。可证共代数概念的一般性足以涵盖各种系统,而且非常地具体,并能够考虑相当多有趣的结果。在某种程度上,泛共代数不仅指理论的一般性,而且反映了其对偶于已经得到确认的泛代数方面。库尔茨探究了这种对偶性,也就是对于代数和共代数逻辑的对偶性。通过证明逻辑等价,即从一种语义的观点来证明模态逻辑是等值逻辑的对偶,可证模态逻辑就是共代数正如等值逻辑是代数。

2006 年,库尔茨概述了关于转换系统规范语言的一般理论。具体地说,"转换系统被概括为共代数"②。库尔茨在称作逻辑的或模态的演算中,根据相关的代数类,例如,布尔代数的经典命题逻辑,提出了规范语言和它们的证明系统。而且使用斯通对偶的方法使逻辑和它们的共代数语义有关系,并将这些概念间的关系概括为:

---

① Kurz,A.. *Coalgebras and modal logic*. ESSLLI 2001 lecture notes,(2001).

② Kurz,A.. *Coalgebras and their logics*. ACM SIGACT News,37,(2006):219 – 241.

2008 年，克尔斯堤（C. Cîrstea）、库尔茨、施罗德（L. Schröder）和维尼玛（Y. Venema）讨论了共代数方法应用到模态逻辑中的一些问题。模态逻辑在计算机科学中的应用很丰富，许多结构不同的模态逻辑已经成功地用在不同的应用场景中。"共代数的语义为用于特定域的各种具体逻辑提供了一种统一的和包含的观点。共代数方法是一般的和合成的，其工具和技巧能同时应用到大量的应用领域，并且能以模块化的方式结合在一起。"[①]特别是这种方法促进了到域特殊形式的一种选择方法，适用于整个应用领域的范围，导致了容易设计、执行和维护的通用软件工具。他们认为共代数方法在精确的、抽象的水平上考虑计算的现象，模型化的语言非常灵活，且相关的逻辑语言即使是在复杂的类的范畴上仍然是可判定的。共代数的性质不仅影响模态逻辑领域本身，而且也能促进计算机科学中许多领域的重要发展，他们也研究了共代数方法应用于人工智能的知识表示、共点或可动性的具体内容。

帕蒂森主要研究共代数逻辑的表达性以及适用于一般函子的共代数逻辑。他于 2001 年提出了两种适合描述共代数性质的逻辑并研究了其表达性。一是将集合和函数范畴上的共代数推广到标号转换系统、克里普克模型和各种类型的自动机。根据"自然关系"和"谓词提升"的语义概念对提出的两种逻辑进行解释。证明了这两种方法的充分性，即"状态空间中互模拟的点满足同一类公式，并且给出一个可表达性条件。在该条件下，互模拟的点的每个集合可根据该

① Cîrstea, C., Kurz, A., Schröder, L. and Venema, Y.. *Modal Logics are coalgebraic. BCS Visions in Computer Science*, (2008).

逻辑的一个公式来刻画"①。二是将谓词提升的方法从集合范畴推广到纤维设置，建立了一个充分性结果。然后在拓扑理论下研究这种逻辑语言，以域范畴上的共代数为例，证明了一个表达性结果。这种语言的解释也使用了谓词提升上的完备性条件，且该完备性条件满足域范畴上的许多转换符号。此外，他还讨论了在模型，即共代数和逻辑语言上参数转换的作用，可证这种共代数可以自然地表现为参数范畴上的共纤维，而且这也满足对应于共代数的模态逻辑。随后，帕蒂森提出了一种多模态语言，这种语言通过一个自然关系集产生，并且能用于形式化对于任意符号差函子的共代数状态空间上的谓词。可证在共代数的互模拟下，"这种语言的解释实际上是互模拟不变量，并且在一个自然的完备性条件下，其具有足够强的表达力可以将基本状态空间的元素刻画到互模拟上"②。同莫斯提出的共代数逻辑一样，该理论可应用于集合范畴上任意的符号差函子。而且，帕蒂森给出了获得特征公式所必需的合取词和析取词大小（基数）的一个上界。

帕蒂森也研究了一种有穷模态逻辑，在一自函子的共代数上对其解释，并且建立了可靠性、完备性和可判定性的结果。在共代数模态逻辑的抽象结构中，这种逻辑能够实例化集合范畴上的任意自函子。帕蒂森使用谓词提升的方法概括了从克里普克模型到任意共代数的原子命题和模态算子。"谓词提升对模态算子的解释可以将沿自函子终端排列的归纳法用做该种逻辑的可靠性、完备性和可判定性证明的原理。"③这种归纳原理对于模态逻辑推理来说，是一种新的方法：完备性的证明不依赖于典范模型的构造，而且有穷模态性的证明也不使用过滤方法。帕蒂森还提出共代数行为等价的一种逻辑上的描述，也就是将行为等价刻画为共代数模态逻辑结构中的逻辑等价。这种刻画是根据共代数模态逻辑给出的，"共代数模态逻辑是关于推理的一种抽象结构，并且这种刻画说明了集

①　Pattinson, D.. *Expressivity results in the modal logic of coalgebras*. [Ph. D. Thesis]. LMU, (2001).

②　Pattinson, D.. Semantical principles in the modal logic of coalgebras. in: A. Ferreira, H. Reichel(Eds.), *Symposium on Theoretical Aspects of Computer Science*, STACS 01, Lect. Notes Comput. Sci., vol. 2010, Springer, (2001):514 – 526.

③　Pattinson, D.. Coalgebraic modal logic: Soundness, completeness and decidability of local consequence. *Theoretical Computer Science*, 309(1 – 3), (2003):177 – 193.

合范畴上一自函子的共代数性质"①。它的主要特点是使用谓词提升给出了在共代数上的模态算子的解释。帕蒂森从纯语义的层面上处理共代数模态逻辑,证明了共代数模态逻辑对关于共代数的推理是充分的,即行为上等价的状态不能根据逻辑公式区别,并使用终端序列归纳法的证明原则,确立了根据谓词提升集给定的模态算子集上的条件,以保证共代数模态逻辑的可表达性,也就是,具有相同逻辑理论的任意两个状态实际上是行为等价的。与莫斯的共代数逻辑相比,帕蒂森构建的共代数模态逻辑语言具有一种标准的语法,即在命题逻辑中加上模态算子,但是只能得到对于谓词提升分离集的刻画结果。此外,他使用的表达性定理的证明原则,即终端序列归纳法也就是沃雷尔(J. Worrell)在其论文《关于一个可及集合函子的终结序列》中的主要证明原则。

施罗德继帕蒂森对共代数逻辑表达性问题所做的工作之后,进一步研究了基于谓词提升概念的共代数模态逻辑的表达性问题。谓词提升,即将 X 上的谓词转变成 TX 上的谓词,T 是符号差函子,"共代数模态逻辑根据谓词提升得到它的模态算子"②。帕蒂森在论文《借助于终端序列归纳法的共代数的表达性逻辑》中已经证明了共代数模态逻辑的一个表达性结果,该表达性结果在假定符号差函子允许谓词提升的一个分离集存在的条件下成立。施罗德通过给出合取式必要大小的一个较小边界的方法改进了这个结果,从而得到了一个强表达性结果。此外,他给出了谓词提升的一个分类结果,得到了使谓词提升分离集存在的必要和充分标准。根据这个标准,结合一些函子的简单实例,确定了函子不允许表达性一元模态逻辑,诸如正规模态逻辑和单调模态逻辑。施罗德将谓词提升的单调性和连续性分别与归纳模态算子的单调性和正规性联系起来,根据对谓词提升的分类,来区分模态逻辑、单调模态逻辑和正规模态逻辑的共代数表达性,并且确定了正规模态逻辑是自然关系的模态逻辑,因为自然关系能够将共代

---

① Pattinson, D.. *Expressive logics for coalgebras via terminal sequence induction*. Notre Dame J., *Formal Logic* 45, (2004):19-33.

② Schröder, L.. *Expressivity of coalgebraic modal Logic*. The Limits and Beyond. In FoSSaCS'05, LNCS 3441, (2005).

数转变为克里普克结构,即正规模态逻辑精确地描述了克里普克结构。一般说来,模态逻辑完全能够充当共代数的一种规范语言。这些结果也说明了共代数为非正规模态系统甚至非单调模态系统构成了一个极好的语义结构。

此外,施罗德还讨论了多目共代数模态逻辑的有关内容。共代数模态逻辑包括基于多目谓词提升的多目模态算子,这种模态算子可以取一个以上的参数公式。施罗德证明了每个可及函子都允许一种表达性多目模态逻辑,而且与一元模态逻辑不同,表达性多目模态逻辑是合成的。2007 年,克林(B. Klin)以施罗德描述的多目共代数模态逻辑为基础,研究了局部可表现范畴下的多目共代数模态逻辑,并且证明了在某种假设条件下,所得到的函子允许其共代数有表达性的逻辑语言,即,"多目模态逻辑对于所有可及的行为函子来说是可表达的"①。他给出了具体实例,包括在标称集合的解释下,用于描述有名称约束的系统的标准函子。

库普克(C. Kupke)、库尔茨和帕蒂森对共代数模态逻辑的代数语义方面进行了研究。他们证明了"共代数的模态逻辑可以描述为布尔代数上的函子"②,给出了共代数逻辑的一种代数语义,并且以对偶理论的观点研究了共代数逻辑的可靠性、完备性和可表达性。也就是,给定自函子 F 和对于 F-共代数的逻辑语言 L,所构造的自函子 L 使得 L-代数能为这种逻辑语言提供一种可靠的和完全的代数语义。根据 L 的公理,通过刻画 L 和 T 之间的对偶性可得出结论。可证如果 L 是 T 的对偶,那么该代数语义的可靠性和完备性就能立刻产生共代数语义相应的性质。这种方法提供了证明具体的、给定的一种逻辑是可靠的、完全的和可表达的一个标准。

我们也可以从代数的观点来研究支持经典模态扩张的逻辑。2004 年,库尔茨和帕尔米贾诺(A. Palmigiano)介绍了具有谓词代数的状态空间一般概念上的

---

① Klin,B. . *Coalgebraic modal logic beyond sets*. In MFPS XXIII,Elsevier,Amsterdam,173,(2007):177 – 201.

② Kupke,C. ,Kurz,A. and Pattinson,D. . *Algebraic semantics for coalgebraic logics*. In CMCS'04,ENTCS 106,(2004).

Vietoris 空间或幂域,这些概念可以应用在诸如泛共代数、代数逻辑、模态逻辑和点阵理论这样的系统理论中。他们在抽象代数逻辑和对偶理论的情境下,刻画了支持模态性的自外延逻辑 S,构造了 S-指称代数上的 Vietoris 自函子 V。"指称代数是自外延逻辑的典范语义结构,可以看作一般框架的抽象形式。"①通过定义 V 下的充分条件,能够将 S 的模态扩张定义为由 V-共代数产生的逻辑。V-共代数可以表示为模态地扩张的相似类型的指称代数。所扩张的具有模态算子□和◇的逻辑是正规的和相关的,如同模态逻辑系统 K。定义自外延逻辑模态扩张的一般理论使得模态扩张的算子具有预设的语义和性质。作为一个例子,库尔茨和帕尔米贾诺也证明了指称代数上的 Vietoris 自函子如何扩张为斯通空间上的 Vietoris 自函子。此外,他们还以另外一种观点验证,当一类空间(X,A),即集合 X,且具有 X 的子集的一个代数 A 考虑幂空间 V 的定义时,则转换系统(X,A)→A(X,A)。

　　施罗德为共代数模态逻辑构造了一个有穷模型。他认为,"模态逻辑与共代数的联系十分紧密,而且共代数可看作一般的转换系统。只要在各种各样的系统类型上有一种统一的观点,则共代数就可作为反应性系统的一般理论"②。并发性理论中的许多概念都能够放入共代数框架中,包括互模拟、共归纳和共递归的一般概念以及一般的模态逻辑。施罗德集中于共代数模态逻辑的研究,因为共代数模态逻辑与传统模态逻辑的句法和语义十分接近。共代数模态逻辑的作用是双重的:一方面,我们能得到一种合适的一般反应型规范语言,这种语言涉及状态空间的封装性,即与状态的行为等价有关,并且它使用在现行软件规范语言,包括面向对象的规范语言中是非常直观的。另一方面,共代数模态逻辑通常对应于已知的模态逻辑,诸如分次模态逻辑或概率模态逻辑,并为这些逻辑提供一种共代数的语义。施罗德证明了有限性共代数模态逻辑具有有限模型性,即

　　①　Kurz,A. and Palmigiano,A.. Coalgebras and modal expansions of logics. *Electron. Notes Theoret. Comput. Sci.* 107,(2004):243 – 259.

　　②　Schröder,L.. A finite model construction for coalgebraic modal logic. *The Journal of Logic and Algebraic Programming*,73,(2007):97 – 110.

每一个可满足的公式在一个有限模型中是可满足的。这个结果不仅重新验证了已知的共代数模态逻辑的完备性结果,确立了每种共代数模态逻辑允许秩为 1,即模态算子的嵌套度等于 1 的完全的公理化系统,也使我们建立了共代数模态逻辑的一般可判定性结果和第一上复杂界。这些工作蕴涵着一种模态逻辑可看作一种共代数模态逻辑当且仅当其能根据秩为 1 的公式,即形为□φ 的原子命题组合公理化,如果考虑多目模态算子,则更一般的形式是□(ϕ_1,…,ϕ_n),这里,□是一个模态算子,φ 是一个命题公式。这种格式不包括诸如 S4 或 KT 的逻辑系统。

"单调模态逻辑也可以看作共代数模态逻辑"[①],汉森(H. H. Hansen)和库普克对此进行了一定的研究。他们主要做了两方面重要的工作:一是建立了单调模态逻辑和共代数一般理论之间的联系,这种联系是通过定义集合范畴上的函子 $Up_\wp$:Set→Set 和斯通空间范畴上的函子 UpV:Stone→Stone 使得 Up‖－共代数和 pV-共代数分别对应于单调邻域框架和描述性一般单调框架而建立的;二是研究了共代数的等价概念和单调互模拟概念之间的关系。特别是证明了 $Up_\wp$－函子不能保持弱回拉。如果一个函子 T 保持弱回拉,则 T－互模拟和行为等价是相同的。可证对于 $Up_\wp$－函子来说,这两个概念是不同的,$Up_\wp$－共代数的等价称作 $Up_\wp$－互模拟。他们使用 $Up_\wp$－互模拟来定义两个单调邻域框架的互模拟乘积,从而推断出克里普克框架的乘积。并且依照正规模态逻辑中插值法的证明思想,利用互模拟乘积证明了一些单调模态逻辑的 Craig 插值。基于上述工作,我们能够很容易地将单调模态逻辑看作共代数模态逻辑。

综上所述,从以上西方学者对共代数模态逻辑研究的现况可以看出,正是由于可作为研究基于状态系统的可观察行为的数学理论,共代数具有极其广阔的应用前景。也因为对共代数模态逻辑的研究仍处于起步阶段,使得共代数模态

---

① Hansen, H. H. and Kupke, C.. A coalgebraic perspective on monotone modal logic. In J. Adámek and S. Milius, editors, Coalgebraic Methods in Computer Science, CMCS 04, *volume* 106 *of Electron. Notes Theoret. Comput. Sci.*, (2004):121－143.

逻辑的研究方向呈现多样化。今后对共代数模态逻辑的研究可涉及共代数理论的逻辑基础、共代数和模态逻辑的关系、共代数模态逻辑元理论和共代数模态逻辑发生学理论等。我们认为,共代数模态逻辑不只是哲学概念上的逻辑,从语义的角度来看,也可以说是代数概念上的逻辑。但因为共代数的方法十分数学化,理论基础难度大,研究中势必会遇到许多难题。相信随着更多的共代数方法的新技术被国内学者所掌握,逻辑学界关于共代数模态逻辑的研究必将逐步丰富起来,并能解决更多的问题。

第二节　模态逻辑的拓扑理论方法

20 世纪 80 年代末期,有两种模态逻辑的拓扑理论方法几乎同步且独立地发展起来:一种方法通过雷耶斯的论文《指称和模态的拓扑理论方法》①开始,并由拉文多姆、卢卡斯(Th. Lucas)和雷耶斯在其论文《拓扑理论模态的形式系统》②中进一步发展;另一种方法的提出应归于吉拉尔迪(S. Ghilardi)和米洛尼(G. C. Meloni)的论文《模态和时态谓词逻辑:预层和范畴概念化中的模型》③。虽然乍看起来这些方法似乎完全不相关,并且其导致的形式系统也不相同。但是,根据接下来的讨论可知,这两种方法都是我们所详细描述的更一般情况的特例。

拓扑中的模态算子,例如,必然性算子□和其他逻辑运算符,否定词¬ 之间有一个基本的区别:¬ 在与回拉可交换的意义上说是函子的,因此,它定义了一

---

① Reyes, G. E. and Gonzalo, E.. A topos-theoretic approach to reference and modality. *Notre Dame Journal of Formal Logic*, 32(3), (1991):359–391.

② Lavendhomme, R., Lucas, T. and Reyes, G. E.. *Formal systems for topos-theoretic modalities*. CiteSeer, (1989).

③ Ghilardi, S. and G. C. Meloni,. *Modal and tense predicate logic: models in presheaves and categorical conceptualization*. in Categorical Algebra and its Applications, (1988).

个映射 ¬ : □→□,但这对于 □ 的情况并非如此。事实上,唯一的算子 □ : Ω→Ω,
使得 □p ⊆ p 且 □T = T 是恒等式。

使用雷耶斯提出的方法,通过考察基础拓扑上的拓扑,并且将模态算子应用
的域限制为仅是"常量"对象的谓词,但保持"常量"映射的函子性,可以避免这
一困难。而吉拉尔迪和米洛尼,限制了雷耶斯讨论的应用域,将常量映射的函子
性放宽为松弛的函子性。事实上,吉拉尔迪和米洛尼提出的这种方法的这一特
点,在任何以概括其方法为目的的背景下必须保持下来,并且我们可以证明,通
过对拓扑本身施加限制,可以在拓扑的所有对象的谓词上定义松弛的模态算子。

一、一般语境

考虑一个拓扑 E(假定是"变量集"的全域)定义在一个拓扑 $\mathscr{B}$(假定是"常
量集"的全域)之上。换句话说,我们有一个几何态射 (Δ, Γ),即一个图:

$$\mathscr{E} \underset{\Gamma}{\overset{\Delta}{\leftrightarrows}} \mathscr{B}$$

使得 $\Delta \dashv \Gamma$ 且 Δ 保持有限极限。

按照拓扑理论中的习惯,由于 Δ 是由 Γ 唯一确定的,我们可以将上面的几何
态射写为 $\mathscr{E} \overset{r}{\longrightarrow} \mathscr{B}$,保留 Δ 为隐式的。

从现在开始,我们在 (Δ, Γ) 上作出以下假设:

(*)　　　　　　　　　Δ 保持 $\mathscr{B}$ 的子对象的下确界

根据伴随函子的存在性,重新表述(*)是很方便的。要做到这一点,考虑下
面的图,对于每个 $S \in \mathscr{B}$,

(**)　　　　　　　　$\mathrm{Sub}_{\mathscr{B}}(S) \underset{\Gamma_S}{\overset{\Delta_S}{\leftrightarrows}} \mathrm{Sub}_{\mathscr{B}}(\Delta S)$

其中,$\mathrm{Sub}_{\mathscr{B}}(S)$ 是 S 的子对象的有序范畴,ΔS 和 Γ_S 定义如下:给定 $P \rightarrowtail S$,应用 Δ
得到 $\Delta P \rightarrowtail \Delta S$。定义 $\Delta_S(P \rightarrowtail S) = \Delta P \rightarrowtail \Delta S$。另一方面,给定 $K \rightarrowtail \Delta S$,应用 Γ
并且进行回拉:

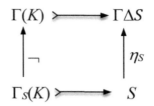

其中,η:Id→$\Gamma\Delta$ 是附加 $\Delta \dashv \Gamma$ 的单元。

很容易验证 $\Delta_s \dashv \Gamma_s$。因此,我们的假设($*$)可以重新表述为:

($*$)′对于每个 $S \in \mathscr{B}$,我们有一个图:

$$\text{Sub}_{\mathscr{B}}(S) \xrightarrow[\Gamma_S]{\overset{\Pi_S}{\underset{\Delta_S}{\longleftarrow}}} \text{Sub}_{\mathscr{E}}(\Delta S)$$

且 $\Pi_s \dashv \Delta_s \dashv \Gamma_s$。

从这些附加中,我们立即得到 S 和 S 的明确描述:

6.2.1 命题　设 $\mathscr{E} \xrightarrow{r} \mathscr{B}$ 是满足($*$)′的一个几何态射,则

$$\Pi_S(K) = \wedge \{P \rightarrowtail S | K \rightarrowtail \Delta P \rightarrowtail \Delta S\}$$
$$\Gamma_S(K) = \vee \{P \rightarrowtail S | \Delta K \rightarrowtail P \rightarrowtail \Delta S\}$$

这个命题告诉我们,$\Pi_S(K)$ 是 S 的最小子对象 P,使得 K 包含在 ΔP 中,而 $\Gamma_S(K)$ 是 S 的最大子对象 P,使得 K 包含 ΔP。

注意 Π_S、Δ_S 和 Γ_S 之间的区别:Δ_S 和 Γ_S 在 S 中很容易被认为是自然的,但对于 Π_S 则不是这样,除非我们对态射(Δ,Γ)施加进一步的条件。

Δ_S 和 Γ_S 的性质意味着在 $\mathscr{B}$ 中存在一个图:

$$\Omega_{\mathscr{B}} \xrightarrow[\gamma]{\overset{\delta}{\longleftarrow}} \Gamma(\Omega_{\mathscr{E}})$$

其中,$\delta \dashv \gamma$ 且 $\delta(T) = T$,$\delta(p \wedge q) = \delta(p) \wedge \delta(q)$。

虽然这是众所周知的,但有必要详细说明如下:Δ_S 的定义域范畴是 $\text{Sub}_{\mathscr{B}}(S) \cong \mathscr{B}(S,\Omega_{\mathscr{B}})$,而 Δ_S 的目标范畴是 $\text{Sub}_{\mathscr{B}}(\Delta S) \cong \mathscr{E}(\Delta S,\Omega_{\mathscr{E}}) \cong (S,\Gamma(\Omega_{\mathscr{E}}))$。通过分别用 $\mathscr{B}(S,\Omega_{\mathscr{B}})$ 和 $\mathscr{B}(S,\Gamma(\Omega_{\mathscr{E}}))$ 确定 Δ_S 的域和上域,可以把 ΔS 看作是一个

映射,它以 S 中自然的方式将 $\Omega_{\mathscr{B}}$ 的 S-元素发送到 $(\Omega_{\mathscr{E}})$ 的 S-元素中,即,$(\Delta S)_{\mathscr{B}}$ 定义了一个映射 $\Omega_{\mathscr{B}} \xrightarrow{\delta} \Gamma(\Omega_{\mathscr{E}})$,使得对于 $\Omega_{\mathscr{B}}$ 的所有 S-元素 $p:S \to \Omega_{\mathscr{B}}$,$\delta \circ p = \Delta_S(p)$。类似地,$(\Gamma_S)_{\mathscr{B}}$ 定义了一个映射 $\Gamma(\Omega_{\mathscr{E}}) \xrightarrow{\gamma} \Omega_{\mathscr{B}}$,使得对于 $\Gamma(\Omega_{\mathscr{E}})$ 的所有 S-元素 $K:S \to \Gamma(\Omega_{\mathscr{E}})$,$\gamma \circ K = \Gamma_S(K)$。

另一方面,从某种意义上讲,$(\pi S)_{\mathscr{B}}$ 在 S 中是松弛自然的,因为对于所有的 $S \xrightarrow{f} T \in \mathscr{B}$,

$$\Pi_S f^* \leqslant f^* \Pi_T.$$

这意味着我们有一个如下图所示的单元:

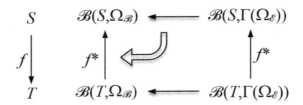

实际上,因为 $\Pi_T \dashv \Delta_T$,对于所有的 $K \in \mathscr{B}(T, \Gamma(\Omega_{\mathscr{E}}))$,$K \leqslant \Delta_T \Pi_T K$。因此,根据 $(\Delta_S)_{\mathscr{B}}$ 的性质,$f^*(K) \leqslant f^* \Delta_T \Pi_T K = \Delta_S f^* \Pi_T K$。由于 $\Pi_S \dashv \Delta_S$,这蕴涵 $\Pi_S f^* (K) \leqslant f^* \Pi_T (K)$。

为了表示 $(\Pi_S)_{\mathscr{B}}$ 的松弛函子性,我们写作:

$$\Gamma(\Omega_{\mathscr{E}}) \dashrightarrow \Omega_{\mathscr{B}}.$$

根据这个惯例,我们可以将 $\mathscr{E} \xrightarrow{r} \mathscr{B}$ 上的主要假设重写为 $(*)''$:

$(*)''$ 存在一个松弛的 π,使得

$$\Omega_{\mathscr{B}} \underset{\lambda}{\overset{\delta}{\underset{\longleftarrow}{\longrightarrow}}} \overset{\pi}{\underset{\dashleftarrow}{}} \Gamma(\Omega_{\mathscr{E}})$$

且 $\pi \dashv \delta \dashv \gamma$。

我们先提出满足主要假设 $(*)$,其等价于 $(*)''$ 的两种情况,后面将会给出

几个关于一般语境的例子。

6.2.2 例子 设 $u:C\rightarrow D$ 是一个函子。那么,诱导几何态射 $Set^{D^{\circ}}\rightarrow Set^{C^{\circ}}$ 是本质的,即 $\Delta=u^{*}$ 有左伴随 $\prod=u$。

这个例子可以推广为:任何本质的几何态射显然满足 $(*)''$。

6.2.3 例子 一个开放的几何态射 $\mathscr{E}\xrightarrow{r}\mathscr{B}$,即一个几何态射使得存在 $\mathscr{B}$ 中的一个图:

$$\Omega_{\mathscr{B}} \quad \begin{array}{c} \xleftarrow{\lambda} \\ \xrightarrow{\delta} \\ \xleftarrow{\gamma} \end{array} \quad \Gamma(\Omega_{\mathscr{E}})$$

其中,λ 是一个实际映射使得 $\lambda \dashv \delta \dashv \gamma$。注意,$\lambda$ 满足以下 Frobenius 条件:$\lambda(k \wedge \delta(p))=\lambda(k)\wedge p$。

二、模态算子

我们从几何态射 $\mathscr{E}\xrightarrow{\Gamma}\mathscr{B}$ 满足 $(*)$ 开始,定义模态算子 $\square$("必然性")和 $\diamondsuit$("可能性")。

回想一下,我们可以将 $(*)$ 重新表示为在图

$$\Omega_{\mathscr{B}} \quad \begin{array}{c} \xleftarrow{\pi} \\ \xrightarrow{\delta} \\ \xleftarrow{\lambda} \end{array} \quad \Gamma(\Omega_{\mathscr{E}})$$

中存在一个松弛的 π,且 $\pi \dashv \delta \dashv \gamma$。

6.2.4 定义 定义必然算子 $\square$ 为:$\square=\delta_{\gamma}:\Gamma(\Omega_{\mathscr{E}})\rightarrow\Gamma(\Omega_{\mathscr{B}})$。

6.2.5 命题 映射 $\square$ 有以下性质:

$$\square \leqslant \mathrm{Id}_{\Gamma(\Omega_{\mathscr{E}})}$$

$$\square^{2}=\square$$

$$\square T=T$$

$$\square(K\wedge L)=\square K\wedge\square L$$

证明:直接验证。或者,观察到 $\square=\delta_{\gamma}$ 是一个松弛的共三元组。♥

注意,我们没有使用假设(＊)来定义□,因为它可以单独从 δ 和 γ 定义。

由□,通过与□的合成,可以进一步定义

$$\Box_S : \mathscr{B}(S, \Gamma(\Omega_{\mathscr{E}})) \to \mathscr{B}(S, \Gamma(\Omega_{\mathscr{E}})),$$

即,$\Box_S(K) = \Box \circ K = \Delta_S \circ \Gamma_S \circ K$。

另一方面,定义◇需要我们的假设。

6.2.6 定义 定义可能算子◇为松弛的$(\Diamond_S)_{\mathscr{B}}$,其中,对于每个 $S \in \mathscr{B}$,

$$\Diamond_S : \mathscr{B}(S, \Gamma(\Omega_{\mathscr{E}})) \to \mathscr{B}(S, \Gamma(\Omega_{\mathscr{E}}))$$

由 $\Diamond_S = \Delta S \circ \prod_S$ 给定。

6.2.7 命题 对于所有的 $S \in \mathscr{B}$,对$(\Diamond, \Box)$有以下性质:

$$\Box_S \leqslant \mathrm{Id}_{\Gamma(\Omega_{\mathscr{E}})} \leqslant \Diamond_S$$

$$\Box_S^2 = \Box_S, \Diamond_S^2 = \Diamond_S$$

$$\Diamond_S \dashv \Box_S$$

此外,对于所有的 $S \xrightarrow{f} T \in \mathscr{B}$,

$$\Box_S f^* = f^* \Box_T$$

$$\Diamond_S f^* \leqslant f^* \Diamond_T$$

证明:使用附加 $\prod_S \dashv \Delta_S \dashv \Gamma_S$ 直接计算。♥

再次使用我们的惯例,可以写作◇:$\Gamma(\Omega_{\mathscr{E}}) \longrightarrow \Gamma(\Omega_{\mathscr{E}})$ 来表示有一个 S 中的松弛自然的族$(\Diamond_S)_{\mathscr{B}}$。具有这一惯例:

$$\begin{cases} \Box = \delta\gamma \\ \Diamond = \delta\pi \end{cases}$$

由于模态算子□:$\Gamma(\Omega_{\mathscr{E}}) \longrightarrow \Gamma(\Omega_{\mathscr{E}})$ 总是存在($\Box = \delta\gamma$),因此很自然地要求对于那些具有松弛的◇:$\Gamma(\Omega_{\mathscr{E}}) \longrightarrow \Gamma(\Omega_{\mathscr{E}})$ 的几何态射 $\mathscr{E} \xrightarrow{r} \mathscr{B}$ 进行刻画,使得对$(\Box, \Diamond)$具有上述命题中列出的性质。我们将这些对简称为 MAO 对。

这一问题的回答在某种程度上证明了我们选择的语境是正确的。

6.2.8 命题 设 $\mathscr{E} \xrightarrow{r} \mathscr{B}$ 是一个几何态射。那么以下内容是等价的:

（1）存在一个松弛的 $\diamondsuit : \Gamma(\Omega_{\mathscr{E}}) \rightarrowtail \Gamma(\Omega_{\mathscr{E}})$，使得 $(\diamondsuit, \Box)$ 是一个 MAO 对。

（2）如果

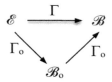

是 Γ 的正则满射或包含因子分解，则 Γ_0 满足 $(*)''$，即，存在一个图：

$$\Omega_{\mathscr{B}_0} \xleftarrow[\quad]{\pi_0} \quad \xrightarrow{\delta_0} \quad \Gamma_0(\Omega_{\mathscr{E}}) \quad \xleftarrow[\gamma_0]{\quad}$$

和松弛的 π_0，使得 $\pi_0 \dashv \delta_0 \dashv \gamma_0$。此外，通过确定 $\Gamma_0(\Omega_{\mathscr{E}})$ 和 $\Gamma(\Omega_{\mathscr{E}})$，$\Box = \delta_0 \gamma_0$ 且 $\diamondsuit = \delta_0 \pi_0$。

证明：正如我们之前所见，几何态射 $\mathscr{E} \xrightarrow{r} \mathscr{B}$ 产生了一个图：

$$\Omega_{\mathscr{B}} \xleftrightarrows[\gamma]{\delta} \Gamma(\Omega_{\mathscr{E}})$$

使得 $\delta \dashv \gamma$，$\delta T = T$ 且 $\delta(p \wedge q) = \delta(p) \wedge \delta(q)$。我们定义 $\Box = \delta \gamma$。

现在使用局部的一些基本概念，根据 $\Box$ 来描述 Γ 的满射或包含因子分解。

$\Box$ 的固定点构成了局部 $\Gamma(\Omega_{\mathscr{E}})$ 的子局部 Ω_0，也就是说，我们有一个 $\mathscr{B}$ 中的图：

$$\Omega_0 \xleftrightarrows[\gamma_0]{\delta_0} \Gamma(\Omega_E)$$

使得 δ_0 是一个局部态射，且 $\delta_0 \dashv \gamma_0$。注意，这蕴涵 $\delta_0 \gamma_0 = \mathrm{Id}_{\Omega_0}$，而且这很容易直接检验，另外，我们也可以将 Ω_0 描述为共三元的 $\Box$ 的共代数的艾伦伯格—摩尔（Eilenberg-Moore）范畴。

由于 $\Omega_{\mathscr{B}}$ 是 $\mathscr{B}$ 中的初始局部，因此存在唯一的局部态射：

$$\Omega_{\mathscr{B}} \xrightarrow{\delta_0'} \Omega_0$$

令 γ_0' 是其右伴随。出于同样的原因，下图：

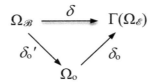

是可交换的,即,$\delta = \delta_{\circ}\delta_{\circ}'$。这蕴涵 $\gamma = \gamma_{\circ}'\gamma_{\circ}$。现在断言 $\delta_{\circ}'\gamma o' = Id_{\Omega_{\circ}}$ 且 $\gamma_{\circ}'\delta_{\circ}' = \gamma\delta$。实际上,$\delta_{\circ}'\gamma_{\circ}' = (\gamma_{\circ}\delta_{\circ})\delta_{\circ}'\gamma_{\circ}'(\gamma_{\circ}\delta_{\circ}) = \gamma_{\circ}(\delta_{\circ}\delta_{\circ}')(\gamma_{\circ}\gamma_{\circ}')\delta_{\circ} = \gamma_{\circ}\delta_{\gamma}\delta_{\circ} = \gamma_{\circ}$ $\square\delta_{\circ} = \gamma_{\circ}\delta_{\circ} = Id_{\Omega_{\circ}}$。另一方面,$\gamma\delta = (\gamma_{\circ}'\gamma_{\circ})(\delta_{\circ}'\delta_{\circ}) = \gamma_{\circ}'(\gamma_{\circ}\delta_{\circ})\delta_{\circ}' = \gamma_{\circ}'\delta_{\circ}'$。要证明 $\square = \delta_{\circ}\gamma_{\circ}$,对于 $K \in \Gamma(\Omega_{\mathscr{E}})$,简单地计算 $\delta_{\circ}\gamma_{\circ}(K) = \delta_{\circ}\square(K) = \square(K)$。

因此,在局部、局部态射及其伴随的层面上得到因子分解:

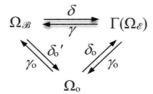

定义 $j = \gamma_{\circ}'\delta_{\circ}' = \gamma\delta : \Omega_{\mathscr{B}} \to \Omega_{\mathscr{B}}$,验证 j 是具有以下性质的拓扑:

6.2.9 引理 $X \rightarrowtail X \in \mathscr{B}$ 是 j-密集的,当且仅当 $\Delta X' \xrightarrow{\sim} X \in \mathscr{E}$。

证明:我们首先观察到 $X' \rightarrowtail X$ 的分类映射 $\chi X'$ 和 $\Delta X' \rightarrowtail \Delta X : \delta \circ \chi_{X'} = t(\chi_{\Delta X'})$ 的分类映射 $\chi_{\Delta X'}$ 之间的以下联系,其中,"t"代表"…的转置"。实际上,考虑图:

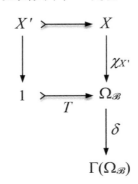

根据 δ 的定义,$t(\delta \circ \chi_{X'}) = \chi_{\Delta X'}$,这证明了 $\delta \circ \chi_{X'} = t(\chi_{\Delta X'})$。为了完成引理的证明,我们注意到下面的等价:

$$\frac{T \leqslant \gamma\delta(\chi_{X'})}{\delta T \leqslant \delta(\chi_{X'})} \qquad (\text{由于 } \delta \dashv \gamma)$$

$$\frac{\delta T \leqslant \delta(\chi_{X'})}{t(\delta T) \leqslant t(\delta\chi_{X'})}$$

$$T_{\Delta X} \leqslant \chi_{\Delta X'}$$

6.2.10 引理 每一个 $\Gamma(\mathscr{E})$ 是一个 j-层。

证明:从前面的引理和附加 $\Delta \dashv \Gamma$ 可以明显看出。

由此,我们得到以下的满射或包含因子分解:

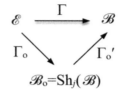

$$\mathscr{B}_o = \mathrm{Sh}_j(\mathscr{B})$$

注意,由于 Ω_o 是 $\mathscr{B}_o$ 的子对象分类器,因为

$$\Omega_o \rightarrow \Omega_{\mathscr{B}} \underset{\mathrm{Id}}{\overset{j}{\rightrightarrows}} \Omega_{\mathscr{B}}$$

是一个分类器且 δ_o 是单态射,因此,Γ_o 是一个满态射。

6.2.8 命题的证明结束。

$(1) \Rightarrow (2)$:定义 $\pi_o = \gamma_o \diamond$,并且验证 $\pi_o \dashv \delta_o$。为了做到这一点,假设

$$S \underset{K'}{\overset{K}{\rightrightarrows}} \Gamma(\Omega_{\mathscr{E}})$$

是 $\Gamma(\Omega_{\mathscr{E}})$ 的两个 S-元素。我们有下面的等价:

$$\frac{\pi_o(K) = \gamma_o \diamond_S(K) \leqslant K'}{\delta_o\gamma_o \diamond_S(K) \leqslant \delta_o(K')} \qquad (\text{由于 } o \text{ 是单态射})$$

$$\frac{\square_S \diamond_S(K) \leqslant \delta_o(K')}{\diamond_S(K) \leqslant \delta_o(K')} \qquad (\text{由于} \diamond_S \dashv \square_S)$$

$$\frac{K \leqslant \square_S\delta_o(K')}{K \leqslant \delta_o(K')}$$

最后,(2)⇒(1)是显然的。♥

三、模态算子的函子性

上面定义的模态算子□、◇在函子性方面的作用不同。根据6.2.7命题,当□是函子性时,而◇只是松弛的函子性。

下面,我们研究◇在何种情况下是函子的,以及函子性是如何与几何态射 $\mathscr{E} \xrightarrow{\Gamma} \mathscr{B}$ 的一些已知性质,诸如开放性、Frobenius 性质等相关的。

第一个问题可由下面的定理回答。

6.2.11 定理 设◇是与满足(∗)的几何态射 $\mathscr{E} \xrightarrow{r} \mathscr{B}$ 相关联的可能性算子。那么,◇是函子的当且仅当在满射或包含因子分解:

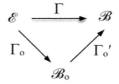

中 $\Gamma_\circ$ 是开放的。

证明:这来自6.2.8命题。实际上,我们有 $\pi_\circ = \gamma_\circ \cdot \Diamond$ 和 $\Diamond = \delta_\circ \pi_\circ$。因此,◇是自然的当且仅当 $\pi_\circ$ 是自然的。但是这样一个 $\pi_\circ$ 的存在恰好是 $\Gamma_\circ$ 为开放的定义,因为对于开放性的进一步的 Frobenius 性质来说,$\pi_\circ(k \wedge \delta(p)) = \pi_\circ(k) \wedge p$ 在这种情况下自动满足。

对于小范畴之间由函子 $u*:C \to D$ 衍生的(基本)态射 $u*:\mathrm{Set}^{C^\circ} \to \mathrm{Set}^{D^\circ}$,约翰斯通给出了如下刻画[1]:$u*$ 是开放的,当且仅当对于所有的 $C \in C, D \in D$ 和所有的 $D \xrightarrow{\alpha} u(C) \in D$,存在态射 $f:C' \to C \in C, \beta:u(C') \to D \in D$ 和 $\lambda:\Delta \to u(C') \in D$,使得

$$\beta\lambda = 1_D \text{ 且 } \alpha\beta = u(f).$$

对于一个预开 $u*$,除了我们只要求 $\alpha = u(f)\lambda$,而不是 $\alpha\beta = u(f)$ 之外,刻画完全

---

① Johnstone, P. T. (1980), Open maps of toposes, *Manuscripta Mathematica* 31, 217 – 247.

相同。

另一方面,很容易验证 u＊ 的满射或包含因子分解为:

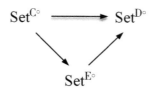

其中,E 是 D 的完备子范畴,由形式 u(C)的对象组成。❤

把这些内容放在一起,我们得到 6.2.11 定理的如下推论:

6.2.12 推论 设 u:C→D是小范畴之间的一个函子,令 u＊:$\text{Set}^{C\circ}$→$\text{Set}^{D\circ}$是诱导的(基本)几何态射。那么,相关的算子◇是函子的,当且仅当我们有以下条件:对于所有的 C,C′∈C 和所有的 α:u(C′)→u(C)∈D,存在 f:C″→C∈C,β:u(C″)→u(C′)∈D 和:u(C′)→u(C″),使得

$$\beta\lambda = 1_{u(C')} \text{ 且 } \alpha\beta = u(f).$$

接下来,我们研究以下性质:

(1)Γ 是局部连通的,即,Γ 是本质的,且 Δ 的左伴随 Π 满足"广义 Frobenius 定律":对于所有对象 F∈$\mathscr{E}$,X,Y∈$\mathscr{B}$,且对于所有态射 X→Y∈$\mathscr{B}$ 和 F→ΔY∈$\mathscr{E}$,正则态射:

$$\Phi_{F,X,Y}:\Pi(F \times_{\Delta Y}\Delta X)\to\Pi(F) \times_Y X$$

是一个同构。

这一正则态射对应于映射对⟨Π(p_1),ε_X°Π(p_2)⟩,其中,

$$\Pi(F \times_{\Delta Y}\Delta X)\xrightarrow{\Pi(p_1)}\Pi(F)$$

且

$$\Pi(F \times_{\Delta Y}\Delta X)\xrightarrow{\Pi(p_2)}\Pi(\Delta X)\xrightarrow{\varepsilon_x}\Pi(F)$$

p_1 和 p_2 是两个投影,ε_X 是附加的余单位。

(2)Γ 是本质的,且 Π 满足"Frobenius 定律",即,对于所有 F∈$\mathscr{E}$ 和 X∈$\mathscr{B}$,正则态射:

$$\Psi_{F,X}: \Pi(F \times \Delta X) \to \Pi(F) \times X$$

是一个同构。

注意,依据 Φ,$\Psi_{F,X} = \Phi_{F,X,1}$。

(3) Γ 是本质的,且所有的 $\Phi_{F,X,Y}$ 都是满态射。

(4) Γ 是本质的,且所有的 $\Psi_{F,X}$ 都是满态射。

(5) Γ 是开放的。

(6) 在约翰斯通的意义上,Γ 是预开的:对于所有 $X, Y \in \mathscr{B}$,正则映射 $\theta_{X,Y}: \Delta(X^Y) \to \Delta X^{\Delta Y}$ 是单一的。而且,$\theta_{X,Y}$ 是

$$\Delta(X^Y) \times \Delta Y \cong \Delta(X^Y \times Y) \xrightarrow{\Delta(ev)} \Delta X$$

的指数转置。

(7) 由 Γ 推导出的算子 $\Diamond$ 是函子的。

6.2.13 定理 令 $\Gamma: \mathscr{E} \to \mathscr{B}$ 是一个本质的几何态射。性质(1)到性质(7)之间有如下关系:

$$(1) \Rightarrow (3) \Leftrightarrow (5) \Rightarrow (7)$$
$$\Downarrow \qquad \Downarrow \qquad \Downarrow$$
$$(2) \Rightarrow (4) \Leftrightarrow (6)$$

证明:$(1) \Rightarrow (3)$、$(2) \Rightarrow (4)$ 和 $(5) \Rightarrow (7)$ 的蕴涵是明显的;$(1) \Rightarrow (2)$ 和 $(3) \Rightarrow (4)$ 都由 $\Psi_{F,X} = \Phi_{F,X,1}$ 推断出。这两个等价还有待于证明:$(4) \Leftrightarrow (6)$。

我们证明:

对于所有的 X,Y,		对于所有的 F,Y,
$\Delta(Y^X) \xrightarrow{\theta} \Delta Y^{\Delta X}$ 是单态射	$\Leftrightarrow$	$\Pi(F \times \Delta X) \xrightarrow{\Psi} \Pi(F) \times X$ 是满态射

首先计算 Ψ 的转置。记得 $\Psi = \langle \Pi(\pi_1), \varepsilon_X \circ \Pi(\pi_2) \rangle$,其中 $F \times \Delta X \xrightarrow{\pi_1} F$ 和 $F \times \Delta X \xrightarrow{\pi_2} \Delta X$ 是两个投影。通过应用 Π 并与余单位合成得到转置。

简单来说,$\varepsilon_X \circ \Pi(\pi_2)$ 就是 π_2 的转置,且转置 $\eta_F \circ \pi_1: F \times \Delta X \xrightarrow{\pi_1} F \xrightarrow{\eta F} \Delta \Pi F$,其中,$F$ 是附加的单位,因为下面的交换图给出了附加

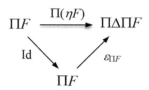

我们得到

$$\varepsilon_{\Pi F} \circ \Pi(\eta F) \circ \Pi(\pi_1) = \Pi(\pi_2).$$

综上所述，Ψ 的转置就是态射：

$$\langle \eta_p \circ \pi_1, \pi_2 \rangle \rangle = \eta F \times \Delta X : F \times \Delta X \longrightarrow \Delta \Pi F \times \Delta X.$$

$(\Rightarrow)$：我们从这些自然对应开始：

$$
\begin{array}{c}
\Pi(F \times \Delta X) \xrightarrow{\ \Psi\ } \Pi F \times X \xrightarrow{\ \alpha\ } Y \\
\hline
F \times \Delta X \xrightarrow{\eta_F \times \Delta X} \Delta \Pi F \times \Delta X \xrightarrow{\Delta \alpha} \Delta Y \\
F \xrightarrow{\ \eta_F\ } \Delta \Pi F \Delta X \xrightarrow{\tau(\Delta \alpha)} \Delta Y^{\Delta X}
\end{array}
$$

$$\Delta \tau(\alpha) \searrow \qquad \swarrow \theta$$

$$\Delta(Y^X)$$

其中，$\tau(\Delta \alpha)$ 和 $\tau(\alpha)$ 是 $\Delta \alpha$ 和 α 的指数转置，且最后一个因式分解是从交换图得出的。

$$\Pi F \times X \xrightarrow{\ \alpha\ } Y$$

$$\tau(\alpha) \times X \searrow \qquad \nearrow \mathrm{ev}$$

$$Y^X \times X$$

由附加项 $(-) \times X \dashv (\ )^X$ 给定，我们对其应用 Δ，然后对于 $(-) \times \Delta X \dashv (\ )^{\Delta X}$ 求转置。

现在，假设 θ 是一个单态射，且设 α、β 是满足 $\alpha \Psi = \beta \varphi$ 的态射。我们得到：

$$\dfrac{\Pi(F\times\Delta X)\xrightarrow{\ \Psi\ }\Pi F\times X\underset{\beta}{\overset{\alpha}{\rightrightarrows}}Y}{F\xrightarrow{\ \eta^{F}\ }\Delta\Pi F\rightrightarrows\Delta Y^{\Delta X}}\qquad,\quad \alpha\Psi=\beta\Psi$$

$$\Delta\tau(\beta)\qquad\theta$$
$$\Delta\tau(\alpha)$$
$$\Delta(Y^{X})$$

但是 θ 是单态射,并且

$$\dfrac{F\xrightarrow{\ \eta F\ }\Delta\Pi F\underset{\Delta\tau(\beta)}{\overset{\Delta\tau(\alpha)}{\rightrightarrows}}\Delta(Y^{X})}{\Pi F\xrightarrow{\ Id\ }\Pi F\underset{\tau(\beta)}{\overset{\tau(\alpha)}{\rightrightarrows}}Y^{X}}$$

因此,$\tau(\alpha)=\tau(\beta)$ 且 $\alpha=\beta$。

（⇐）：假设 Ψ 是满态射,且令 α、β 是满足 $\theta\alpha=\theta\beta$ 的态射：

$$F\underset{\beta}{\overset{\alpha}{\rightrightarrows}}\Delta(Y^{X})\xrightarrow{\ \theta\ }\Delta Y^{\Delta X}$$

注意换置

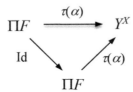

其中,$\tau(\alpha)$ 是 α 的转置。我们有因子分解：

$$F\xrightarrow{\ \alpha\ }\Delta(Y^{X})$$
$$\eta F\qquad\Delta\tau(\alpha)$$
$$\Delta\Pi F$$

并且,对 β 也是一样的。

我们得到以下对应：

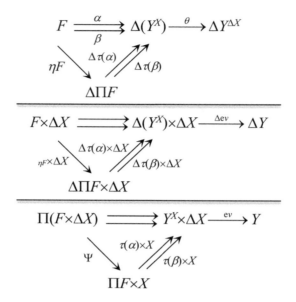

Ψ 是满态射,ev 等于 $\tau(\alpha) \times X$ 和 $\tau(\beta) \times X$。但是这部分图的指数转置是

$$\Pi(F) \xrightarrow[\tau(\beta)]{\tau(\alpha)} Y^X \xrightarrow{Id} Y^X,$$

因此,我们有 $\tau(\alpha) = \tau(\beta)$ 和 $\alpha = \beta$。

等价式(3)⇔(5)由(4)⇔(6)通过使用切片拓扑得到。约翰斯通在 1980 年《拓扑的开映射》[①]中给出的结果如下:对于 $\mathscr{B}$ 的一个对象 Y,令

$$\mathscr{E}/\Delta Y \underset{\xleftarrow{\Delta/Y}}{\overset{\Pi/Y}{\underset{\Gamma/Y}{\rightrightarrows}}} \mathscr{B}/Y$$

是诱导态射。Γ 是开放的,当且仅当对于所有的 Y,Γ/Y 是预开。注意,$\Delta/Y(X \to Y) = \Delta X \to \Delta Y$ 且 $\Pi/Y(F \to \Delta Y) = \Pi F \to Y$,这是 $F \to \Delta Y$ 的转置。Γ/Y 是预开意味着所有的态射:

$$\Pi/Y((F \to \Delta Y) \times (\Delta X \to \Delta Y)) \xrightarrow{\Psi/Y} (\Pi F \to Y) \times (X \to Y)$$

---

① Johnstone,P. T. (1980),Open maps of toposes,*Manuscripta Mathematica* 31,217 – 247.

是满态射。

我们能够验证 Ψ/Y 只是 $\mathscr{B}/Y$ 中的态射：

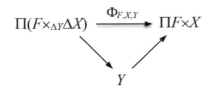

$$\Pi(F\times_{\Delta Y}\Delta X) \xrightarrow{\Phi_{F,X,Y}} \Pi F\times X$$
$$\searrow \qquad\qquad \nearrow$$
$$Y$$

并且，Ψ/Y 是满态射当且仅当 $\Phi_{F,X,Y}$ 是满态射。

所以，Γ 是开放的，当且仅当所有映射 $\Phi_{F,X,Y}$ 是满态射，这正好是条件（3）。❤

我们将在下面给出反向箭头的反例。

四、特殊情况和实例

在这里，我们将说明 20 世纪 80 年代末期，雷耶斯、拉文多姆、卢卡斯、吉拉尔迪和米洛尼等人提出的模态逻辑的拓扑方法可以视为我们所描述的模态逻辑方法的特殊情况。此外，通过实例可证 6.2.13 定理的某些蕴含是不可反向的。

一方面，雷耶斯最初讨论的语境是一个局部连通的几何态射 $\mathscr{E}\xrightarrow{\Gamma}\mathscr{B}$，而在其后拉文多姆、卢卡斯和雷耶斯共同发展的语境自动是任意的几何态射 $\mathscr{E}\xrightarrow{\Gamma}\mathscr{B}$ 和一个布尔拓扑 $\mathscr{B}$。在后一种情况下，Γ 是自然地开放的，6.2.13 定理表明（ * ）是满足的，而且 $\Diamond$ 实际上是函子的。

另一方面，吉拉尔迪和米洛尼的语境是由明显的函子 $|C|\to C$ 衍生出的基本几何态射 $\mathrm{Set}^{|C|}\to\mathrm{Set}^{C}$。其中，C 是一个小范畴，且 $|C|$ 是其对象的离散范畴。由于 Δ 有左伴随 Π_{0}，条件（ * ）满足，但 $\Diamond$ 不是函子的，只是松弛函子的。我们在下面的 6.2.15 命题中研究这种情况之下 $\Diamond$ 的函子性。

从某种意义上来说，拉文多姆、卢卡斯和雷耶斯的做法，与吉拉尔迪和米洛尼的做法是相反的极端。在第一种情况下，基本拓扑 $\mathscr{B}$ 是布尔型的，而在第二种情况下，拓扑 $\mathscr{E}$ 是布尔型的。第一种方法的动机是将 $\mathscr{E}$ 视为变量集的全域，而 $\mathscr{B}$ 被视为常量集的全域，为 $\mathscr{E}$ 中的变化和模态提供了"恒定性标准"。模态仅为常量集的谓词定义,因此导致模态算子的函子性。这显然不是另一种方法的动机。

(一)实例

我们下面详细研究这些极端情况。

实例 A:$\mathscr{B}$ 是布尔型。

在本例中,我们有以下内容:

6.2.14 命题 令 $\mathscr{E} \xrightarrow{\Gamma} \mathscr{B}$ 是具有 $\mathscr{B}$ 布尔型的几何态射。那么,得到的模态算子是 $\Gamma(\Omega_{\mathscr{E}})$ 的内部映射,并具有以下性质:

$$\square \leqslant \mathrm{Id}_{\Gamma(\Omega_{\mathscr{E}})} \leqslant \lozenge$$

$$\square^2 = \square, \lozenge^2 = \lozenge$$

$$\lozenge \dashv \square$$

此外,

$$\square K \vee \neg \, \square K = T$$

$$\lozenge K = \neg \, \square \neg \, K$$

根据拉文多姆、卢卡斯和雷耶斯的证明,这个系统被称作 IBM,用于布尔模态的直觉主义。

例 1 本质的几何态射 $\mathrm{Set}^{\mathrm{I}} \xrightarrow{\Gamma} \mathrm{Set}$,其中,I 是一个集合(或离散的小范畴),产生了"可能世界"语义。

例 2 本质的几何态射 $\mathrm{Set}^{\mathrm{P}^\circ} \xrightarrow{\Gamma} \mathrm{Set}$,其中,P 是一个前序集,产生了"可能情况"语义。

例 3 几何态射 $\mathrm{Sh}(\mathrm{B}) \xrightarrow{\Gamma} \mathrm{Set}$,其中,B 是一个 Beth 树,产生了嫁接语义。

这个例子的兴趣在于,对于这一"嫁接"语义,IBM 存在一个完备性定理。

实例 B:$\mathscr{B}$ 是布尔型。

正如我们已经提到的,这一背景的基本例子是本质的几何态射:

$$\mathrm{Set}^{|\mathrm{C}|} \underset{u_*}{\overset{u_!}{\underset{\longleftarrow}{\overset{\longrightarrow}{\longleftarrow u^*}}}} \mathrm{Set}^{\mathrm{C}^\circ}$$

其中,u 是明显的函子 $u:|C|\rightarrow C$。

我们有 $Set^{|C|}$ 上的 MAO 对 $(\diamondsuit,\square)$。

Set^{C} 的对象是 C 上的预层,而 $Set^{|C|}$ 的对象只是由 C 对象索引的族。应用于预层 X 的函子 u^* 只是遗忘了所有的转换态射,并将 X 视为一个族。在接下来的讨论中,我们通过滥用语言来确定 X 和 u^*X。

现在,对所得到的模态算子进行以下良好的刻画:如果 X 是一个预层,且 F 是 X 的子族,那么,

$\square F$ 是 F 中包含的 X 的最大子预层;

$\diamondsuit F$ 是 X 包含 F 的最大子预层。

因此,$\square F$ 和 $\diamondsuit F$ 是族 F 的两个最好的"预层近似"。通过回顾一个子预层只是一个转换态射作用下封闭的子族,我们可以进一步明确地描述 $\square$ 和 $\diamondsuit$。因此,如果 F 是预层 X 的一个子族,则 $\diamondsuit F$ 为该作用下的闭包,$\square F$ 为闭合部分:

$$(M)\begin{cases} x\in\diamondsuit F(C),\text{当且仅当对于 C 中的某个 } C\xrightarrow{f}C'\text{ 和 } y\in F(C),x=X(f)(y)\\ x\in\square F(C),\text{当且仅当对于 C 中所有的 } C'\xrightarrow{f}C,X(f)(x)\in F(C') \end{cases}$$

我们可以把 $\diamondsuit F$ 看作是 F 元素在 X 的所有转换态射作用下的轨道。一个有趣的预层是 h_A,即与 C 的对象 A 相关联的可表示的预层。那么,$\{l_A\}$ 是一个只在 A 层包含而在其他层没有包含 l_A,即 A 的同一性的子族。我们可以将族简单地写成集合,其中每个元素都属于它的隐式层。转换态射 $h_A(f)$ 对应于 f 的右合成,且由上述刻画可得到

$$\diamondsuit(\{l_A\})=h_A.$$

这里,有关于这种想法的一个很好的和自然的应用。从一般拓扑理论中可知,Set^{C° 中的态射 $X\xrightarrow{f}Y$ 可以诱导出一个图:

$$\mathscr{J}(X)\ \begin{array}{c}\xrightarrow{\exists_f}\\ \xleftarrow{f^*}\\ \xrightarrow{\forall_f}\end{array}\ \mathscr{J}(Y)$$

其中，$\exists_f \dashv f^* \dashv \forall f$ 作为有序范畴的格的函子。

f^* 是"逐点"计算的，即对于 $A \rightarrowtail Y$ 和 $C \in |C|$，我们在 Set 中进行计算：

$$(f^*(A))(C) = f_C^*(A(C)) = f_C^{-1}(A(C)).$$

但一般来说，我们不能对 $\exists_f$ 和 $\forall_f$ 做同样的操作。问题是 $\{\exists_{fc}(A(C))\}_{c \in |C|}$ 和 $\{\forall_{fc}(A(C))\}_{c \in |C|}$ 是 Y 的子族，但它们不一定是子预层。解决方法是简单地应用模态算子，我们只需要取

$$\forall_f(A) = \square\{\forall_{fc}(A(C))\}_{c \in |C|}$$

和

$$\exists_f(A) = \diamondsuit\{\exists_{fc}(A(C))\}_{c \in |C|}$$

于是，在集合中的附加项 $\exists_f \dashv f^* \dashv \forall_f$ 后面紧接着附加项 $\exists_{fc} \dashv f_C^* \dashv \forall f_C$。在 $\mathscr{E}$ 是布尔型的情况下，$\diamondsuit$ 的函子性成为一个非常强的条件，如下面的结果所示。但我们只致力于讨论几何态射的满射部分，这也是 6.2.11 定理中最重要的部分。

6.2.15 命题 对于 $\mathscr{E} \xrightarrow{\Gamma} \mathscr{B}$，其中，$\Gamma$ 是满射，$\mathscr{E}$ 是布尔型，$\diamondsuit$ 是函子的当且仅当 $\mathscr{B}$ 是布尔型。

证明：$\diamondsuit$ 是函子的蕴含着由 6.2.11 定理可知 Γ 是开放的。因此，我们有一个态射 λ，使得在图：

$$\Omega_{\mathscr{B}} \underset{\delta}{\overset{\lambda}{\rightleftarrows}} \Gamma(\Omega_{\mathscr{E}})$$

中 $\lambda \dashv \delta$，其中，因为 $\Omega_{\mathscr{E}}, \Gamma(\Omega_{\mathscr{E}})$。

然后，在 $\Omega_{\mathscr{B}}$ 中使用恒等式 $\lambda(a \wedge \delta(b)) = \lambda(a) \wedge b$，证明 δ 保持蕴含，因而保持否定：

$$\frac{C \leq \delta(a) \to \delta(b)}{\frac{C \wedge \delta(a) \leq \delta(b)}{\frac{\lambda(C \wedge \delta(a)) \leq b}{\frac{\lambda C \wedge a \leq b}{\frac{\lambda C \leq a \to b}{C \leq \delta(a \to b)}}}}}$$

对于所有的 a,因为($\mathscr{E}$)是布尔型,我们有 $\delta(a\vee\neg a)=\delta(a)\vee\neg\delta(a)=1$,所以根据 δ 的内射性,我们有 $a\vee\neg a=1$,这就完成了 $\mathscr{B}$ 是布尔型的证明。

6.2.16 推论 对于态射 $\text{Set}^{|C|}\xrightarrow{u^*}\text{Set}^{C^\circ}$,$\diamondsuit$ 是函子的,当且仅当C是一个广群。

这个推论的证明只需使用以下众所周知的引理:

6.2.17 引理 Set^{C° 是布尔型当且仅当C是一个广群。

证明:设 $A\xrightarrow{f}B$ 是C中的态射,证明 f 有一个左逆。

根据 Yoneda 嵌入,取其像 $h_A\xrightarrow{u^*}h_B$。由于 h_B 是由 Id_B 生成的,我们有这样一个很好的性质:如果 $S\rightarrowtail h_B$,则 $S=h_B$ 或 $S=\varnothing$。

证明很简单,Set^{C° 是布尔型,h_B 的元素 Id_B 必定在 S 中或 $\neg$ S 中,但是 Id_B 生成所有的 h_B,因此,$S=h_B$ 或 $\neg S=h_B$。

现在,取 h_B 中 h_f 的像

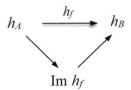

$\text{Im }h_f$ 不是空的,至少有 f 作为一个元素,所以必定有 $\text{Im }h_f=h_B$。于是,h_f 是满射的,并且我们有 $g:B\to A$ 使得 $gf=1_B$。

每个 $f\in\text{Mor}(C)$ 都有一个左逆,所以它有一个标准自变量的逆,因此C是一个广群。在 $\text{Set}^{|C|}\to\text{Set}^{C^\circ}$ 的情况下,我们甚至有一个更好的结果。♥

6.2.18 命题 假设 $\diamondsuit$ 是与 $\text{Set}^{|C|}\to\text{Set}^{C^\circ}$ 相关的可能性算子。那么,以下条件是等价的:

(1)C是一个广群。

(2)$\diamondsuit$ 是函子的,即,对于 Set^{C° 中所有的 $X\xrightarrow{f}Y$,$\diamondsuit f^*=f^*\diamondsuit$。

(3)对于 Set^{C° 中所有的投影 $X\times Y\xrightarrow{\pi}X$,$\diamondsuit\pi^*=\pi^*\diamondsuit$。

（4）对于 Set^{C° 中所有的对角线 $X \xrightarrow{d} X \times X, \diamond\, \mathrm{d}^* = \mathrm{d}^* \diamond$。

（5）Set^{C° 中所有对象的所有转换态射都是满射的。

（6）Set^{C° 中所有对象的所有转换态射都是单射的。

证明：已知（1）$\Leftrightarrow$（2）。蕴涵（2）$\Rightarrow$（3）、（2）$\Rightarrow$（4）和（1）$\Rightarrow$（4）是直接的。

（4）$\Rightarrow$（1）从可代表性的分析中得出。设 h_A 在 C 中是与 A 相关的，$h_A(B)$ 为集合 $\mathrm{hom}_C[B,A]$，并且 C 中 $C \xrightarrow{f} B$ 的转换态射 $h_A(B) \xrightarrow{h_A(f)} h_A(C)$ 正好是 f 的合成。设 $C = A$，取 $l_A \in h_A(A)$ 的逆像，且 $h_A(f)$ 为满射，可得 f 的左逆。C 中的每个 f 都有一个左逆，因此它是一个广群。

下面证明（3）$\Rightarrow$（1）和（4）$\Rightarrow$（5）$\Rightarrow$（1），所有等价的结果均可得。

（3）$\Rightarrow$（1）：假设 $\diamond$ 与沿投影的回拉可交换。我们证明 C 中的每个态射 $B \xrightarrow{f} A$ 都有一个左逆，因此 C 是一个广群。

假设 f 是这样一个态射。取第一个投影 $h_A \times h_B \xrightarrow{\pi} h_A$。$\{1_A\}$ 是 h_A 的一个子族，正如前面所论证的 $\diamond\{1_A\} = h_A$，因此，$\pi^* \diamond \{1_A\} = h_A \times h_B$。另一方面，$\diamond\, \pi^*(\{1_A\}) = \diamond(\{1_A\} \times h_B)$，因此，我们必定有 $h_A \times h_B = \diamond(\{1_A\} \times h_B)$。

现在取 $(f, 1_B) \in (h_A \times h_B)(B)$。通过特性描述（M），C 中存在态射 g 和 k，使得

$$
\begin{aligned}
(f, 1_B) &= (h_A \times h_B)(k)(1_A, g) \\
&= (h_A(k)(1_A), h_B(k)(g)) \\
&= (k, g \circ k)
\end{aligned}
$$

所以，$k = f$ 和 $g \circ f = l_B$ 给出了 f 的左逆函数。

（4）$\Rightarrow$（6）：设 X 为一个预层，且 $f: B \to A$ 是 C 中的态射，我们证明 $X(f)$ 是内射。

取对角线 $d: X \to X \times X$。可知 $\diamond\, \mathrm{d}^* = \mathrm{d}^* \diamond$。假设对于某些 $a, b \in X(A), X(f)(a) = X(f)(b) = c$。我们有 $(X \times X)(f)(a, b) = (X(f)(a), X(f)(b)) = (c, c) = d(c)$，因此，$d(c) = (c, c) \in \diamond\{(a, b)\}$，因为它在 (a, b) 的轨道上。

所以,我们有 $c \in d^* \diamondsuit \{(a,b)\} = \diamondsuit d^* \{(a,b)\}$,并且根据(M),它一定是 $d^* \{(a,b)\}$ 中的某个元素在转换态射的作用下产生的。但是,

$$d^* \{(a,b)\} = \{(x,x) \mid x \in X\} \cap \{(a,b)\}$$

并且 $d^* \{a,b\}$ 是非空的,我们一定有 $a = b$。

(6)$\Rightarrow$(1):假设所有预层的所有转换态射都是内射的。我们证明C中的每个箭头 $B \xrightarrow{\ f\ } A$ 都有一个右逆,因此,C是一个广群。

设 X 为下图:

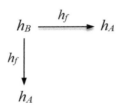

在 Set^{C° 中的余极限。对于 $C \in C$ 的 $X(C)$ 由 $h_B(C)$ 生成的同余 $\sim$ 的商 $h_A(C)$ 的两个副本和 $h_f(C)$ 的两个版本组成。更准确地说,元素的形式是 (x,i),其中 $x \in h_A(C)$ 且 $i = 0$ 或 $i = 1$。同余的生成器是基本关系 $(h_f(y),i) R(h_f(y),j)$,其中,$y \in h_B(C)$ 且 $i,j \in (0,1)$,或等价的关系 $(f \circ y, i) R(f \circ y, j)$。现在取 $C = A$,我们有

$$X(f)(1_A, 0) = (f, 0) = (f, 1) = X(f)(1_A, 1)$$

且 $X(f)$ 为内射,则有 $(1_A, 0) \sim (1_A, 1)$。但是每个非平凡的全等都来自一个基本关系链。因此,我们必须将 $(1_A, 0)$ 与某些 $(f \circ y, i)$ 匹配。所以,存在一个 $y \in h_B(A)$ 使得 $f \circ y = 1_A$ 给出所需的右逆。♥

(二)关于连通性质的解释

方法 A 和方法 B 之间的另一个主要区别是由连通性质给出的。如果 $\Gamma \Delta = \mathrm{Id}$,或者如果它是本质的,则等价于 $\Pi(1) = 1$,则几何态射 $\mathscr{E} \xrightarrow{\ \Gamma\ } \mathscr{B}$ 是连通的。

在 $\mathrm{Set}^{|C|^\circ} \xrightarrow{\ \Gamma\ } \mathrm{Set}$ 这种情况下,Γ 是连通的当且仅当C是连通的,其中 1 的连通分量恰好是C的连通分量,而且对于 $\mathrm{Set}^{|C|} \xrightarrow{\ r\ } \mathrm{Set}^C$,只有在平凡的情况下才有可能。

6.2.19 命题 设 $u: Set^{|C|} \xrightarrow{\Gamma} Set^{C^\circ}$ 是由 $|C| \rightarrowtail C$ 诱导的几何态射。那么,以下内容是等价的:

(1)Γ 是连通的。

(2)$C = |C|$.

(3)对于所有的预层 X 和 X 的子族 A、B,

$$\square(A \cup B) \cap \diamondsuit A \cap \diamondsuit B \subseteq \diamondsuit(A \cap B).$$

证明:(2)$\Rightarrow$(3)和(2)$\Rightarrow$(1)是直接的。

(1)$\Rightarrow$(2):由于(1)等同于 Δ 是满的和忠实的。

(3)$\Rightarrow$(2):假设在C中有 $C' \xrightarrow{f} C$,证明 $C = C'$,且 $f = Id$。

取 $X = h_C$,$A = \{1_C\}$,并且设 B 是 A 的补,我们有 $\diamondsuit(A \cap B) = \varnothing$,$\square(A \cup B) = h_C$,$\diamondsuit A = \diamondsuit\{1_C\} = h_C$,因此,不等式迫使 $\diamondsuit B = \varnothing$,这蕴涵 $B = \varnothing$。现在 $f \in h_C$,所以 $f \in A$,因此 $f = 1_C$。

(三)示例和反例

6.2.20 示例 对于以下基本几何态射,没有 Frobenius 性质,尽管它是开放的,正如我们使用模态算子的结果所示。

函子 $u: (^\circ \rightrightarrows ^\circ) \rightarrow (^\circ \rightarrow ^\circ)$ 将两个平行箭头发送到右范畴的唯一非同一箭头,导致了一个基本态射:

$$Set^{\circ \rightrightarrows \circ} \quad \begin{array}{c} \xrightarrow{u_!} \\ \xleftarrow{u^*} \\ \xrightarrow{u_*} \end{array} \quad Set^{\circ \rightarrow \circ}$$

$Set^{\circ \rightrightarrows \circ}$ 的一个对象形式为 $X = (X_1 \underset{\delta_1}{\overset{\delta_0}{\rightrightarrows}} X_0)$,其中,$X_1$ 和 X_0 是集合,δ_0 和 δ_1 是函数。我们将 X 解释为一个图,X_1 和 X_0 分别是箭头和点的集合,δ_0 和 δ_1 分别是源函数和目标函数。$Set^{\circ \rightrightarrows \circ}$ 因此成为非自反的图的拓扑。

在 $Set^{\circ \rightarrow \circ}$ 中,一个对象 Y 由两个集合 Y_0、Y_1 和一个函数 $\delta: Y_1 \rightarrow Y_0$ 组成。以同样的方式,我们将 Y 视为一个图,其唯一的箭头是循环,并且 δ 同时是源函

数和目标函数。那么,函子 $\Delta = u*$ 就是简单的"平移":

$$\Delta(Y_1 \xrightarrow{\;\delta\;} Y_0) = (Y_1 \underset{\delta}{\overset{\delta}{\rightrightarrows}} Y_0) \in \mathrm{Set}^\circ \Rightarrow \circ\,.$$

函子 $\Gamma = u*$ 只是从图的所有箭头中提取循环,保留所有的顶点。函子 $\Pi = u_!$ 将每个箭头折叠成一个循环,标识每个箭头的源顶点和目标顶点。

Frobenius 属性在这里不成立。取"通用顶点": $X = (\varnothing \to 1)$ 和"通用箭头":

$X = (1 \underset{i_1}{\overset{i_0}{\rightrightarrows}} 2)$。那么, $Y \times \Delta X = (\varnothing \Rightarrow 2)$ 是一个有两个顶点但没有箭头的图。我们有 $\Pi(Y \times \Delta X) = (\varnothing \to 2)$。另外,"通用循环": $\Pi(Y) = (1 \to 1)$,这也是这一拓扑中的点。因此, $\Pi(Y) \times X = (\varnothing \to 1)$。

对于开放性,可以观察到 u 是满射的,并且根据 6.2.11 定理, u 是开放的当且仅当诱导可能性算子是函子的。但在这里, $\Diamond$ 是一个恒等算子。设 X 是 $\mathrm{Set}^\circ \Rightarrow^\circ$ 的对象且在 $\mathrm{Set}^\circ \Rightarrow^\circ$ 中 $E \rightarrowtail \Delta X$。$\Delta X$ 是一个仅由循环和顶点组成的图,所以 E 必须是相同的,且已是形式 $\Delta S'$,其中, $S' \rightarrowtail X$。$\Diamond E$ 是最小的 $\Delta S'$,其中 $S' \rightarrowtail X$ 且 $E \rightarrowtail \Delta S'$ 必须是 E 本身。我们有 $\Diamond = \mathrm{Id}$ 和 $\Box = \mathrm{Id}$ 是函子的。

6.2.21 示例　给出有 $\Diamond$ 的函子性,但没有开放性的例子。事实上,"Frobenius 态射" Ψ 通常是单态射,而不是满态射。

设 C 为一个小范畴, Γ 为几何态射中的全局分段函子:

$$\mathrm{Set}^{C^\circ} \underset{\Gamma}{\overset{\Delta}{\rightleftharpoons}} \mathrm{Set}$$

如果某个可表示的 Set^{C° 有一个点,则函子 Γ 有一个左伴随 B,即"共离散"或"混沌"函子。假设我们有这样一个左伴随,我们就得到了一个本质的态射:

$$\mathrm{Set} \quad \underset{B}{\overset{\overset{\Delta}{\longrightarrow}}{\underset{\longrightarrow}{\overset{\Gamma}{\longleftarrow}}}} \quad \mathrm{Set}^{C^\circ}$$

Frobenius 态射 Ψ 变为:

$$\Psi : \Delta S \times \Delta \Gamma X \cong \Delta(S \times \Gamma X) \to \Delta S \times X.$$

这不是一般意义上的同构。事实上,我们有 $\Psi = \Delta S \times \varepsilon_X$,并且 Ψ 是同构,当且仅当 $\Delta \Gamma X \to X$ 是同构,这只有当 X 是点的总和时才会发生。

我们再来看洛夫尔在 1986 年研究的一个具体例子[1],这里 $C = \Delta_1$,是具有三个元素:1、δ_0 和 δ_1 的幺半群,并且对于 $i,j \in \{0,1\}$,恒等式为 $\delta_1 \delta_j = \delta_i$。$Set^{\Delta_1^9}$ 的对象 X 对应于一个自反图:一个由箭头组成的集合 X 和两个内函数 $X(\delta_0)$ 和 $X(\delta_1)$,分别是源函数和目标函数。这里的顶点由自反箭头表示:即箭头是其自身的源和目标。X 的顶点集合正是点 $\Gamma(X)$ 的集合,且 $\Delta \Gamma(X)$ 是 X 的点的离散自反子图。余单位 $\varepsilon_X : \Delta \Gamma X \rightarrowtail X$ 只是作为子图的包含。它是单射,因此 Ψ 是单射;它不是满射,除非 X 是离散的。所以,(Γ, B) 不是开放的。

另一方面,通过检验 (Γ, B) 的像因子分解是

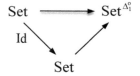

其中,满射部分是平凡开放的,如我们所见,$\diamondsuit$ 是函子的;或者通过分析对于 $S \in$ Set 的 ΔS,并指出子图来自 S 的子集,因此,$\diamondsuit = Id$ 是函子的。

6.2.22 示例　给出一个模态算子是非平凡的例子。设 C 为范畴

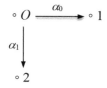

且 $D = (\circ \underset{\delta_1}{\overset{\delta_0}{\rightrightarrows}} \circ)$,令 $u : C \to D$ 是发送 π_0 到 δ_0 和 π_1 到 δ_1 的函子。如前所述,我

① Lawvere, F. W.. Categories of spaces may not be generalized spaces as examplified by directed graphs. *Rev. Colombiana Mat.* 20, (1986).

们将 $\text{Set}^{\text{D}^\circ}$ 的对象 $X = (X_1 \rightrightarrows X_0)$ 解释为一个图。在 $\text{Set}^{\text{C}^\circ}$ 中，对象 Y 属于该类型

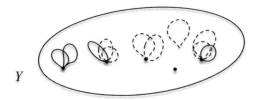

在下面的讨论中，我们认为 Y(0) 是 Y 的顶点的集合，Y(1) 和 Y(2) 是循环的集合，其中，有两种类型的循环：$x_1 \in Y(1)$ 是一个连续循环，$x_2 \in Y(2)$ 是一个虚线循环。Y 如下图所示：

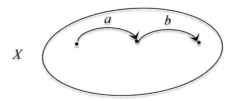

如果 X 是一个图 $\Delta X(0) = X(0)$ 且 $\Delta X(1) = \Delta X(2) = X(1)$，那么，$\Delta X$ 的形式如下：

$$X(0) \xrightarrow{X(\delta_0)} X(1)$$
$$X(\delta_1) \downarrow$$
$$X(1)$$

也就是说，X 的每个箭头都会产生或者实际上分裂成两个不同的循环，在其源顶点处是连续循环，在目标顶点处是虚线循环。所以，在 ΔX 中，每一个来自箭头的虚线循环，都有一个连续的对应点。以下图为例：

那么 ΔX 就变成：

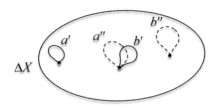

箭头 a 分裂成循环 a′ 和 a″，b 分裂成循环 b′ 和 b″。使用定义 ΔX(1) = Δ(X)(2) = X(1)，我们可以写作 a′ = a″ = a，但这在某种程度上不符合拓扑理论的"广义单元"精神。事实上，在不同层上定义的 a′ 和 a″ 不能相等，甚至在 Set^C 内部不能进行比较。

现在，如果 E ⟼ ΔX，对于某些 S ⟼ X，◇E 和 □E 必定是 ΔS 的形式，因此，◇E 是 E 的对应补，且我们有

$$a′ \in ◇E(1) \Leftrightarrow a″ \in ◇E(2).$$

事实上，这可以反过来：如果 $x_1 \in ΔX(1)$ 且 $x_2 \in ΔX(1)$，x_1 和 x_2 来自 X 中的同一箭头，当且仅当对于所有的 E ⟼ ΔX，

$$x_1 \in ◇E(1) \Leftrightarrow x_2 \in ◇E(2).$$

第三节 指称和模态的拓扑理论方法

我们在这一节讨论由雷耶斯提出的一种基于类概念或者可数名词解释为指称前提的模态逻辑方法。也就是，在拓扑 ε（被认为是常量集的全域）上的局部连通拓扑 δ（被认为是变量集的全域）的背景下给出这一概念的数学形式化。在这种情况下，模态算子本质上是可以定义的，并且可以对由此产生的形式系统进行详细地描述。

雷耶斯研究了关于自然语言中的指称和一般性,更确切地说,是涉及代词、专有名词和可数名词的语义学。自然语言的一个显著事实是:一个专有名称在任何时候获得其唯一指称是无条件的,无论其指称在当前话语中是否存在;无论是否知道该指称在当时的位置;无论是否能够识别其指称;以及我们提及的事件是否发生在过去或可能发生在将来。我们主要关注的问题在于:为了完成这种模态逻辑的形式系统,应该为名称及其指称之间的这种关系假设什么样的语义结构? 我们将根据被视为可数名词的语义解释的类或分类的概念给出一个解决方法。

一、可数名词和类

我们首先阐述并论证一系列涉及专用名词、可数名词和类的指称及一般性的讨论。尽管这种中世纪的做法早已过时,但这对于理解其所涉及的问题是有用的。在吉奇(P. Geach)1980 年的《指称和一般性》,布雷桑(A. Bressan)1972 年的《模态演算的一般解释》等专著的基础上,基古普塔(A. K. Gupta)1980 年的《普通名词的逻辑》和麦克纳马拉 1980 年的《边界之争:逻辑在心理学中的地位》中都论证了其中一些主题。然而,这些作者的工作并没有论及对于整个发展最重要的主题,即所有类的模态恒定性,这可能与其中一些作者的论点相矛盾,但我们在这里会进一步讨论。

关于指称的第一个命题涉及专有名词。

6.3.1 **命题** 专有名词的外延是严格的。

这个论题断言一个专有名词在它出现或可能出现的所有实际和可能的情况下(过去,现在和未来)表示其指称的性质。问题的关键是,我们必须考虑有关专有名词指称的反事实情况。1980 年,克里普克(S. Kripke)在其著作《命名与必然性》中有力地论证了严格性理论。

顺便提及,必须考虑反事实情况来描述真实情况这一事实在经典力学和变分法中得到了很好的例证:为了描述一个物体的真实轨迹,计算其所有可能轨迹的拉格朗日量,其中大多数在物理上是不可能的,并且取拉格朗日量最小或平稳值的轨迹。

6.3.2 命题 严格性以可数名词为前提。

这个论题是我们正在发展的方法的特色,其断言在所有实际和可能的情况下,无论过去还是现在,假定一个专有名词"艾伦",追溯其指称身份的唯一方法是使用一个可数名词,例如"人"或"男人"。例如,我们无法通过构成艾伦身体的分子来追溯他的身份,因为他年轻时的身体结构与他年老时的身体结构是不同的。正如亚里士多德所指出的,"改变需要某物有所改变"。一个小男孩成为成熟男性的背后一定有一种恒定性。该论题通过对经历变化的个体所归属的可数名词的解释来保证这种恒定性。

为使这一论题更加精确,考察关于可数名词、类的解释的断言。类是可数名词的解释,诸如"人""狗""氢原子"。除了可数名词之外,还有其他名词,例如,"钱""黏土"和"氧气"等物质名词,但我们只将类与可数名词联系起来。某一类的成员可以是个性化和可计数的。我们可以解释诸如"三只狗""两滴水""三个氧原子"之类的表达,以及诸如"每只狗"这样的一般性表达,但我们不能解释成"三个氧"或"两个钱"。类的概念是基本的,以至于不能用更基本的概念来分析。我们能断言的是一个类的成员是个性化的,并且称两个成员是同一的是有意义的。类是允许我们正确使用量词和相等符号的本构域。我们不假定某一给定类成员之间的相等是可以决定的。

这个关于类的假设的一个重要结果是,一个类的成员至少在某些限制下是可以被计数的,而且服从于量化的逻辑。事实上,计数并不适用于对象的堆积或集合体,而是适用于类,例如组成一支军队的同一"堆积"可以被算作 1 支军队,6 个师,18 个旅,或者 50 万人。弗雷格已经有力地阐述了这一点。

6.3.3 命题 类在模态上是恒定的。

这一论题实际上是第二个论题的更进一步发展。事实上,正如我们所知,类是在不同情境中保持"恒定的",因此类正是我们理解变化和模态所需的标准。换句话说,根据定义,类应该是模态常量。这一论题的一个结果是模态只能真正应用于谓词,而不能应用于类本身。"乘客"这一类的成员必然是乘客中的乘客。

换句话说,一个恰巧是乘客的特定的人不一定是以乘客为身份的人。在这种情况下,我们说的关于"人"这个类的谓语"成为一个乘客",即这是不必要的。在第一个命题中,我们说的是关于"乘客"这一类的谓语"成为一个乘客",即这是必要的。因此,试图将模态应用于类本身来形成新的"类",如"可能存在的苹果""可能存在的汽车",或者"可能存在的男人"是错误的,正如古普塔在1980年的论文《普通名词的逻辑》中所使用的定义"模态恒常性"。事实上,任何将"可能的苹果"或"可能的男人"视为类的尝试都存在严重的困难,因为无论是类中的成员关系还是同一性关系都没有明确的定义。涉及第一个问题:一份果冻苹果算不算可能的苹果?或者,一块废旧金属是否能算作一辆可能的汽车?

至于同一性,奎因(W. V. Quine)在1953年已经提出了一个相关的问题:门内有多少可能的胖子?另一方面,我们可能会问一个给定的水果是否可能是一个苹果,而古普塔试图用"可能的苹果 = 苹果"来表达的"苹果必然是苹果"这一直觉,可以表达为"水果这个类的谓词'是一个苹果',是一个必要的谓词"。我们不能在这个公式中消除水果这个类,因为"'一个食谱中的原料'这个类的谓词'是一个苹果'是一个必要的谓词",这个陈述对于烹饪来说应该是错误的!

这种考虑"可能性"和"必要性"的方式与这些概念的语法是一致的。假设我们在一个考古遗址发现了一些类人猿的骨骼。如果被问到是否有一些是人形的,我们可以很自然地回答"其中有三个可能是人形的骨骼"或"这些骨骼中可能有三个是人形的",但我们不会说"有三个可能是人形的骨骼"。同样,我们不会说 X 先生和太太有十二个可能的孩子,而是说 X 先生和太太可能有十二个孩子。

我们将明确区分类和谓词。前者是模态恒定的,独立于任何特定的情况,而后者则不是,一个类的成员是否属于谓词,取决于所设想的情况。这种语境更好地诠释了变化、恒定性和模态的辩证逻辑。这一论题是发展专有名词和可数名词语义整个方法的基础。

二、拓扑语义

这里讨论的"拓扑语义",即尝试在拓扑理论的背景下对类的概念进行数学形式化。在历史的这个阶段,哲学以范畴论,包括带有"本元"的集合论作为其适当的理论框架,而不是如蒙塔古(R. Montague)在1970年认为的那样,仅仅是集合论。拓扑理论实际上提供了一个充分的语境来形式化模态恒定性的基本概念。此外,使用拓扑理论的可能性对指称逻辑和一般性逻辑施加了非常强大和富有成效的约束。我们将详细说明其中两个方面:一是拓扑的量化和同一性逻辑是标准逻辑;二是在自然假设下类是可指数的,因此高阶逻辑是可解释的情况下,模态算子在拓扑中本质上是可定义的,并且不需要作为进一步的结构引入。因此这种方法不同于其他方法,例如蒙塔古对普通英语中量化的处理方法,后者改变了量词的逻辑以适应模态运算子。

（一）拓扑中的常量集与变量集

洛夫尔曾多次指出变化与不变性的辩证逻辑可以通过几何态射$\varepsilon \rightarrow S$的概念在拓扑理论中给出一个明确的表述。在这种情况下,ε可以被认为是一个变量集的全域,而S可以被看作是一个可能具有"本元"的常量集的全域。

几何态射$\varepsilon \rightarrow S$是由一对伴随函子:

$$S \xleftarrow[\Gamma]{\Delta} \varepsilon$$

给出的,使得$\Delta \dashv \Gamma$且Δ保持有穷极限。习惯上称Δ为"常量函子",称Γ为"全局部分函子"或"点"。

回顾类是模态恒定的,而类的谓词承担着变化的责任这一论题,似乎很自然地将一个具有S的恒定集合S的类与一个具有ε的态射$\Delta S \rightarrow \Omega_\varepsilon$,或者相当于$\Delta S$的变量子集的该类的谓词区别开。的确,$S$中的$=$由所讨论的类的同一性关系给出。诸如"人""狗"等基本的类将通过"本元"集进行识别。

因此,很自然地将常量集的范畴C定义为ε的完全子范畴,其中对象的形式为ΔS,且$S \in S$。

注意,在洛夫尔1970年对于"超理论的等价性与作为伴随函子的理解图式"的研究中,这种识别相当于将类及其谓词视为超理论(S, P_ε),其中,$P_\varepsilon : S^{op} \rightarrow$ Sets是由

$$P_{\mathcal{E}}(S) = \text{Sub } \mathcal{E}(\Delta S) \simeq (\Delta S, \Omega)$$

$$P_{\mathcal{E}}(S \xrightarrow{\ f\ } T) = \text{Sub } \mathcal{E}(\Delta T) \xrightarrow{\ (\Delta f)^{-1}\ } \text{Sub } \mathcal{E}(\Delta S)$$

定义的函子,其中,$(\Delta f)^{-1}$是沿 Δf 的回拉。

众所周知,$(\Delta f)^{-1}$有左伴随和右伴随:$\exists \Delta f \dashv (\Delta f)^{-1} \dashv \forall_{\Delta f}$。

现在,我们可以如下表示类的模态常量:

6.3.4 假设　类是几何态射$\mathcal{E} \to S$的常量集。

(二)□算子

由 6.3.4 假设可以证明,模态的必然算子□对于本质上以"全局部分"形式存在的类的谓词是可定义的。

事实上,根据附加$S \underset{\Gamma}{\overset{\Delta}{\rightleftarrows}} \mathcal{E}$,$\Delta \dashv \Gamma$,本质上"通过将 Δ、Γ 限制为 1 的子对象",能够推导出以下附加映射:

$$\Omega_S \underset{\gamma}{\overset{\delta}{\rightleftarrows}} \Gamma(\Omega_S), \delta \dashv \gamma.$$

更详细地说,给定 p,定义 $\delta(p)$ 如下:

$$\frac{X \xrightarrow{\ P\ } \Omega_S}{X \longmapsto P} \qquad (\Omega_S 分类子对象)$$

应用 Δ,我们得到等价:

$$\frac{\Delta P \longmapsto \Delta X}{\ } \qquad (\Omega_S 分类子对象)$$

$$\frac{\Delta X \longrightarrow \Omega_S}{\ } \qquad (\Delta \dashv \Gamma)$$

$$X \xrightarrow{\ \delta(p)\ } \Gamma(\Omega_{\mathcal{E}})$$

应当注意到,δ 也可以定义为 $1 \simeq \Delta 1 \longmapsto \Delta \Omega_S$ 的分类映射 $\tau : \Delta \Omega_S \to \Omega_{\mathcal{E}}$ 的换置。

同理,对于给定的 K,$\gamma(K)$ 的定义如下:

$$\frac{X \xrightarrow{\ K\ } \Gamma(\Omega_{\mathcal{E}})}{\ } \qquad (\Delta \dashv \Gamma)$$

$$\frac{\Delta X \longrightarrow \Omega_{\mathcal{E}}}{\ } \qquad (\Omega_S 分类子对象)$$

$$K \longmapsto \Delta X$$

应用 Γ,并且构成回拉:

$$
\begin{array}{ccc}
\Gamma(K) & \rightarrowtail & \Gamma\Delta X \\
\uparrow & & \uparrow{\eta_X} \\
N(K) & \rightarrowtail & X
\end{array}
$$

其中,$\mathrm{Id} \xrightarrow{\eta} \Gamma\Delta$ 是附加 $\Delta \dashv \Gamma$ 的单元。回拉图中下方的水平映射根据 $X \xrightarrow{\gamma(K)} \Omega_S$ 分类。

一个简单的计算就可以得到 $\delta \dashv \gamma$。此外,由于 Δ 保持有限极限

$$\delta(\top) = \top \quad 且 \quad \delta(p \wedge q) = \delta(p) \wedge \delta(q).$$

我们可以定义模态算子:

$$\square = \delta\gamma : \Gamma(\Omega_S) \to \Gamma(\Omega_S).$$

以下式子可以很容易地证明,或者调用 $\square$ 是 Lex[①] 共三元组这一事实。

(1) $\square \le \mathrm{Id}$

(2) $\square^2 = \square$

(3) $\square\top = \top$

(4) $\square K_1 \wedge K_2 = \square K_1 \wedge \square K_2.$

由此,我们可以如下定义 ΔS 谓词上的算子 $\square_s$:如果 $\Delta S \xrightarrow{\varphi} \Omega_{\mathcal{E}}$ 是 ΔS 的任意谓词,设 $\Delta S \xrightarrow{\square_S \varphi} \Omega_{\mathcal{E}}$ 是 $S \xrightarrow{\square \circ \mathrm{tr}(\varphi)} \Gamma(\Omega_{\mathcal{E}})$ 的换置,其中,$\mathrm{tr}(\varphi) : S \to \Gamma(\Omega_{\mathcal{E}})$ 是 φ 的换置。

6.3.5 例子

$$
S = \mathrm{Sets} \underset{\Gamma}{\overset{\Delta}{\rightleftarrows}} \mathrm{Sets}^I = \mathcal{E},
$$

其中,I 是一个集合。在这种情况下,$\Delta(S) = (S)_{i \in I}$ 且

$$\Gamma((X_i)_{i \in I}) = \prod_{i \in I} X_i.$$

---

① 计算机领域的词法分析器。Lex 是 Lexical Analyzer Generator 的缩写,是 Unix 环境下非常著名的工具,主要功能是生成一个词法分析器的 C 语言源码,描述规则采用正则表达式。

根据这些函子,可以推导出:

$$\Omega_S = 2 \underset{\gamma}{\overset{\delta}{\rightleftharpoons}} 2^I = \Gamma(\Omega_{\mathcal{E}}).$$

这很容易验证

$$\delta(p) = \begin{cases} I \text{ 如果 } p = \bot \\ \phi \text{ 如果 } p = \top \end{cases}$$

$$\gamma(K) = \begin{cases} \top \text{ 如果 } K = I \\ \bot \text{ 如果 } K \neq I \end{cases}$$

我们可以写作

$$\delta(p) = \{i \in I | p\}, \gamma(K) = \| \forall i \in I(I \in K) \|,$$

其中,$\| \cdots \|$ 代表"$\cdots$的真值"。

ΔS 谓词上的算子 $\square_s$ 的作用可以简单地描述为:

对于所有的 $s \in S, i \Vdash \square_s \varphi[s]$ 当且仅当 $\forall j \in I, j \Vdash \varphi[s]$.

6.3.6 例子

$$S = \text{Sets} \underset{\Gamma}{\overset{\Delta}{\rightleftharpoons}} \text{Sets}^{\text{IPop}} = \mathcal{E},$$

其中,$IP = (P, \leq)$ 是一个偏序集。在这种情况下,ΔS 是常量预层 $\Delta S(U) = S \forall U \in P$ 且 $\Gamma(F) = \varprojlim_{\text{IPop}} F$。

映射:

$$\Omega_S = 2 \underset{\gamma}{\overset{\delta}{\rightleftharpoons}} \Omega(1) = \Gamma(\Omega_{\mathcal{E}}),$$

其中,$\Omega(1) = \{K \subseteq P | K \text{ 向下闭合}\}$ 很容易由

$$\delta(p) = \{V \in P | p\}, \gamma(K) = \| \forall U \in P(U \in K) \|$$

给出。

ΔS 谓词上的算子 $\square_s$ 的作用可以简单地描述为:

对于所有的 $s \in S, U \Vdash \square_s \varphi[s]$ 当且仅当 $\forall V \in P, V \Vdash \varphi[s]$.

6.3.7 例子 $S \underset{\Gamma}{\overset{\Delta}{\rightleftharpoons}} \mathcal{E}$,其中,$\Gamma$ 是有界的。这意味着$\mathcal{E}$可以表示为S中的位

置C上的层范畴。

映射:

$$\Omega_S \overset{\delta}{\underset{\gamma}{\rightleftharpoons}} \Gamma(\Omega_{\mathcal{E}}),$$

其中,$\Gamma(\Omega_{\mathcal{E}})$ = 闭合筛集,由

$$\delta(p) = \{C \in C \mid p\} \text{ 的闭包}$$

$$\gamma(K) = \parallel \forall C \in C(C \in K) \parallel$$

给定。

ΔS 谓词上的算子 $\square_S$ 的作用由

$$C \vDash \square\varphi[S] \text{ 当且仅当 } \exists\{C_i \to C\}_{i \in I} \mathrm{Cov}(C) \forall i \in I \forall C' \in C \ C' \vDash \varphi[S]$$

给定,其中,我们已经用其在典范映射 $S \to i(C)$ 下的像识别了 $s \in S$。

(三)局部连通拓扑

在S上定义的拓扑$\mathcal{E}$的几个例子中,$\mathcal{E} \to S$,其中包括$\mathcal{E} \to S$被给定为S中某个范畴上的预层范畴的情况,函子 $\Delta : S \to \mathcal{E}$ 有一个左伴随 $\pi_0 \dashv \Delta$。在这种情况下,π_0 被称为"连通分量函子",其原因将在下面讨论。我们将特别关注 π_0 满足某些 Frobenius[①] 类型条件的情况。

巴尔和帕雷在 1980 的论文《分子拓扑》[②]中给出了以下定理:

6.3.8 定理 设$\mathcal{E} \to S$是一个几何态射。以下内容等价:

(1)Δ 是笛卡尔闭函子;

(2)Δ 有左伴随 π_0,且满足 Frobenius 互易条件:

$$\pi_0(\Delta S \times E) \cong S \times \pi_0 E.$$

6.3.9 定理 设$\mathcal{E} \to S$是一个几何态射。以下内容等价:

(1)Δ 是一个局部笛卡尔闭函子;

(2)Δ 有一个左伴随,且满足广义 Frobenius 条件:

---

① F. G. Frobenius,德国数学家。

② Barr, M. and Paré, R. . *Molecular toposes*. Journal of Pure and Applied Algebra, vol. 17(1980):127 – 152.

$$\pi_0\left(\begin{matrix}\Delta S \times E \\ \Delta T\end{matrix}\right) \cong S \underset{T}{\times} \pi_0 E.$$

注意：（1）6.3.8 定理的第一个条件可以重新表述为"Δ 保持指数"，而 6.3.9 定理的第一个条件可以重新表述为"Δ 保持运算 Πf 的"。

（2）6.3.9 定理的第二个条件等价于 π_0 为 S-索引的陈述，按照巴尔和帕雷的观点，这是由格罗腾迪克提出的集合上局部连通拓扑概念的正确推广。这个术语的原因来自于 $Sh(X) \to Sets$ 的特殊情况，其中 X 是一个拓扑空间。在这种情况下，两个定理的所有条件都等价于 X 是局部连通的表述。此外，通过将 $Sh(X)$ 与 X 上的平展空间的范畴相识别，π_0 证明是将 X 上的平展空间送入其连通分量集合的函子。

下面阐述关于类的第二个假设：

6.3.10 假设　几何态射 $\mathcal{E} \to S$ 是局部连通的。

参考 6.3.9 定理，这个假设可以用等效形式表示：Δ 有一个左伴随 $\pi_0 \dashv \Delta$，且满足广义 Frobenius 条件。

这个假设的一个结果是，根据 6.3.4 假设，类（= 常量集）是指数的。另一个结果是可能性算子 $\Diamond$ 对于类型谓词是可定义的。

（四）MAO 算子

我们来说明如何在 6.3.4 假设和 6.3.10 假设中的类谓词上定义算子对 $(\Diamond, \Box)$。尽管 $\Box$ 是根据全局截面定义的，$\Diamond$ 将根据连通分量来定义。

我们从

$$\Omega_S \underset{\gamma}{\overset{\delta}{\rightleftarrows}} \Gamma(\Omega_{\mathcal{E}})$$

开始，并且定义一个左伴随 $\lambda \dashv \delta$ 如下：

$$\frac{X\Gamma \overset{K}{\longrightarrow} (\Omega_{\mathcal{E}})}{\Delta X \longrightarrow \Omega_{\mathcal{E}}} \qquad (\Delta \dashv \Gamma)$$

$$\frac{}{K \mapsto \Delta X} \qquad (\Omega_{\mathcal{E}} \text{分类子对象})$$

应用 π_0,并对图进行因子分解:

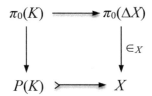

下面的水平映射根据 $X \xrightarrow{\lambda(K)} \Omega_S$ 进行分类,其中, $\in X : \pi_0\Delta \to \mathrm{Id}$ 为 $\pi_0 \dashv \Delta$ 的余单位。简单的计算给出:

$$\lambda \dashv \delta.$$

因此, $\lambda(K \wedge p) = \lambda K \wedge p$。现在定义 $\Diamond = \delta\lambda : \Gamma(\Omega_{\mathcal{E}}) \to \Gamma(\Omega_{\mathcal{E}})$,并且很容易检验具有 $\Box = \delta\lambda$ 的对 $(\Diamond, \Box)$ 满足以下条件:

(1) $\Diamond \dashv \Box$

(2) $\Box \leqslant \mathrm{Id} \leqslant \Diamond$

(3) $\Box^2 = \Box, \Diamond^2 = \Diamond$

(4) $\Diamond(K_1 \wedge \Box K_2) = \Diamond K_1 \wedge \Diamond K_2$

满足 (1) – (4) 的算子对 $(\Diamond, \Box)$ 被称为 MAO 对,MAO 表示"模态伴随算子"。

很明显,我们可以在 ΔS 的谓词上定义一个运算 $\Diamond_s$,就像我们对 $\Box$ 所做的那样:如果 $\Delta S \xrightarrow{\varphi} \Omega_{\mathcal{E}}$ 是 ΔS 的谓词,令 $\Delta S \xrightarrow{\Diamond_s \varphi} \Omega_{\mathcal{E}}$ 是 $S \xrightarrow{\Diamond^\circ \mathrm{tr}(\varphi)} \Gamma(\Omega_{\mathcal{E}})$ 的换置,其中, $S \xrightarrow{\mathrm{tr}(\varphi)} \Gamma(\Omega_{\mathcal{E}})$ 是 φ 的换置。

注意,在 Δ 有一个左伴随 π_0 且满足 Frobenius 条件的情况下,可以将单元 $\eta_S : S \to \Gamma\Delta S$ 的表达式简化为:

$$\frac{S \xrightarrow{\eta^S} \Gamma\Delta S}{\frac{\Delta S \xrightarrow{1_{\Delta S}} \Delta S}{1 \times \Delta S \longrightarrow \Delta S}} \qquad (\Delta \dashv \Gamma)$$

$$\frac{\pi_0(1 \times \Delta S) \longrightarrow S}{\pi_0(1) \times S \xrightarrow{\pi_2} S} \qquad (\pi_0 \dashv \Delta)$$

$$\frac{}{} \qquad (\pi_0 \text{ 满足 Frobenius})$$

$$S \xrightarrow{C} S^{\pi_0(1)}$$

换句话说，ηS 就是常量映射。由此，因为 Δ 保持指数，可得出 $\Delta\eta_s: \Delta S \to \Delta S^{\Delta\pi_0(1)}$ 又是常量映射。同理，由于 $\Delta\Gamma\Delta S \simeq \Delta S^{\Delta\pi_0(1)}$，$\in \Delta_s : \Delta\Gamma\Delta S \to \Delta S$ 只是"在单元 $1 \to \Delta\pi_0(1)$ 处的计值"。

$\Delta\eta S$ 和 $\in \Delta_s$ 这些映射在蒙塔古的论文《普通英语中量化的正确处理》中发挥着重要的作用，蒙塔古将其分别称为"内涵"和"外延"。

6.3.11 例子

$$S = \text{Sets} \quad \underset{\Gamma}{\overset{\pi_0 \atop \Delta}{\rightleftarrows}} \quad \text{Sets}^I = \mathcal{E} ,$$

其中，I 是一个集合。在这种情况下，$\pi_0((X_i)_{i \in I}) = \coprod_{i \in I} X_i$ 是族成员的不相交并集。

此外，图：

$$\Omega_S = 2 \quad \underset{\gamma}{\overset{\lambda \atop \delta}{\rightleftarrows}} \quad 2^I = \Gamma(\Omega_S)$$

中的映射 λ 由

$$\lambda(K) = \begin{cases} \top & \text{如果 } K \neq \varnothing \\ \bot & \text{如果 } K = \varnothing \end{cases}$$

给定。即，$\lambda(K) = \| \exists i \in I(i \in K) \|$。

$\diamondsuit_s$ 对谓词的作用可以描述为：对于所有的 $s \in S, i \Vdash \diamondsuit_s \varphi[s]$，当且仅当 $\exists j \in I j \Vdash \varphi[s]$。

如上所见，我们获得了模态逻辑通常的"可能世界"语义，其中，$I =$ 可能世界的集合。

6.3.12 例子

$$S = \text{Sets} \xrightarrow[\Gamma]{\overset{\pi_0}{\longleftarrow} \Delta} \text{Sets}^{P^{op}} = \mathcal{E},$$

其中,$\mathbb{P} = \langle P, \leqslant \rangle$ 是S中的一个偏序集。在这种情况下,$\pi_0(F) = \underrightarrow{\lim}_{C^{op}} F$ 且图:

$$\Omega_S = 2 \xrightarrow[\gamma]{\overset{\lambda}{\longleftarrow} \delta} \Omega(1) = \Gamma(\Omega_S)$$

中的映射根据 $\lambda(K) = \parallel \exists U \in P(U \in K) \parallel$ 给定。

此外,$\Diamond_S$ 对谓词 ΔS 的作用可以如下描述:

对于所有的 $s \in S$,$U \Vdash \Diamond_S \varphi[s]$ 当且仅当 $\exists V \in P \; V \Vdash \varphi[s]$。

由此得到的语义可以称为"可能情境"语义。在这种情况下,$\mathbb{P}$ 可以被认为是由"包含所发生一切"的关系预先排序的(部分)可能情况的集合。雷耶斯在1988年的论文《文学文本的语义学》中对这一语义及其在文学文本中的应用进行了深入研究。

6.3.13 例子
$\mathcal{E} \rightarrow S$ 是有界且局部连通的。根据巴尔和帕雷在1980的论文《分子拓扑》中给出的一个定理,我们可以将 $\mathcal{E}$ 表示为S的C点上的层的范畴,使得常量预层就是层。在这种情况下,我们有具有 $\Delta S(C) = S$ 的图:

$$S \xrightarrow[\Gamma]{\overset{\pi_0}{\longleftarrow} \Delta} \text{Sh}_S(C)$$

且对于所有的 $C \in C$,$\pi_0(F) = \underrightarrow{\lim}_{C^{op}} F$,$\Gamma(F) = \underrightarrow{\lim}_{C^{op}} F$。在我们的例子中,映射 λ, δ, γ 由

$$\Omega_S \xrightarrow[\gamma]{\overset{\lambda}{\longleftarrow} \delta} \Gamma(\Omega_S)$$

给出。其中,

$$\delta(p) = \{C \in C \mid p\}$$

$$\gamma(K) = \| \forall C \in \mathbb{C}(C \in K) \|$$

$$\lambda(K) = \| \exists C \in \mathbb{C}(C \in K) \| .$$

在这种情况下，$\lozenge_s, \square_s$ 对谓词 ΔS 的作用可以描述为：

$C \models \square_s \varphi[s]$ 当且仅当 $\forall C' \in \mathbb{C}\, C' \models \varphi[s]$

$C \models \lozenge_s \varphi[s]$ 当且仅当 $\exists C' \in \mathbb{C}\, C' \models \varphi[s]$.

（五）局部连通和连通拓扑

值得注意的是，我们在类范畴的定义中有一个选择：要么是 $S(\Gamma(\Omega_\varepsilon))$，要么是由 $(\Delta S, \delta_{\Delta S})$ 形式的对象组成的？(Ω) 的完全子范畴 $\mathbb{C}$。

在这里，我们研究一个条件，大致上说，这个选择是不相关的。

6.3.14 命题　设 $\varepsilon \to S$ 是一个局部连通的几何态射。则以下条件是等价的：

（1）Δ 是完全的和忠实的（即，全忠实的函子）

（2）$\Gamma\Delta \simeq \mathrm{Id}_S$

（3）$\pi_0\Delta \simeq \mathrm{Id}_S$

（4）$\pi_0(1) = 1$

证明：（1）$\Leftrightarrow$（2）是众所周知的，并且易于验证；

（2）$\Leftrightarrow$（4）从 $\Gamma\Delta S \cong S^{\Delta\pi_0(1)}$ 得到；

而（3）$\Leftrightarrow$（4）由 π_0 上的 Frobenius 条件推导出。♥

注意，在这个证明中只使用了通常的 Frobenius 条件，所以我们可以削弱假设，要求满足这个条件的 Π_0 的存在。

我们现在可以说明这个选择的无关性。

6.3.15 命题　假设 $\varepsilon \to S$ 是局部连通且连通的。那么，提升

$$\overline{\Delta} : S(\Gamma(\Omega_\varepsilon)) \to \varepsilon(\Omega)$$

在 $S(\Gamma(\Omega_\varepsilon))$ 和 $\mathbb{C}$ 之间引起等价范畴。

证明：使用 6.3.14 命题（2）进行简单计算。

在 6.3.10 假设存在时，Γ 的连通性导致映射

$$\Omega_S \underset{\gamma}{\overset{\lambda}{\underset{\longrightarrow}{\overset{\longleftarrow}{\overset{\delta}{\longleftarrow}}}}} \Gamma(\Omega_\varepsilon)$$

上的进一步条件。事实上,$\lambda\delta = 1_{\mathfrak{I}_{\Pi\mathcal{E}}} = \lambda\delta = 1_{\mathfrak{I}_{\Pi\mathcal{E}}}$。♥

下面,我们再次考察前面"□算子"中的几个例子,研究在这些特定的情况下,连通性条件意味着什么。

6.3.16 例子

$$S = \text{Sets} \overset{\overset{\pi_0}{\longleftarrow}}{\underset{\overset{\Delta}{\longrightarrow}}{\underset{\Gamma}{\longleftarrow}}} \text{Sets}^I = \mathcal{E}.$$

在这种情况下,$\pi_0(1) = \pi_0((1)_{i\in I}) = \sum_{i\in I}1 = I$,且连通性意味着 $I = 1$。因此,连通性导致了"可能世界"语义的坍塌,从而只有一个世界。相应地,$\diamondsuit = \square = \text{Id}$。

6.3.17 例子

$$S = \text{Sets} \overset{\overset{\pi_0}{\longleftarrow}}{\underset{\overset{\Delta}{\longrightarrow}}{\underset{\Gamma}{\longleftarrow}}} \text{Sets}^{\text{Pop}} = \mathcal{E}.$$

在此例中,$\pi_0(1) = $ 图 $\mathbb{P}$ 的连通分量的集合。因此,$\pi_0(1) = 1$,当且仅当给定 U,$V \in \mathbb{P}$,存在 $\mathbb{P}$ 的有穷元素链:

$$U \geqslant W_1 \leqslant W_2 \geqslant \cdots \leqslant W_{n-1} \geqslant V.$$

因此,可以在"可能情境"语义上施加连通性条件,而且不会坍塌恒等式的模态算子。

在本节的第三部分,我们将考虑连通性施加在 $\diamondsuit$ 和 $\square$ 上的进一步的逻辑规则。

（六）具有对应关系和类型的集合

与自然数集合的成员相反,诸如"狗""人"等类型的成员可能会出现或消失,而诸如"命题"或"人的谓词"等类型的成员在特定情况下可能恰好重合,尽管它们并不完全相同。例如,唱歌和工作很可能同时发生,在这种情况下,唱歌的人就是工作的人。然而,这些谓词并不相同。

这种对应的概念对于理解自然语言中普遍存在的不透明问题至关重要。基南(E. L. Keenan)和法尔茨(L. M. Faltz)在 1985 年出版的《自然语言的布尔语义》中给出了许多缺乏"对等"替换性的例子,而这些替换性不是由诸如"相信"
"是否怀疑"之类的认知语境产生的。例如,在上述情况下,与弗雷德一起唱歌的
人不一定同与弗雷德一起工作的人一致。当然,模态算子所创建的语境不能在
不改变真值的情况下用"对等"替换。

称我们所处理的是一类具有不同性质的相同成员,这是没有说服力的。然
而,考虑恰好重合但不同的成员,因此它们可能具有不同的性质是很有说服
力的。

在这里,我们将通过定义对于任意的拓扑$\mathcal{E}$,$\mathcal{E}$中任意完备的海廷代数 H,具
有对应关系的集合范畴$\mathcal{E}(H)$,来提供在我们的理论中表示这些事实的方法。

$\mathcal{E}(H)$的对象是对(E,δ_E),其中,$\delta_E:E\times E\to H$满足:

(1)$\delta_E(e,e')=\delta_E(e',e)$

(2)$\delta_E(e,e')\wedge\delta_E(e',e'')\leq\delta_E(e',e'')$.

另一方面,态射$(E,\delta_E)\xrightarrow{f}(F,\delta_F)$是$\mathcal{E}$的映射 $E\xrightarrow{f}F$,且满足

$$\delta_E(e,e')\leq\delta_F(f(e),f(e')).$$

注意,尽管存在相似性,但在$\mathcal{E}=$ Sets 的情况下,这不是希格斯在1973 年未公
开发表的著作《布尔值集论的范畴方法》中讨论的 H-值集的范畴。事实上,Sets
(H)不是拓扑,尽管它是局部笛卡尔闭的,甚至是准拓扑:映射$(1,\delta_\phi)\rightarrowtail(1,\delta_1)$,
其中 $\delta_\phi(*,*)=0\in H$ 既是一个单态射,又是一个满态射,但不是一个同构。

6.3.18 **定理** 范畴$\mathcal{E}(H)$是局部笛卡尔闭的。

证明:终端对象为$(1,\delta_1)$,其中 $1=\{*\}$为$\mathcal{E}$的终端对象,且$\delta_1(*,*)=1\in$
H。具有(F,δ_F)的(E,δ_E)的乘积是图:

$$(E,\delta_E)\xleftarrow{\pi E}(E\times F,\delta_{E\times F})\xrightarrow{\pi F}(F,\delta_F)$$

其中,$E\leftarrow E\times F\to F$ 是$\mathcal{E}$中的乘积,且 $\delta_{E\times F}((e,f),(e',f'))=\delta_E(e,e')\wedge\delta_F(f,f')$.

$(E,\delta_E)\underset{g}{\overset{f}{\rightrightarrows}}(F,\delta_F)$的均衡器是图:

$$(H, \delta_F) \xrightarrow{\ e\ } (E, \delta_E) \underset{g}{\overset{f}{\rightrightarrows}} (F, \delta_F)$$

其中，$H \xrightarrow{\ e\ } E \underset{g}{\overset{f}{\rightrightarrows}} F$ 是 $\mathcal{E}$ 的均衡器，且 $\delta_H(h, h') = \delta_E(e(h), e(h'))$。

(F, δ_F) 到 (E, δ_E) 的指数就是图：

$$(F^E, \delta_{F^E}) \times (E, \delta_E) \to (F, \delta_F),$$

其中，$F^E \times E \to F$ 是 $\mathcal{E}$ 中的指数，且

$$\delta_{F^E}(f, f') = \bigcap_{e, e' \in E} [\delta_E(e, e') \Rightarrow \delta_E(fe, f'e')].$$

最后，$\prod$ 算子可以描述为：如果 $(E, \delta_E) \xrightarrow{\ f\ } (F, \delta_F) \in \mathcal{E}(H)$，

$$\prod f = \begin{pmatrix} (G, \delta_G) \\ \varphi \downarrow \\ (E, \delta_E) \end{pmatrix} = \begin{pmatrix} (P, \delta_P) \\ \varphi \downarrow \\ (F, \delta_F) \end{pmatrix}, 其中, \begin{pmatrix} P \\ \downarrow \\ F \end{pmatrix} = \prod f \begin{pmatrix} P \\ \varphi \downarrow \\ E \end{pmatrix}.$$

为了描述 δ_P，我们需要一些基础知识。

回顾在集合范畴中，$P = \sum_{b \in F} \prod_{a \in f^{-1}b} \varphi^{-1}(a)$。将部分函数表示为 G，将全函数表示为 $\breve{G}$，我们可以用集合论术语将 P 描述为：

$P = \{(b_1, \gamma) \in F \times \breve{G}^E \mid \forall a \in E (\exists x \in G \gamma(a) = \{x\} \leftrightarrow f(a) = b) \wedge \forall a \in E$
$\forall x \in G (\gamma(a) = \{x\} \to \varphi(x) = a)\}$,

并且映射 $P \to F$ 正好是第一个投影的限制。现在定义

$\delta_P((b_1, \gamma_1), (b_2, \gamma_2)) = \delta_F(b_1, b_2) \wedge \bigcap \{\delta_E(a_1, a_2) \to \delta_G(x_1, x_2) \mid \gamma_1(a_1) = \{x_1\} \wedge \gamma_2(a_2) = \{x_2\}\}$.

我们来检验 δ_P 是一个对应关系：

$\delta_P((b_1, \gamma_1), (b_2, \gamma_2)) \wedge \delta_P((b_2, \gamma_2), (b_3, \gamma_3))$

$\quad \leqslant \delta_F(b_1, b_2) \wedge \delta_F(b_2, b_3) \wedge (\delta_E(a_1, a_2) \to \delta_G(x_1, x_2)) \wedge (\delta_E(a_2, a_3) \to \delta_G$
$\quad (x_2, x_3))$

$\quad \delta \leqslant \delta_F(b_1, b_3) \wedge (\delta_E(a_1, a_2) \wedge \delta_E(a_2, a_3) \to \delta_G(x_1, x_2) \wedge \delta_G(x_2, x_3))$

$\quad \leqslant \delta_F(b_1, b_3) \wedge (\delta_E(a_1, a_2) \wedge \delta_E(a_2, a_3) \to \delta_G(x_1, x_3))$,

对于每个 $a_1, a_2, a_3, x_1, x_2, x_3$，使得 $\gamma_i(a_i) = \{x_i\}$。

因此，$\delta_p((b_1, \gamma_1), (b_2, \gamma_2)) \wedge \delta_p(b_2, \gamma_2), (b_3, \gamma_3))$

$\leqslant \delta_F(b_1, b_3) \wedge (\bigvee \{\delta_E(a_1, a_2) \wedge \delta_E(a_2, a_3) \mid \gamma_2(a_2) = \{x_2\}\} \to \delta_G(x_1, x_3))$

$\leqslant \delta_F(b_1, b_3) \wedge (\delta_E(a_1, a_3) \to \delta_G(x_1, x_3))$ 对于所有的 a_1, a_3, x_1, x_3，使得 $\gamma_i(a_i) = \{x_i\}$。

$\leqslant \delta_F(b_1, b_3) \wedge \bigwedge \{\delta_E(a_1, a_3) \to \delta_G(x_1, x_3) \mid \gamma_1(a_1) = \{x_1\}, \gamma_3(a_3) = \{x_3\}\}$

$\leqslant \delta_p((b_1, \gamma_1), (b_3, \gamma_3))$.

$f^* \dashv \prod_f$ 的证明很长，但很简单。♥

注意：(1) $\mathcal{E}(H)$ 实际上是一个准拓扑，因为 $(\Omega, \delta_\top)$ 将正规单态射分类，其中，$\delta_\top$ 是真值总为 $\top$ 的对应关系。

(2) $\mathcal{E}(H)$ 具有像：如果 $(E, \delta_E) \xrightarrow{f} (F, \delta_F) \in \mathcal{E}(H)$，很容易验证 $\mathrm{Im}(f) = (f(E), \delta)$，其中，$\delta$ 是包含由 $\delta_0(y, y') = \bigvee_{f(x) = y, f(x') = y'} \delta_E(x, x')$ 定义的映射 $\delta_0 : f(E) \times f(E) \to H$ 的最小对应关系。

然而，像在回拉下是不稳定的，如下面在 $\mathrm{Sets}(\Omega_0)$ 中的例子所示，其中，$\Omega_0 = \{0, \frac{1}{2}, 1\}$ 具有明显的运算。

设 $E = \{0, 1, 2, 3\}$，$F = \{0, 1, 2\}$，$X = \{0, 1\}$，并且设 $\delta_F = \delta_\top$，$\delta_X = \delta_\top$，其中 $\delta_\top$ 是对应关系，其真值总是等于 $\top \in \Omega$，$\delta_E(0, 2) = \delta_E(1, 2) = \delta_E(1, 3) = \delta_E(0, 3) = \frac{1}{2}$ 和 $\top$，否则 $\delta(0, 1) = \delta(1, 0) = \frac{1}{2}$ 和 $\top$。

于是，图：

是一个回拉。其中，$\alpha(0) = 0$，$\alpha(3) = 2$，$\alpha(1) = \alpha(2) = 1$，$u(0) = 0$，$u(1) = 2$，$v(0) = 0$，$v(1) = 3$。显然，$\alpha$ 是一个像，但 Id 不是。类似地，$\mathcal{E}(H)$ 具有一般不稳

定的子对象的上确界。

从对 $\mathcal{E}(H)$ 中态射的定义中,我们得到了遗忘函子 $U:\mathcal{E}(H)\rightarrow\mathcal{E}$,定义为:

$$U(E,\delta_E) = E \quad 且 \quad U(f) = f.$$

6.3.19 **命题** 遗忘函子 U 是局部笛卡尔闭的,并且有左伴随和右伴随:$L \dashv U \dashv R$。

证明:根据范畴运算的描述,第一个断定是显而易见的。

至于第二个断定,$L(E) = (E,\delta_0)$,$R(E) = (E,\delta_1)$,且 $L(f) = R(f) = f$,其中,$\delta_1(e,e') = 1 \in H$,$\delta_0(e,e') = 0 \in H$。

非常重要的一个特殊情况是 $H = \Omega \in \mathcal{E}$。在这种情况下,$\mathcal{E}(\Omega)$ 可以被描述为部分等价关系的范畴 $PER(\mathcal{E})$,即,$PER(\mathcal{E})$ 的对象是一个对 (E,R),其中 $R \mapsto E \times E$ 是对称和传递关系。$PER(\mathcal{E})$ 的态射 $f:(E,R)\rightarrow(F,S)$ 是 $\mathcal{E}$ 的一个映射 $f:E\rightarrow F$,使得 $(e,e') \in R \rightarrow (f(e),f(e')) \in S$。事实上,根据 Ω 的定义,这直接由双射:

$$\frac{E \times E \xrightarrow{\delta_E} \Omega}{R \longmapsto E \times E}$$

给定。♥

三、多分类模态理论的语言及其解释

在我们的拓扑理论语义中,有变量集(即,$\mathcal{E}$ 的任意对象)和常量集(即,形式为 ΔS 的 $\mathcal{E}$ 对象,且 $S \in \mathbb{S}$)。很自然地,将类型和分类分别解释为变量集和常量集。不过,为了简化阐述,并提出我们方法中的新内容,下面将只集中于讨论分类。我们通过递归定义分类和项。

(一)分类和项

分类:

(1)基本分类有:乘客、人、男孩、单身汉、阅读、河流等;

(2)1、PROP 是分类;

(3)如果 X、Y 是分类,则 $X \times Y$ 和 Y^X 也是分类;

(4)其他都不是分类。

项：

（1）基本常数项 $c \in \mathrm{Con}_X$ 是分类 X：$* \in \mathrm{Con}_1$ 的项，$\mathrm{John} \in \mathrm{Con}_{\mathrm{person}}$，$\mathrm{run} \in \mathrm{Con}_{\mathrm{PROP^{person}}}$，$\mathrm{meet} \in \mathrm{Con}_{\mathrm{PROP^{person \times person}}}$，等等。

（2）如果 $x \in \mathrm{Var}_X$，则 x 是分类 X 的项，其中，对于每个分类 X，Var_X 是一个无限变量集。

（3）如果 $t:X$ 且 $s:Y$，则 $\langle t,s \rangle:X \times Y$。

（4）如果 $x \in \mathrm{Var}_X$ 且 $t:Y$，则 $\lambda xt:Y^X$。

（5）如果 $t:Y^X$ 且 $s:X$，则 $t(s):Y$。

（6）$\top, \bot:\mathrm{PROP}$。

（7）如果 $t,s:X$，则 $t=s,t \curlyvee s:\mathrm{PROP}$。

（8）如果 $\varphi,\psi:\mathrm{PROP}$，则 $\varphi * \psi:\mathrm{PROP}$，其中，$* \in \{\wedge,\vee,\rightarrow\}$。

（9）如果 $\varphi:\mathrm{PROP}$，且 $x \in \mathrm{Var}_X$，则 $\exists x\varphi,\forall x\varphi:\mathrm{PROP}$。

（10）如果 $\varphi:\mathrm{PROP}$，则 $\Box_\varphi,\Diamond_\varphi:\mathrm{PROP}$。

（11）其他都不是项。

注意，我们写作"$t:X$"表示"t 是分类 X 的一个项"。

一个公式是分类 PROP 的项。我们可以使用以下缩写：

$$如果 t:X，设 E(t) \equiv t \curlyvee t。$$

$$如果 \varphi 是一个公式，设 \neg \varphi \equiv \varphi \rightarrow \bot。$$

假定已经定义了一些常见的概念，如"用项替换变量""项或公式的自由变量""项对于项或公式中的变量是自由的"等。

（二）语言解释

现在用拓扑$\mathcal{E} \rightarrow S$来解释这种语言。我们已经讨论过的主要思想是：分类被解释为由$\mathcal{E}$的常量集和一个对应关系组成的对。这种解释分为两个步骤：首先将分类解释为种类，即形式为$(\Delta S,\delta_{\Delta S})$的范畴$\mathcal{E}(\Omega)$的对象。通过这种解释，我们将以马凯和雷耶斯在 1977 年对于一阶范畴逻辑的研究，以及兰贝克和斯科特在 1986 年对于高阶范畴逻辑研究中采用的通常方式解释拓扑$\mathcal{E}$中的项和公式。

要解释$\varepsilon(\Omega)$中的分类,只解释基本分类就足够了。事实上,一旦这些分类被解释了,我们将解释 I 扩展到所有分类如下:

$$I(1) = (\Delta 1, \delta_T)$$

$$I(PROP) = (\Delta \Gamma \Omega, \delta_{\Delta \Gamma \Omega}).$$

其中,$\delta_{\Gamma\Omega}: \Gamma(\Omega) \times \Gamma(\Omega) \to \Gamma(\Omega)$被定义为$(\leftrightarrow)$。

此外,如果 X 和 Y 已经被解释,那么,

$$I(X \times Y) = I(X) \times I(Y) \text{且} I(Y^X) = I(Y)^{I(X)},$$

其中,等式右边的积和指数表示$\varepsilon(\Omega)$的笛卡尔封闭结构。此外,根据我们的假设$\varepsilon \to S, \varepsilon$的常量集是指数的。

回顾我们有一个遗忘函子:

$$\varepsilon(\Omega) \xrightarrow{U} \varepsilon,$$

据此,如下定义分类的解释:

如果 X 是一个分类,那么$\| x \| = \bigcup I(X)$。

注意,$\| x \|$是形式为 ΔA 的常量集。在后面,我们将设 $tr(\cdots)$ 是由附加 $\Delta \dashv \Gamma$ 给定的$(\cdots)$的换置。

对于每个项 t:X 和每一个不同变量的序列 $\vec{x} = \langle x, \cdots, x_n \rangle$,使得 t 的自由变量在 $\vec{x}$ 的元素中,我们通过递归定义 $\| \vec{x}:t \| : \| X_1 \| \times \cdots \times \| X_n \| \to \| X \| \in \varepsilon$ 如下:

(1)基本常数项 $c \in Con_X$ 被解释为全局截面 $\| c \|$。如果 $\vec{x}$ 是分类 X1,$\cdots$,X_n 的(不同的)变量的序列,设 $\| \vec{x}:c \| : \| X_1 \| \times \cdots \times \| X_n \| \to 1 \xrightarrow{\| c \|} \| X \|$ 是具有 $\| c \|$ 的唯一态射的合成。

(2)如果 $x_i \in Var_X$,则 $\| \vec{x}:x_i \| = \pi_i$,第 i 个射影。

(3)如果 t:X 且 s:Y,则

$$\| \vec{x}:\langle t,s \rangle \| = \langle \| \vec{x}:t \| , \| \vec{x}:s \| \rangle.$$

（4）如果 $x \in \mathrm{Var}_X$ 且 $t:Y$，则 $\| \vec{x}:\lambda xt \| : \| X_1 \| \times \cdots \times \| X_n \| \to \| Y \|^{\| X \|}$ 被定义为映射：

$$\| \vec{x}x:t \| : \| X_1 \| \times \cdots \times \| X_n \| \times \| X \| \to \| Y \|$$

的指数换置。假定 $\vec{x}x$ 由不同的变量组成。

（5）如果 $t:Y^X$ 且 $s:Y$，则 $\| \vec{x}:t(s) \| = ev \circ \langle \| \vec{x}:t \|, \| \vec{x} \cdot s \| \rangle$，其中，$ev \| Y \|^{\| X \|} x \| X \| \to \| Y \|$。

（6）$\| \vec{x}:\top \| = \| X_1 \| \times \cdots \times \| X_n \| \to 1 \simeq \Delta 1 \xrightarrow{\Delta \top} \Delta \Gamma \Omega$

$\| \vec{x}:\bot \| = \| X_1 \| \times \cdots \times \| X_n \| \to 1 \simeq \Delta 1 \xrightarrow{\Delta \bot} \Delta \Gamma \Omega.$

（7）$\| \vec{x}:t = s \|$ 是合成：

$$\| X_1 \| \times \cdots \times \| X_n \| \xrightarrow{\langle \| \vec{x}:t \|, \| \vec{x}:s \| \rangle} \| X \| \times \| Y \| \xrightarrow{\Delta \mathrm{tr}(\Delta_{\| X \|})} \Delta \Gamma \Omega,$$

其中，$\Delta_{\| X \|}$ 将对角线 $\| X \| \longmapsto \| X \| \times \| Y \|$ 分类。

$\| \vec{x}:t \mathrel{\rotatebox[origin=c]{90}{$\asymp$}} s \|$ 是合成：

$$\| X_1 \| \times \cdots \times \| X_n \| \xrightarrow{\langle \| \vec{x}:t \|, \| \vec{x}:s \| \rangle} \| X \| \times \| Y \| \xrightarrow{\Delta \mathrm{tr}(\delta_{\| X \|})} \Delta \Gamma \Omega,$$

其中，$(\| X \|, \delta_{\| X \|}) = I(X)$。

（8）$\| \vec{x}:\varphi * \psi \| : \| X_1 \| \times \cdots \times \| X_n \| \to \Delta \Gamma \Omega$ 是合成：

$$\| X_1 \| \times \cdots \times \| X_n \| \xrightarrow{\langle \| \vec{x}:\varphi \|, \| \vec{x}:\psi \| \rangle} \Delta \Gamma \Omega \times \Delta \Gamma \Omega \xrightarrow{\Delta \mathrm{tr}(*)} \Delta \Gamma \Omega$$

其中，$* : \Omega \times \Omega \to \Omega$ 是 Ω 上的 $\wedge, \vee, \to$ 运算之一。

（9）$\| \vec{x}:\exists x\varphi \| : \| X_1 \| \times \cdots \times \| X_n \| \to \Delta \Gamma \Omega$ 定义为 $\Delta \mathrm{tr}(\exists \pi(\in_\Omega \circ \| \vec{x}x:\varphi \|))$，

$\| \vec{x}:\forall x\varphi \| : \| X_1 \| \times \cdots \times \| X_n \| \to \Delta \Gamma \Omega$ 定义为 $\Delta \mathrm{tr}(\forall \pi(\in_\Omega \circ \| \vec{x}x:\varphi \|))$，

其中，$\pi : \| X_1 \| \times \cdots \times \| X_n \| \times \| X \| \to \| X_1 \| \times \cdots \times \| X_n \|$ 是典范射影。

（10）$\| \vec{x} : \Box \varphi \| : \| X_1 \| \times \cdots \times \| X_n \| \to \Delta\Gamma\Omega$ 是合成：

$$\| X_1 \| \times \cdots \times \| X_n \| \xrightarrow{\| \vec{x} : \varphi \|} \Delta\Gamma\Omega \xrightarrow{\Delta\Box} \Delta\Gamma\Omega.$$

$\| \vec{x} : \Diamond \varphi \| : \| X_1 \| \times \cdots \times \| X_n \| \to \Delta\Gamma\Omega$ 是合成：

$$\| X_1 \| \times \cdots \times \| X_n \| \xrightarrow{\| \vec{x} : \varphi \|} \Delta\Gamma\Omega \xrightarrow{\Delta\Diamond} \Delta\Gamma\Omega.$$

注意，我们将公式的非标准解释定义为映射到 $\Delta\Gamma\Omega$，而不是 Ω 的映射。然而，考虑公式 φ 的这种非标准解释，$\| X_1 \| \times \cdots \times \| X_n \| \xrightarrow{\| \vec{x} : \varphi \|} \Delta\Gamma\Omega$，我们只需将 $\| \vec{x} : \varphi \|$ 与余单位 $\in_\Omega : \Delta\Gamma\Omega \to \Omega$ 合成，得到 φ 的标准解释，即，$\| X_1 \| \times \cdots \times \| X_n \| \xrightarrow{\in_\Omega \circ \| \vec{x} : \varphi \|} \Delta\Gamma\Omega$。

（三）形式系统 MAO

我们将基于 Gentzen 序列[1]描述"模态伴随算子"的形式系统 MAO。在波瓦洛和乔亚尔 1980 年对于拓扑逻辑的研究之后，这些序列是形式 $\Gamma \vdash_X \varphi$ 的表达式，其中，Γ 是前面描述的语言的有限公式集，φ 是一个单一公式，X 是包含 Γ 和 φ 的所有自由变量的有限变量集。

假设这些序列满足以下 1—8 规则，并且该系统部分遵循兰贝克和斯科特 1986 年的著作《高阶范畴逻辑导论》[2]中提出的内容。

1. 结构性规则

（1）$p \vdash_X X\ p.$

（2）$\dfrac{\Gamma \vdash_X p\ \ \Gamma \cup \{p\} \vdash_X q}{\Gamma \vdash_X q}$

（3）$\dfrac{\Gamma \vdash_X q}{\Gamma \cup \{p\} \vdash_X q}$

---

① 基于德国数学家、逻辑学家根岑（G. Gentzen）建立的根岑谓词演算系统，即古典的和直觉的谓词演算系统，提出的根岑方法建立的序列。

② Lambek, J. and Scott, P. J.. *Introduction to higher-order categorical logic*. Cambridge Studies in Advanced Mathematics, Cambridge University Press, (1986).

$$(4)\frac{\Gamma \vdash_x q}{\Gamma \vdash_{x \cup \{y\}} q}$$

$$(5)\frac{\Gamma \vdash_{x \cup \{y\}} \varphi}{\Gamma[t/y] \vdash_x \varphi[t/y]}$$

其中,t 在 φ 和 Γ 中对于 y 来说是自由的。

2. 逻辑规则

(1)$p \vdash_x \top$ 且 $\bot \vdash_x p$.

(2)$r \vdash_x p \wedge q$ 当且仅当 $r \vdash_x p$ 且 $r \vdash_x q$

　　$p \vee q \vdash_x r$ 当且仅当 $p \vdash_x r$ 且 $q \vdash_x r$.

(3)$p \vdash_x q \to r$ 当且仅当 $p \wedge q \vdash_x r$.

(4)假若 $x \notin X$,

　　$p \vdash_x \forall x \varphi$ 当且仅当 $p \vdash_{x \cup \{x\}} \varphi$,

　　$\exists x \vdash_x p$ 当且仅当 $\varphi \vdash_{x \cup \{x\}} p$.

3. 恒等规则

(1)$\vdash_x t = t$.

(2)假若 t 和 s 在 φ 中对于 x 是自由的,$t = s, \varphi[t/y] \vdash_x \varphi[s/x]$.

4. 特殊符号规则

(1)$\vdash_{\{x\}} x = *$ ($x \in Var_1$).

(2)$\langle a, b \rangle = \langle c, d \rangle \vdash_x a = c$

　　$\langle a, b \rangle = \langle c, d \rangle \vdash_x b = d$

(3)假若 x 和 y 在 Γ 或 φ 中是自由的,$\dfrac{\Gamma, z = \langle x, y \rangle \vdash_{x \cup \{x, y, z\}} \varphi}{\Gamma \vdash_{x \cup \{z\}} \varphi}$

5. 对应规则

(1)$\vdash_x * \bowtie *$.

(2)$\langle a, b \rangle \bowtie \langle c, d \rangle \vdash_x a \bowtie c$

　　$\langle a, b \rangle \bowtie \langle c, d \rangle \vdash_x b \bowtie d$

　　$a \bowtie c, b \bowtie d \vdash_x \langle a, b \rangle \bowtie \langle c, d \rangle$.

（3）假若 x 和 y 在中是自由的，

$$x \bowtie y \vdash_{xy} y \bowtie x$$

$$x \bowtie y, y \bowtie z \vdash_x x \bowtie z$$

$$f \bowtie g, x \bowtie y \vdash_x f(x) \bowtie g(y)$$

$$\frac{\Gamma, x \bowtie y \vdash_{X \cup \{x,y\}} f(x) \bowtie g(y)}{\Gamma \vdash_x f \bowtie g}$$

6. λ-演算规则

（1）假若 $x \notin X, \vdash_x \lambda xt(x) = t.$

（2）假若 t 在 φ 中对于 x 是自由的，$\vdash \lambda x\varphi(\tau) = \varphi[t/x].$

（3）$\dfrac{\Gamma \vdash_{X \cup \{x\}} t = s}{\Gamma \vdash_x \lambda xt = \lambda xs}$

7. 模态算子规则

（1）$\square\varphi \vdash_x \varphi, \varphi \vdash_x \diamondsuit \varphi.$

（2）$\square\varphi \vdash_x \square\square\varphi, \diamondsuit\diamondsuit \varphi \vdash_x \diamondsuit \varphi.$

（3）$\varphi \vdash_x \square\diamondsuit \varphi, \diamondsuit\square\varphi \vdash_x \varphi.$

（4）$\dfrac{\varphi \to \psi}{\square\varphi \to \square\psi}$ $\qquad \dfrac{\varphi \to \psi}{\diamondsuit \varphi \to \diamondsuit \psi}.$

这就完成了我们的 MAO 系统。

为了陈述 MAO 的可靠性定理，首先需要一个定义。令 $\|\cdot\|$ 是已经在局部连通拓扑ε→S中讨论过的语言解释。称序列 $\Gamma \vdash_x q$ 在 $\|\cdot\|$ 下是有效的，当且仅当 $\in_\Omega \circ \|\vec{x}: \wedge \Gamma\| \leqslant \in_\Omega \circ \|\vec{x}:q\|$，其中 $\vec{x}$ 是由 X 的不同变量组成的序列。类似地，如果结论在任何前提下都有效，那么推理规则在 $\|\cdot\|$ 下是可靠的。

6.3.20 定理（MAO 的可靠性） 假设几何态射ε→S是局部连通的。那么在任何解释下，MAO 的所有序列都是有效的，且所有 MAO 的推理规则都是可靠的。

证明：为了简化计算，首先定义一个强迫关系如下：$C \Vdash \varphi[a_1, \cdots, a_n]$ 当且仅当 $C \in tr(\in_\Omega \circ \|\vec{x}:\varphi\|)(a_1, \cdots, a_n)$，其中，$tr(\cdots)$ 是$(\cdots)$对于附加 $\Delta \dashv \Gamma$ 的换

置。♥

6.3.21 引理 $\Vdash$ 满足 Beth-Kripke-Joyal 强迫的通常条件。

证明:我们只需证明 $\forall$ 子句,其他都是类似的。设 $\Delta A \times \Delta B \xrightarrow{\Vert (x,y):\varphi \Vert} \Delta\Gamma\Omega$。我们有以下等值:

$$\frac{C \Vdash \forall y\varphi[a]}{\frac{C \in tr(\in_\Omega{}^\circ \Vert (x:\forall y\varphi \Vert)(a)}{\frac{C \in tr(\forall_\pi(\in_\Omega{}^\circ \Vert (x,y):\varphi \Vert))(a)}{(\forall_\pi(\in_\Omega{}^\circ \Vert (x,y):\varphi \Vert))_C(a) = \top_C}}} \quad \begin{array}{l}(\Vdash 的定义)\\[8pt](\Vert (x:\forall y\varphi \Vert 的定义)\end{array}$$

根据 $\forall_\pi$ 的定义,最后一行与 $\forall C'\to C \in C \; \forall b \in B \, (\in_\Omega{}^\circ \Vert (x,y):\varphi \Vert)_{C'}(a,b)$ 等价。这等价于:

$$\forall C'\to C \in C \forall b \in B \; C' \in tr(\in_\Omega{}^\circ \Vert (x,y):\varphi \Vert)_{C'}(a,b).$$

根据 $\Vdash$ 的定义,这反过来又等价于:

$$\forall C'\to C \in C \forall b \in B \; C'\Vdash \varphi[a,b].$$

根据下面 6.3.23 命题中使用的论点,很容易得出结论:

$$\in_\Omega{}^\circ \Vert \vec{x}:\wedge \Gamma \Vert \leqslant \in_\Omega{}^\circ \Vert \vec{x}:\varphi \Vert$$

恰好是当它们的换置满足:

$$tr(\in_\Omega \Vert \vec{x}:\wedge \Gamma \Vert) \leqslant tr(\in_\Omega \Vert \vec{x}:\varphi \Vert).$$

因此,序列 $\Gamma \vdash_x q$ 在 $\Vert \cdots \Vert$ 下的有效性等价于 $\forall C \in C(C \Vdash \wedge \Gamma[a_1,\cdots,a_n] \Rightarrow (C \Vdash q[a_1,\cdots,a_n])$。

这是通常的有效性概念,在这个概念下,不涉及 $\Diamond$、$\Box$、$\aleph$ 的序列和规则可以分别被证明是有效的和可靠的。对于其他序列和规则,有效性是直接的,例如,对应规则的前两个公理表明 $\delta_{\Vert x \Vert}$ 是对称和传递的,而其推理规则表示指数的对应关系。最后,模态算子规则中的序列只是断言 $(\Diamond,\Box)$ 构成了一个 MAO 对。♥

如果我们施加连通性,则验证一个新的序列,即下面的连通性公理:

$$\Box(\varphi \vee \psi),\Diamond \varphi,\Diamond \psi \vdash_x \Diamond(\varphi \wedge \psi).$$

事实上,我们得到以下结论:

6.3.22 定理(具有连通性公理的 MAO 的可靠性) 假设几何态射$\mathcal{E} \to S$是局部连通的和连通的。那么,在任何解释下,MAO 的所有序列以及连通性公理都是有效的,且所有推理规则都是可靠的。

四、具有对应关系的种类和变量集

这里的主要结果涉及$S(\Gamma(\Omega))$和$\mathcal{E}(\Omega)$之间的关系。我们首先将函子 Δ“提升”为函子

$$\overline{\Delta}: S(\Gamma(\Omega)) \to \mathcal{E}(\Omega),$$

其将$(X, \delta_{\Delta X})$发送到$(\Delta X, \delta_{\Delta x})$,其中,$\delta_{\Delta x}$是 δ_x 通过附加 $\Delta \dashv \Gamma$ 的换置,即 $\delta_{\Delta x} = \delta_{\Omega}{}^{\circ} \delta_{\Delta x}$,并将$(X, \delta_x) \xrightarrow{f} (X, \delta_y)$发送到 Δf。

6.3.23 命题 (1)δ_x 是对应关系,当且仅当 $\delta_{\Delta x}$是一个对应关系。

(2)f 是$S(\Gamma(\Omega))$的一个态射,当且仅当 Δf 是$\mathcal{E}(\Omega)$的一个态射。

证明:换置练习很简单。例如,断言 $\delta_{\Delta x}(\xi_1, \xi_2) \wedge \delta_{\Delta x}(\xi_2, \xi_3) \leqslant \delta_{\Delta x}(\xi_1, \xi_3)$等价于交换图:

$$\Delta X \times \Delta X \times \Delta X \xrightarrow{\langle(\delta_{\Delta x}\circ(\pi_1, \pi_2), \delta_{\Delta x}\circ(\pi_2, \pi_3), \delta_{\Delta x}\circ(\pi_1, \pi_3)\rangle} \Omega \times \Omega \times \Omega$$

中虚线箭头的存在,这反过来(通过换置)等价于交换图:

$$X \times X \times X \xrightarrow{\langle\delta_x\circ(\pi_1, \pi_2), \delta_x\circ(\pi_2, \pi_3), \delta_x\circ(\pi_1, \pi_3)\rangle} \Gamma(\Omega)\times\Gamma(\Omega)\times\Gamma(\Omega)$$

中虚线箭头的存在。但是,最后一种表述等价于 $\delta_x(x_1, x_2) \wedge \delta_x(x_2, x_3) \leqslant \delta_x(x_1, x_3)$。

类似地,断言 Δf 是一个态射等价于交换图:

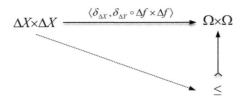

中虚线箭头的存在。

通过转置,这就等价于图:

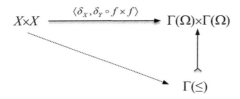

中虚线箭头的距离。但是最后一个条件表明,f 是一个态射。♥

6.3.24 命题　假设$\mathcal{E} \to S$是几何态射($\Delta \dashv \Gamma$)。那么,$\overline{\Delta}:S(\Gamma(\Omega) \to \mathcal{E}(\Omega)$保持有限极限,并且有一个右伴随$\overline{\Delta} \dashv \overline{\Gamma}$,使得下面的图可交换:

$$
\begin{array}{ccc}
S(\Gamma(\Omega)) & \underset{\overline{\Gamma}}{\overset{\overline{\Delta}}{\rightleftarrows}} & \mathcal{E}(\Omega) \\
{\scriptstyle L}\Big\uparrow{\scriptstyle U}\Big\uparrow{\scriptstyle R} & & {\scriptstyle L}\Big\uparrow{\scriptstyle U}\Big\uparrow{\scriptstyle R} \\
S & \underset{\Gamma}{\overset{\Delta}{\rightleftarrows}} & \mathcal{E}
\end{array}
$$

证明:$\overline{\Delta}$ 保持有限极限的事实很简单。

我们将 $\overline{\Gamma}$ 定义为发送(E, δ_E)到$(\Gamma(E), \delta_{\Gamma(E)})$的函子,其中,$\delta_{\Gamma(E)} = \Gamma(\delta_E)$,并发送一个态射$(E, \delta_E) \overset{\alpha}{\longrightarrow} (F, \delta_F)$到$\Gamma(\alpha):\Gamma(E) \to \Gamma(F)$。♥

6.3.25 命题　(1)$\delta_{\Gamma(E)}$是一个对应关系。

(2)$\Gamma(\alpha)$是$S(\Gamma(\Omega))$的一个态射。

证明:我们只证明(2),因为(1)是类似的。

断言 α 是一个态射等价于水平映射的因子分解,如下所示:

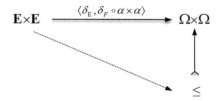

将 Γ 应用于此图,我们通过 $\Gamma(\leqslant) \rightarrowtail \Gamma(\Omega) \times \Gamma(\Omega)$ 得到映射 $\langle \delta_{\Gamma(E)}, \delta_{\Gamma(F)} \circ \Gamma$
$(\alpha) \times \Gamma(\alpha) \rangle$ 的因式分解,即,得到 $\Gamma(\alpha)$ 是一个态射。

现在检验 $\overline{\Delta} \dashv \overline{\Gamma}$,换句话说,我们必须检验有一个自然的双射:

$$\frac{(\Delta X, \delta_{\Delta X}) \xrightarrow{\alpha} (E, \delta_E) \in \mathcal{E}(\Omega)}{(X, \delta_X) \xrightarrow[\mathrm{tr}(\alpha)]{} (\Gamma(E), \delta_{\Gamma(E)}) \in S(\Gamma(\Omega))}$$

其中,$\mathrm{tr}(\alpha)$ 是 α 通过 $\overline{\Delta} \dashv \overline{\Gamma}$ 的转置。由于这种双射存在于 $\mathcal{E}$ 的映射和 S 的映射的
层次上,所以足以证明 α 是一个态射当且仅当 $\mathrm{tr}(\alpha)$ 是一个态射。再次得到以下
等价:

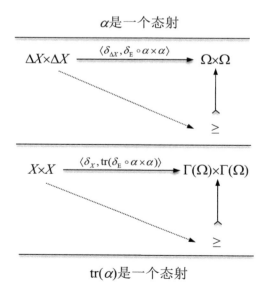

事实上,最后一个等价来自

$$\mathrm{tr}(\delta_E \circ \alpha \times \alpha) = \delta_{\Gamma(E)} \circ \mathrm{tr}(\alpha) \times \mathrm{tr}(\alpha),$$

这很容易验证。♥

6.3.26 **定理** 假设$\varepsilon\rightarrow$S是一个几何态射$\Delta\dashv\Gamma$。如果$\Delta:S\rightarrow\varepsilon$有一个左伴随$\pi_0\dashv\Delta$,那么$\overline{\Delta}:S(\Gamma(\Omega))\rightarrow\varepsilon(\Omega)$也有一个左伴随$\overline{\pi}_0\dashv\overline{\Delta}$,使得图:

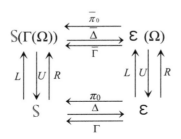

是交换的。此外,如果$\pi_0:\varepsilon\rightarrow$S满足 Frobenius 条件,那么$\overline{\pi}_0:\varepsilon(\Omega)\rightarrow S(\Gamma(\Omega))$也满足。

证明:我们把$\overline{\pi}_0:\varepsilon(\Omega)\rightarrow S(\Gamma(\Omega))$定义为将$(E,\delta_E)$发送到$(\pi_0(E),\delta_{\pi_0(E)})$的映射,其中,现在将定义$\delta_{\pi_0(E)}$,并且将态射$f:(E,\delta_E)\rightarrow(F,\delta_F)$发送到$\pi_0(f):\pi_0(E)\rightarrow\pi_0(F)$。稍后,将验证$\overline{\pi}_0$是一个函子。

首先定义$\delta_{\pi_0(E)}$的换置,即$\delta_{\pi_0(E)}:(\Delta\pi_0E)^2\rightarrow\Omega$,作为$\Delta\pi_0E$上的最终结构,其中,$\eta_E:E\rightarrow\Delta\pi_0E$是$\varepsilon(\Omega)$的态射。换句话说,$\delta_{\pi_0(E)}$是$\Delta\pi_0E$上的最小对应关系$\delta$,使得$\delta_E\leq\delta\circ\eta_E^2$。

为了使这个定义更精确,假设$D=\{\delta\in\Omega^{(\Delta\pi_0E)^2}\mid\delta$是一个对应关系,并且$\delta_E\leq\delta\circ\eta_E^2\}\longmapsto\Omega^{(\Delta\pi_0E)^2}$。此外,令$e:D\times(\Delta\pi_0E)^2\rightarrowtail\Omega^{(\Delta\pi_0E)^2}\times(\Delta\pi_0E)^2\xrightarrow{ev}\Omega$是对D中函数求值的限制。如果$\overline{e}:(\Delta\pi_0E)^2\rightarrow\Omega^D$是其指数换置,我们将$\delta_{\pi_0(E)}$定义为合成

$$\delta_{\pi_0(E)}:(\Delta\pi_0E)^2\xrightarrow{\overline{e}}\Omega^D\xrightarrow{\wedge^D}\Omega.$$

使用集理论符号表示为:

$$\delta_{\pi_0(E)}=\cap\{\delta\in\Omega^{(\Delta\pi_0E)^2}\mid\delta\in D\}.\ \blacktriangledown$$

6.3.27 **断言** (1)$d_E\leq\delta_{\Delta\pi_0(E)}\circ\eta_E^2$。

(2)如果 d 和 d′在 X 上是对应关系,则$d\leq d'$当且仅当$\text{tr}(d)\leq\text{tr}(d')$。

(3)如果 d 是$\pi_0(E)$上的对应关系,则$\delta_{\Delta\pi_0(E)}\leq d$当且仅当$\delta_E\leq\text{tr}(d)\circ\eta_E^2$。

证明：

（1）根据D的定义，对于所有的 $\delta \in D$，$\delta_E \leqslant \delta \circ \eta_E^2$。因此，

$$\delta_E \leqslant \cap \{\delta \circ \eta_E^2 \mid \delta \in D\} = \delta_{\Delta \pi_0(E)} \circ \eta_E^2.$$

（2）6.3.23 命题中的简单换置练习。

（3）$\Rightarrow$：从（a）可得，$\delta_E \leqslant tr(\delta_{\Delta \pi_0(E)}) \circ \eta_E^2 \leqslant tr(d) \circ \eta_E^2$。

$\Leftarrow$：由于 d 是一个对应关系，所以，根据 6.3.23 命题，$tr(d)$ 也是对应关系，因此，

$$\delta_{\Delta \pi_0(E)} = tr(\delta_{\pi_0(E)}) \leqslant tr(d).$$

根据（2），这蕴涵 $\delta_{\pi_0(E)} \leqslant d$。

我们来证明 $\overline{\pi}_0$ 是一个函子，更具体地说，证明：如果 f 是 $\mathcal{E}(\Omega)$ 中的一个态射，$\pi_0(f):\pi_0(E) \to \pi_0(F)$ 是 $S(\Gamma(\Omega))$ 中的态射。

事实上，考虑对应关系 $d = \delta_{\pi_0(F)} \circ (\pi_0 f)^2$。因为 $tr(d) \circ \eta_E^2 = tr(\delta_{\pi_0}(F)) \circ \eta_F^2 \circ f^2$，我们有

$$\delta_E \leqslant \delta_F \circ f^2 \leqslant tr(\delta_{\pi_0(F)}) \circ \eta_F^2 f^2 \leqslant tr(d) \eta_E^2.$$

通过应用（3），得到 $\delta_{\pi_0(E)} \leqslant d$。现在验证 $\overline{\pi}_0 \dashv \overline{\Delta}$，即，有一个自然的双射：

$$\frac{\pi_0(E,\delta_E) \xrightarrow{f} (X,\delta_X) \in S(\Gamma(\Omega))}{(E,\delta_E) \xrightarrow{tr(f)} \Delta(X,\delta_X) \in \mathcal{E}(\Omega)}$$

由于 $tr(\cdots)$ 为映射提供了这样的双射，只需证明 f 是一个态射，当且仅当 $tr(f)$ 是一个态射。但我们有以下等价：

$$\frac{\pi_0(f)\text{是一个态射}}{\delta_{\pi_0(E)} \leqslant \delta_X \circ f^2}$$

$$\frac{}{\delta_E \leqslant tr(\delta_X \circ f^2) \circ \eta_E^2}$$

$$\frac{}{\delta_E \leqslant \delta_{\Delta X} \circ (\Delta f)^2 \circ \eta_E^2}$$

$$\delta_E \leqslant \delta_{\Delta X} \circ tr(f^2)$$

假设 $\pi_0:\mathcal{E} \to S$ 满足 Frobenius 条件。我们将证明其提升满足同样的条件，即，

证明如果 $(F,\delta_F) = (E,\delta_E) \times (\Delta Y,\delta_{\Delta Y})$，则 $(\pi_0(F),\delta_{\pi_0(F)}) = (\pi_0(E),\delta_{\pi_0(E)}) \times (Y,\delta_Y)$。

根据假设，$\pi_0(F) = \pi_0(E) \times Y$，只需要证明

$$\delta_{\pi_0(F)}((a,y),(a',y')) = \delta_{\pi_0(E)}(a,a') \wedge \delta_Y(y,y').$$

我们断言这个条件等价于：

$(*)$ $\qquad \delta_{\Delta\pi_0(F)}((\alpha,\xi)(\alpha',\xi')) = \delta_{\Delta\pi_0(E)}(\alpha,\alpha') \wedge \delta_Y(\xi,\xi').$

事实上，这是根据 6.3.27 断言 (2) 得出的事实：

$$\left[((a,a'),(y,y')) \longmapsto \delta_{\Delta\pi_0(E)}(a,a') \wedge \delta_Y(y,y')\right]$$

的换置是 $\left[((\alpha,\alpha'),(\xi,\xi')) \longmapsto \delta_{\Delta\pi_0(E)}(\alpha,\alpha') \wedge \delta_{\Delta Y}(\xi,\xi')\right]$，这是根据以下等价：

$$\pi_0(E)^2 \times Y^2 \xrightarrow{\langle\delta_{\pi_0(E)}\circ\pi_1,\delta_Y\circ\pi_1\rangle} \Gamma(\Omega)\times\Gamma(\Omega) \xrightarrow{\Gamma(\wedge)} \Gamma(\Omega)$$

得出的。注意，由于 $\in$ 的自然性，这个正方形是可交换的。

$$\delta_{\Delta\pi_0(F)}((\alpha,\xi),(\alpha',\xi')) = \delta_{\Delta\pi_0(E)}(\alpha,\alpha') \wedge \delta_{\Delta Y}(\xi,\xi').$$

但是 $\leq$ 来自函子性。要证明 $\geq$，定义

$$\delta(\alpha,\alpha') = \bigcap_{(\xi,\xi')\in\Delta Y^2}\left[\delta_{\Delta Y}(\xi,\xi') \rightarrow \delta_{\Delta\pi_0(F)}((\alpha,\xi),(\alpha',\xi'))\right].$$

6.3.28 断言 $\quad \delta_E \leq \delta \circ \eta_E^2$.

证明：$\delta(\eta_E(e),\eta_E(e')) = \bigcap_{(\xi,\xi')\in\Delta Y^2}\left[\delta_{\Delta Y}(\xi,\xi') \rightarrow \delta_{\Delta\pi_0(F)}((\eta_E(e),\xi),(\eta_E(e'),\xi'))\right]$. 由于 $\delta_F \leq \delta_{\Delta\pi_0(F)}\circ\eta_F^2 = \delta_{\Delta\pi_0 F}\circ\eta_E^2 \times \Delta Y^2$,

$$\delta(\eta_E(e),\eta_E(e')) \geq \bigcap_{(\xi,\xi')\in\Delta Y^2}\left[\delta_{\Delta Y}(\xi,\xi') \rightarrow \delta_F((e,\xi),(e',\xi'))\right] \geq \delta_E(e,e').$$

这是因为，$\delta_F((e,\xi),(e',\xi')) = \delta_E(e,e') \wedge \delta_{\Delta Y}(\xi,\xi')$。

根据 6.3.27 断言 (3)，$\delta_{\Delta\pi_0 E} \leq \delta$，我们得出结论：

$$\delta_{\Delta\pi_0E}(\alpha,\alpha')\wedge\delta_{\Delta Y}(\xi,\xi')\leqslant\delta(\alpha,\alpha')\wedge\delta_{\Delta Y}(\xi,\xi')\leqslant\delta_{\Delta\pi_0F}((\alpha,\xi),(\alpha',\xi')).$$

剩下的证明很简单。♥

下一个显而易见的问题是,只要 $\pi_0:\mathcal{E}\to S$ 满足广义 Frobenius 条件,$\overline{\pi}_0:\mathcal{E}(\Omega)\to S(\Gamma(\Omega))$ 是否也会满足。

回答这个问题,我们需要一些基础知识。

6.3.29 引理　设 $(E,\delta_E)\in\mathcal{E}(\Omega)$。那么,$\delta_{\Delta\Pi_0E}:(\Delta\pi_0E)^2\to\Omega$ 是包含由 $\delta_0^E(\alpha,\alpha')=\bigvee_{\eta E(e)=\alpha,\eta E(e')=\alpha'}\delta_E(e,e')$ 定义的映射 $\delta_0^E:(\Delta\pi_0E)^2\to\Omega$ 的最小对应关系。

证明:由 $\delta_E\leqslant\delta_{\Delta\pi_0E}\circ\eta_E^2$,可以得出,

$$\delta_0^E(\alpha,\alpha')=\bigvee_{\eta E(e)=\alpha,\eta E(e')=\alpha'}\delta_E(e,e')\leqslant\delta_{\Delta\pi_0E}(\alpha,\alpha').$$

此外,很明显,$\delta_E\leqslant\delta_0^E\circ\eta_E^2$,这蕴涵着包含 δ_0^E 的最小对应关系,即 $\overline{\delta_0^E}$,且满足条件:

$$\overline{\delta_0^E}\leqslant\delta_{\Delta\pi_0E}$$
$$\delta_E\leqslant\overline{\delta_0^E}\circ\eta_E^2.$$

因为 $\delta_{\Delta\pi_0E}$ 是满足第二个条件的最小对应关系,所以 $\overline{\delta_0^E}=\delta_{\Delta\pi_0E}$。♥

回顾 6.3.19 命题后陈述的特殊情况,$\mathcal{E}(\Omega)$ 也可以替代地描述为 $\mathcal{E}$ 对象上的部分等价关系的范畴,我们可以将 6.3.29 引理表述如下:

6.3.30 引理　设 $(E,\delta_E)\in\mathcal{E}(\Omega)$。那么,$\delta_{\Delta\pi_0E}^{-1}(T)$ 是包含 $S\rightarrowtail(\Delta\pi_0E)^2$ 的 $\Delta\pi_0E$ 上最小的部分等价关系,其中,S 被给定为 η_E^2 的图像因子分解:

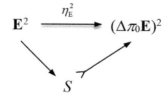

6.3.31 引理　假设 $\pi_0:\mathcal{E}\to S$ 满足广义 Frobenius 条件。如果

$$\begin{array}{ccc}
(F,\delta_F) & \longrightarrow & (\mathbf{E},\delta_\mathbf{E}) \\
\downarrow & & \downarrow u \\
(\Delta Y,\delta_{\Delta Y}) & \xrightarrow{\Delta f} & (\Delta X,\delta_{\Delta X})
\end{array}$$

是一个回拉,则对于所有的 $(\alpha,\xi),(\alpha',\xi')\in\Delta\pi_0 F$,

$$\delta_0^\mathrm{E}(\alpha,\alpha')\wedge\delta_{\Delta Y}(\xi,\xi')=\delta_0^\mathrm{F}((\alpha,\xi),(\alpha',\xi')).$$

证明: $\delta_0^\mathrm{E}(\alpha,\alpha')\wedge\delta_{\Delta Y}(\xi,\xi')=\mathsf{V}_{\eta\mathrm{E}(e)=\alpha,\eta\mathrm{E}(e')=\alpha'}\delta_\mathrm{E}(e,e')\wedge\delta_{\Delta Y}(\xi,\xi')$。由于图:

$$\begin{array}{ccc}
\mathbf{E}\times\Delta Y & \xrightarrow{\eta_\mathbf{E}\times\Delta Y} & \Delta\pi_0\mathbf{E}\times\Delta Y \\
\uparrow & & \uparrow \\
F & \xrightarrow{\eta_F} & \Delta\pi_0 F
\end{array}$$

是一个回拉,右边最后一个等式等于:

$$\mathsf{V}_{\eta\mathrm{F}(e',\xi)=(\alpha',\xi')}^{\eta\mathrm{F}(e,\xi)=(\alpha,\xi)}\delta_\mathrm{E}(e,e')\wedge\delta_{\Delta Y}(\xi,\xi')=\delta_0^\mathrm{F}((\alpha,\xi),(\alpha',\xi')).\ \heartsuit$$

6.3.32 推论　设 $\mathcal{E}\to S$ 是一个几何态射 $\Delta\dashv\Gamma$,使得 Δ 有一个左伴随 $\pi_0\dashv\Delta$,且满足广义 Frobenius 条件。如果对于每个 $E\in\mathcal{E}$,映射 $\mathrm{E}^2\xrightarrow{\eta_\mathrm{E}^2}(\Delta\pi_0\mathrm{E})^2$ 下的部分等价关系 $R\mapsto\mathrm{E}^2$ 的像也是部分等价关系,那么,提升 $\overline{\pi}_0:\mathcal{E}(\Omega)\to S(\Gamma(\Omega))$ 也满足广义 Frobenius 条件。

证明:在这种情况下, $\delta_{\Delta\pi_0\mathrm{E}}=\overline{\delta_0^\mathrm{E}}=\delta_0^\mathrm{E}$。

特别地,在 6.3.5 例子中,即,

$$\mathrm{Sets}\ \overset{\xleftarrow{\ \pi_0\ }}{\underset{\xleftarrow{\ \Gamma\ }}{\xrightarrow{\ \Delta\ }}}\ \mathrm{Sets}^I,$$

因为 $\eta_{(\mathrm{X}_i)_i}:(\mathrm{X}_i)_i\to(\prod_i\mathrm{X}_i)_i$ 是单一的, π_0 的提升满足广义 Frobenius 条件。

另一方面,下面的例子,即 6.3.6 例子的特殊情况表明 π_0 的提升并不总是满足(即使 π_0 满足)这个广义 Frobenius 条件。考虑 $2 = \{0 \rightarrow 1\}$ 且

$$\text{Set} \underset{\Gamma}{\overset{\overset{\pi_0}{\longleftarrow}}{\underset{\longrightarrow}{\overset{\Delta}{}}}} \text{Set}^{2op}.$$

在这种情况下，$\Delta S = (S \overset{1_S}{\longrightarrow} S)$，$\pi_0(E_0 \overset{f}{\longrightarrow} E_1) = E_1$，且 $\Gamma(E_0 \overset{f}{\longrightarrow} E_1) = E_0$，对态射有明显的作用。真值的对象是 $\Omega = (\Omega_0 \overset{\in}{\longrightarrow} \Omega_1)$，其中，$\Omega_0 = \{0, \frac{1}{2}, 1\}$，$\Omega_1 = \{0, 1\}$，$\in(0) = 0$，$\in(\frac{1}{2}) = \in(1) = 1$。

使用我们的恒等式 $\mathcal{E}(\Omega) = \text{PER}(\mathcal{E})$，定义 (E, R) 如下：

$$E = (E_0 = \{0, 1, 2, 3\} \overset{\alpha}{\longrightarrow} \{0, 1, 2\} = E_1)$$

且 $\alpha(0) = 0$，$\alpha(1) = \alpha(2) = 1$，$\alpha(3) = 2$；

$$R = (R_0 \overset{\beta}{\longrightarrow} R_1),$$

其中，$R_0 = \{(0,0), (1,1), (2,2), (3,3), (0,1), (1,0), (2,3), (3,2)\}$，$R_1 = E_1^2$，且 β 是 α^2 的限制。

通过回拉图：

定义 (F, S)。其中，$i = \{0\} \rightarrowtail \{0, 1\}$ 是包含，$u_0(0) = u_0(3) = 0$，$u_0(1) = u_0(2) = 1$，$u_1(0) = u_1(2) = 0$ 且 $u_1(1) = 1$。显然，u 是一个态射。由 (F, S) 的定义可知，

$$F = (\{0, 3\} \overset{\alpha'}{\longrightarrow} \{0, 2\})$$

$$S = (S_0 \overset{\beta'}{\longrightarrow} S_1),$$

其中，$S_0 = \{(0,0), (3,3)\}$，$S_1 = \{0, 2\}^2$，α 是 α' 的限制，且 β' 是 β^2 的限制。

映射 $E \overset{\eta E}{\longrightarrow} \Delta \pi_0 E$ 由下图：

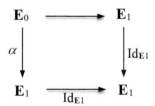

给定。

计算 R 在 η_E^2 下的像, 得到 $R' = R'_0 \xrightarrow{\gamma} R'_1$, 其中, $R'_0 = \{(0,0),(1,1),$ $(2,2),(0,1),(1,0),(1,2),(2,1)\}, R'_1 = E_1^2$ 且 γ 是恒等式的限制。

也就是说, 包含 R' 的最小部分等价关系, $\delta_{\Delta\pi_0 E}^{-1}(\top) = E \times E$。因此, $\delta_{\pi_0 E} = \delta_\top$。

另一方面, $F \xrightarrow{\eta F} \Delta\pi_0 F$ 由下图:

$$
\begin{array}{ccc}
F_0 & \xrightarrow{\alpha'} & F_1 \\
\alpha' \downarrow & & \downarrow \mathrm{Id}_{F1} \\
F_1 & \xrightarrow[\mathrm{Id}_{F1}]{} & F_1
\end{array}
$$

给定。S 在 η_E^2 下的像是 $S' = (S'_0 \xrightarrow{\delta'} S'_1)$, 其中, $S'_0 = \{(0,0),(2,2)\}, S'_1 = \{0,2\}^2$, 且 δ' 是恒等式的限制。但是 S' 已经是部分等价关系 $\delta_{\Delta\pi_0 F}^{-1}(\top)$。

在这种情况下, 由于 $\delta_{\Delta\pi_0(F)} = (\delta_{\Delta\pi_0 F})_0$, 我们得到 $\delta_{\Delta\pi_0(F)}(0,2) \neq \top$, 因此, 下图:

$$
\begin{array}{ccc}
(\pi_0(F),\ \delta_{\pi_0(F)}) & \longrightarrow & (\pi_0(E), \delta_{\pi_0(E)}) \\
\downarrow & & \downarrow \mathrm{tr}(u) \\
(\{0\}, \delta\top) & \xrightarrow[i]{} & (\{0,1\}, \delta\top)
\end{array}
$$

不是一个回拉。♥

最后, 我们根据 $\overline{\Delta}$ 的性质重新表述对于 $\overline{\pi_0}$ 的 Frobenius 条件。

6.3.33 命题　设 $\mathcal{E} \to S$ 是一个几何态射 $\Delta \dashv \Gamma$。假定 $\overline{\Delta}: S(\Gamma(\Omega) \to \mathcal{E}(\Omega))$ 有

一个左伴随 $\bar{\pi}_0 \dashv \bar{\Delta}$。则保持指数(分别为 $\prod'_f$ 运算),当且仅当 $\bar{\pi}_0 : \mathcal{E}(\Omega) \to S(\Gamma(\Omega))$ 满足 Frobenius 条件(分别为 $\prod'_f$ 广义 Frobenius 条件)。

证明:根据巴尔和帕雷的论文《分子拓扑》中给出的定理 5,这只是一种形式计算:对于指数的情况。例如,

$$[\bar{\pi}_0(E) \times X, Y]_{S(\Gamma\Omega)} \simeq [\bar{\pi}_0(E), Y^X]_{S(\Gamma\Omega)} \simeq [E, \bar{\Delta}(Y^X)]_{\mathcal{E}(\Omega)}$$

$$[\bar{\pi}_0(E \times \bar{\Delta}X), Y]_{S(\Gamma\Omega)} \simeq [E \times \bar{\Delta}X, \bar{\Delta}Y]_{\mathcal{E}(\Omega)} \simeq [E, \bar{\Delta}Y^{\bar{\Delta}X}]_{\mathcal{E}(\Omega)}.$$

因此,由 Yoneda 引理,$\bar{\pi}_0(E \times \bar{\Delta}X) \simeq \bar{\pi}_0(E) \times X$ 当且仅当 $\bar{\Delta}(Y^X) \simeq \bar{\Delta}Y^{\bar{\Delta}X}$。$\prod'_f$ 的运算情况与此类似。❤

6.3.34 推论 设 $\mathcal{E} \to S$ 是一个几何态射 $\Delta \dashv \Gamma$。假定 Δ 有一个左伴随 π_0,且满足 Frobenius 条件。则提升 $\bar{\Delta} : S(\Gamma(\Omega)) \to \mathcal{E}(\Omega)$ 保持指数。

注意,反例 $Set^{2op} \to Set$ 结合 6.3.33 命题表明:尽管 $\pi_0 : Set^{2op} \to Set$ 满足广义 Frobenius 条件,$\bar{\Delta} : Set(\Gamma(\Omega)) \to Set^{2op}(\Omega)$ 并不保持 $\prod_f$ 算子。

经过雷耶斯最初的讨论,这种拓扑理论方法在指称和模态方面有一些新的发展。贡萨洛(E. Gonzalo)、雷耶斯·马雷克(W. ReyesMarek)和扎瓦多斯基(M. Zawadowski)等人[1]对模态算子和局部理论之间的联系进行了详细研究。拉文多姆、卢卡斯和雷耶斯等人[2]研究了通过这种拓扑理论方法获得的形式系统的可靠性和完备性问题。此外,这种方法的发展是为了应用于认知,并与麦克纳马拉的语言学习工作和雷耶斯的文学文本语义工作密切联系。

---

[1]　Gonzalo, E., Zawadowski, M., et al.. Formal systems for modal operators on locales. *Studia Logica*, (1993).

[2]　Lavendhomme R., Lucas T., Reyes, G. E.. Formal systems for topos-theoretic modalities. *CiteSeer*, (1989).

第四节　局部模态算子的形式化系统

雷耶斯在 1991 年发展的对于指称和模态的拓扑理论方法,自然会导致局部,或者说"没有点的空间"上的模态算子。基于贡萨洛、雷耶斯·马雷克等人在 1993 年的研究,我们在局部理论的背景下考察这种模态算子的理论,将这种背景下产生的命题模态逻辑公理化,并且研究所得系统的完备性和可判定性。

一、局部上的模态算子

（一）定义

令 Loc(S)是拓扑 S 的局部范畴,也可以看作是集合范畴。实际上,在 S 是集合范畴的特定情况下,Loc(S)的对象是允许任意上确界和分配律

$$\bigvee_{i\in I} b\wedge a_i = b\wedge \bigvee_{i\in I} a_i$$

适用的任意下确界的偏序集。一个态射是基础集合之间保持任意上确界和有限下确界的一个函数。

S 的空间范畴,写作 Sp(S),被定义为 S 的局部范畴的相反,即,Sp(S) = Loc(S)°。换句话说,两个范畴具有相同的对象,但有相反的态射。如果 X 是 Sp(S)的对象,令 O(X)是 Loc(S)中的同一对象。类似地,如果 f 是 Sp(S)中的态射,那么 f⁻ 是 Loc(S)的对应态射。因此,通过这些范畴的定义,我们有等价:

$$\frac{f:X\to Y \in Sp(S)}{f^-:O(Y)\to O(X) \in Loc(S)}$$

此外,态射 f⁻ 总是有一个右伴随 f∗,即,f⁻ ⊣ f∗。

6.4.1 定义 设 q:L→Q 是 Sp(S) 中的一个态射。

(1)如果 $q * q^- = id_{O(Y)}$,则 q 是一个商。

(2)如果 q 是一个商,并且 f^- 有一个左伴随 $\exists_f$,则 q 是一个基本商。

(3)如果 q 是一个基本商,并且对于 $a \in O(L)$ 和 $b \in O(Q)$,

$$\exists_q(q^-(b) \wedge a) = b \wedge \exists_q(a),$$

则 q 是一个开商。

(4)如果 q 是一个开商,并且 O(Q) 是一个布尔代数,则 q 是一个布尔商。

(5)如果 q 是一个布尔商,并且 O(Q) 是 O(L) 的互补对象的布尔代数,则 q 是一个强布尔商。

6.4.2 定义 设 $L \in Sp(S)$,且设 $\Box, \Diamond : O(L) \to O(L)$ 是 S 中的算子对。

(1)$\Box$ 是 L 上的算子,当且仅当

(i)$a \leqslant b \Rightarrow \Box a \leqslant \Box b$

(ii)$\Box \leqslant Id_{O(L)}$

(iii)$\Box T = T$,其中,T 是 O(L) 的最大元素

(iv)$\Box(a \wedge b) = \Box(a) \wedge \Box(b)$

(v)$\Box^2 = \Box$

(2)如果

(i)$\Diamond \dashv \Box$

(ii)$\Box \leqslant Id_{O(L)} \leqslant \Diamond$

(iii)$\Box^2 = \Box, \Diamond^2 = \Diamond$,那么,序对 $(\Diamond, \Box)$ 是一个 MAO_0 对。

(3)如果序对 $(\Diamond, \Box)$ 是一个 MAO_0 对,且满足 Frobenius 条件:

$$\Diamond(a \wedge \Box b) = \Diamond a \wedge \Box b,$$

则它是一个 MAO 对。

(4)如果序对 $(\Diamond, \Box)$ 是一个 MAO 对,且对于必然性公式:

$$\Box a \vee \neg \Box a = T,$$

满足排中律,则它是一个 IBM 对。

(5)如果序对($\diamondsuit$,$\square$)是一个 IBM 对,且满足条件:

$$a \vee \neg a = T \Leftrightarrow a = \square a,$$

则它是一个 IBM^c 对。

6.4.3 定义 如果$\square$是局部 H 上的必然算子,则（H,$\square$）被称作 IS4-局部代数。如果($\diamondsuit$,$\square$)是一个 MAO 对（强 MAO 对,IBM 对,IBM^c 对）,那么（H,$\diamondsuit$,$\square$）被称作 MAO-局部代数（强 MAO-局部代数,IBM-局部代数,IBM^c-局部代数）。

下面是关于这些模态算子对更详细的信息,值得我们注意。

1. 通过以显而易见的方式定义态射,我们得到了 MAO-局部代数（强 MAO-局部代数,IBM-局部代数,IBM^c-局部代数）的范畴。

2. 如果($\diamondsuit$,$\square$)是 H 上的 MAO_0 对,则$\square$是 H 上的必然算子。此外,$\diamondsuit\square = \square$ 且$\square\diamondsuit = \diamondsuit$。

3. MAO_0 对定义的一些条件是冗余的。如果$\diamondsuit\dashv\square$,那么$\square \leq id$ 等价于 $id \leq \diamondsuit$,并且类似地,$\square^2 = \square$等价于$\diamondsuit^2 = \diamondsuit$。

4. 如果($\diamondsuit$,$\square$)是 IBM 对,则$\diamondsuit = \neg\ \square\neg\ $。

5. 如果($\diamondsuit$,$\square$)是局部 H 上的 IBM^c 对,则$\diamondsuit a = $ 最小补 $x \in H$,使得 $a \leq x$,且$\square a = $ 最大补 $x \in H$,使得 $x \leq a$。

6.4.4 命题 设 $L \in Sp(S)$。我们有以下自然双射:

(1)$O(L)$上的必然算子和 L 的商之间。

(2)$O(L)$上 MAO^0 对和 L 的基本商之间。

(3)$O(L)$上的 MAO 对和 L 的开商之间。

(4)$O(L)$上的 IBM 对和 L 的布尔商之间。

(5)$O(L)$上的 IBM^c 对和 L 的强布尔商之间。

证明:(1)假设$\square : O(L) \to O(L)$是一个必然算子,即一个共三元组。我们定义 $Fix(\square) = \{a \in O(L) : \square(a) = a\}$,并验证 $Fix(\square)$ 是 $O(L)$ 的子局部。事实上,它是 $O(L)$ 从(3)到(4)的子$\wedge$-格,只需要检验:对于 $Fix(\square)$ 中的族$\{a_i\}$,

$$\bigvee_i a_i = \square \bigvee_i a_i$$

其中,$\bigvee$由 $O(L)$ 的意义来理解。令 $a_0 = \bigvee_i a_i$,即,a_0 是最小的 a,使得对于所有的 i,$a \geq a_i$。但是,$\square(a_0) \geq \square(a_i) = a_i$,因此,$\square(a_0) \geq a_0$。由于根据必然算子的定义,反向不等式成立,因此所需的等式也成立。设 $\mathrm{Fix}(\square) = O(Q)$,且 $q^-:O(Q) \to O(L)$ 为包含项,可得 $q * q^- = \mathrm{Id}_{O(Q)}$,即,$q:L \to Q \in Sp(S)$ 是一个商。

相反地,假设 $q:L \to Q \in Sp(S)$ 是一个商,即,$q^-:O(Q) \hookrightarrow O(L) \in Loc(S)$。定义 $\square = q^- q *$,并且很容易检验其是一个必然算子。

(3)给定 $O(L)$ 上的一个 MAO 对 $(\diamondsuit, \square)$,6.4.2 定义表明 $q:L \to Q \in Sp(S)$ 是一个商,其中,Q 是证明中定义的空间。此外,我们断言 q 是一个开商,即 $q^-:O(Q) \hookrightarrow O(L)$ 有一个左伴随 $q^+ \dashv q^-$,且满足 Frobenius 条件 $q^+(a \wedge q^- b) = q^+ a \wedge b$。但这是显然的,只是设 $q^+ = \diamondsuit$。

相反地,给定开商 $q:L \to Q$,即,具有左伴随 $q^+ \dashv q^-$ 且满足 $q^+(a \wedge q^- b) = q^+ a \wedge b$ 和 $q^+ q^- = \mathrm{Id}_{O(Q)}$ 的局部态射,我们可以定义 $\diamondsuit = q^- q^+$ 和 $\square = q^- q *$,并且很容易检验这些算子构成 $O(L)$ 上的一个 MAO 对。

为了检验这些关联是否为双射对应,注意,$\square \leq \square'$ 当且仅当 $\mathrm{Fix}(\square) \leq \mathrm{Fix}(\square')$,当且仅当 $\square = \square' \square$。♥

(二)例子

示例 1:离散空间上的 MAO 对。

为了刻画离散空间上的 MAO 对,首先提出著名的 Alexandroff 定理的局部版本。

6.4.5 命题 假设 I 是一个"集合",即 S 的一个对象。那么,在 I 上的前序与离散空间 I_{disc} 的商 $I_{disc} \to Q \in Sp(S)$ 之间存在一个自然双射,其局部包含 $O(Q) \hookrightarrow \Omega^I$ 是基本的,即允许一个左伴随。这里,Ω 是 S 的真值对象。

证明:如果 $\leq$ 是 I 上的前序,定义 $O(Q)$ 为由 I 的向上封闭子集组成的 Ω^I 的子局部。如果 $i^-:O(Q) \hookrightarrow \Omega^I$ 是包含映射,定义 $i^+, i_*:\Omega^I \to O(Q)$ 如下:

$$i^+(J) = \{y \in I: \exists x \in J \ x \leq y\}$$

$$i_*(J) = \{y \in I: \forall x \in J \ x \geq y\}.$$

很容易检验 $i^+ \dashv i^-$，即包含 i^- 有一个左伴随，以及一个右伴随 i_*。

另一方面，假设 $q^-:O(Q) \hookrightarrow \Omega^I$ 是一个具有左伴随 q^+ 的基本包含。定义

$$x \leqslant y \quad 当且仅当 \quad y \in q^-q^+(\{x\}).$$

但是，$x \leqslant y$ 当且仅当 $\{y\} \subseteq q^-q^+(\{x\})$，当且仅当 $q^+(\{y\}) \subseteq q^+(\{x\})$。因此，$\leqslant$ 是 I 上的一个前序。此外，$J \in \Omega^I$ 是 I 的向上闭子集，当且仅当 $J = q^-q^+(J)$，很容易检验。♥

6.4.6 推论 假设 I 是 S 中的一个"集合"。存在 $O(I_{disc})$ 上的 MAO 对和 I 上的等价关系之间的一个自然双射。此外，任意 MAO 对由 $\diamondsuit = \tau^{-1} \exists_\tau$ 和 $\Box = \tau^{-1} \forall_\tau$ 给定，其中，$\tau:I \to I/R$ 是正则映射，且 R 是 I 上对应于给定的 MAO 对的等价关系。

证明：根据 6.4.4 定义，$O(I_{disc})$ 上的 MAO 对和 I_{disc} 的开商之间存在一个自然双射。使用 6.4.5 命题，足以证明对应于 I_{disc} 开商的前序是一个等价关系。为此，对于 $J = \{x\}$ 和 $A = \{z:z \geqslant y\}$ 的特定情况，在包含 $i^-:O(Q) \hookrightarrow \Omega^I$ 上使用 Frobenius 条件 $i^+(J) \cap A \subseteq i^+(J \cap i^-(A))$ 的非平凡方向，即，条件

$$i^+(\{x\}) \cap \{z:z \geqslant y\} \subseteq i^+(\{x\} \cap \{z:z \geqslant y\}).$$

由此可得出，$z \geqslant y \wedge z \in i^+(\{x\}) \Rightarrow z \in i^+(\{x\} \cap \{z:z > y\})$。对于 $y = z$，最后得到：$x \leqslant y \Rightarrow y \leqslant x$，即，$\leqslant$ 是等价关系。♥

我们注意到，这给出了由帕夫拉克（Z. Pawlak）[1]、奥尔洛夫斯基（E. Orlowska）和其他人研究的用于分类的"粗糙集"的特性描述和公理化。

示例 2：Alexandroff 空间上的 MAO 对。

本示例的目的是，Alezandroff 空间[2]是具有基本局部包含的离散空间 I_{disc} 的商空间。由 6.4.5 命题可知，这样的空间是由 I 上的前序唯一确定的。

6.4.7 命题 存在一个在 Alexandroff 空间 $I_{disc} \to Q$ 上的 MAO 对和 I 上的前

---

[1] Pawlak, Z. . Rough sets. *International Journal of Computer and Information Sciences*, 11(5), (1982):341 -356.

[2] 苏联数学家亚历山德罗夫（P. S. Alezandroff）提出的拓扑空间。

序≤之间的自然双射,使得恒等式$(I,\leq_0)\to(I,\leq)$是幂的,即,在子对象上是满的。

证明:在示例 2 的论证之后再次使用 6.4.3 定义的备注。♥

注意,我们可以将所讨论的前序刻画为改进$\leq_0$的前序,使得 $a\leq b$ 当且仅当$\exists a'\leq_0 b(a'\leq a\wedge a\leq a')$。这一结果是约翰斯通在《拓扑的开映射》中讨论的一个特例,但是事实上,这些结果并没有得到建设性的证明。

示例 3:局部上最小的必然算子。

设 $L\in Sp(S)$。由于 Ω 是初始局部,因此存在唯一的局部态射 $\delta:\Omega\to O(L)$。设 γ 为它的右伴随。

6.4.8 命题　算子$\square_\delta=\delta\gamma$ 是 $O(L)$ 上的一个必然算子,并且实际上是最小的算子。

我们能够从较强的陈述中推导出这个结果。

6.4.9 命题　假设 $N:O(L)\to O(L)$ 是满足 $N\leq Id_{O(L)}$ 且 $NT=T$ 的任意算子。那么,$N\delta=\delta$。

证明:足以证明$\delta\leq N\delta$。我们首先断言$\gamma\delta\leq\gamma N\delta$,但这是显然的,因为这种不等式发生在 Ω 中。当左边等于:

$$\frac{\gamma\delta a=T}{\frac{T\leq\gamma\delta a}{T=\delta T\leq\delta a}}$$

时,验证右边等于 T 就足够了。这蕴涵 $NT=T\leq N\delta a$,反过来又蕴涵 $\gamma T=T\leq\gamma N\delta a$。要完成证明,将应用于刚才证明的不等式,并利用 $\delta\gamma\delta=\delta$ 和 $\delta\gamma\leq Id$ 的事实。

为了证明关于 $\delta\gamma$ 是最小的算子的断言,只需将 γ 应用到断言的等式的右边。进一步的细节是显然的。♥

6.4.10 推论　设 $N:\Omega\to\Omega$ 是满足 $N\leq Id_\Omega$ 和 $NT=T$ 的算子。那么,$N=Id_\Omega$。

这一结果也源自 Bénabou 的以下观察结果:

6.4.11 命题　设 $\alpha:\Omega\to\Omega$ 是一个算子,使得 $\alpha\leq Id_\Omega$。那么,对于每一个 $p\in$

$\Omega, \alpha(p) = p \wedge \alpha(T)$。

证明:显然,只要验证左边等于 T,当且仅当右边也等于 T。❤

二、形式系统、一般完备性和可判定性

我们为局部上的模态算子定义 5 个形式系统,更确切地说,为局部上的商定义 6.4.4 命题中相同的系统。所有这些系统都建立在命题直觉主义逻辑的基础上。

(一) IS4

IS4 的公理(任意的商):

1. 所有命题直觉式重言式

2. $\Box \varphi \to \varphi$

3. $T \to \Box T, \Box \varphi \wedge \Box \psi \to \Box (\varphi \wedge \psi)$

4. $\Box \psi \to \Box \Box \psi$

IS4 的推理规则:

$$\frac{\varphi \to \psi, \varphi}{\psi} \qquad \frac{\varphi \to \psi}{\Box \varphi \to \Box \psi}$$

(二) MAO_0

MAO_0 的公理(基本商):

1. 与 IS4 相同

2. $\Box \varphi \to \varphi, \varphi \to \Diamond \varphi$

3. $\varphi \to \Box \Diamond \varphi, \Box \Diamond \Box \varphi \to \varphi$

4. $\Box \varphi \to \Box \Box \varphi, \Diamond \Diamond \varphi \to \Diamond \varphi$

MAO_0 的推理规则:

$$\frac{\varphi \to \psi, \varphi}{\psi} \qquad \frac{\varphi \to \psi}{\Box \varphi \to \Box \psi} \qquad \frac{\varphi \to \psi}{\Diamond \varphi \to \Diamond \psi}$$

(三) MAO

MAO 的公理(开商):

第一条至第四条与 MAO_0 相同

5. $\diamondsuit \varphi \wedge \square \varphi \rightarrow \diamondsuit (\varphi \wedge \square \psi)$（Frobenius 互易性）

MAO 的推理规则：

与 MAO_0 相同

（四）IBM

IBM 的公理（布尔商）：

第一条至第五条与 MAO 相同

6. $\square \varphi \vee \neg \square \varphi$

IBM 的推理规则：

与 MAO 相同

（五）IBM^C

IBM^C 的公理（强布尔商）：

第一条至第六条与 IBM 相同

IBM^C 的推理规则：

与 MAO 相同，另加上新规则

$$\frac{\varphi \vee \neg \varphi}{\varphi \rightarrow \square \varphi}$$

对于所有这些系统，在具有适当算子的 Lindembaum-Tarski 海廷代数方面具有通常的一般完备性。例如，假设 T 是逻辑 IS4 中的一个理论。我们通过将公式的等价类的 L(T) 集合取作元素来构造泛 IS4 – 代数，(L(T)，$\square$)。公式 φ 和 ψ 是 T 等价的，当且仅当 $T \vdash_{IS4} \varphi \leftrightarrow \psi$。设 $[\varphi]$ 为 φ 的等价类，根据 $\square[\varphi] = [\square \varphi]$ 来定义

$$\square : L(T) \rightarrow L(T).$$

下面是一个简单的归纳：

6.4.12 定理（一般可靠性和完备性）

$$T \vdash_{IS4} \varphi \quad 当且仅当在 (L(T), \square) 中，[\varphi] = 1.$$

更一般地，这个完备性定理的一个部分可以如下表述：

6.4.13 定理 系统 IS4（MAO_0、MAO、IBM、IBM^C）对于 IS4（MAO_0、MAO、

IBM、IBM^C)－代数是可靠的和完备的。

使用这个完备性定理,我们能够证明系统 IS4、MAO_0、IBM 和 IBM^C 是可判定的。更准确地来说,我们有:

6.4.14 定理 MAO_0、IBM 和 IBM^C 的定理集是可判定的。

6.4.15 定理 MAO_0 是 IS4 的保守扩展。

从这最后两个结果可以立即得出以下结论:

6.4.16 推论 IS4 的定理集是可判定的。

MAO 的定理集是否可判定仍是一个未解决的问题。

对所有这些定理的证明,首先通过以下内容来显示:

6.4.17 引理 设

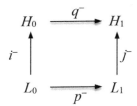

是具有 i^- 和 j^- 都是单态射的偏序集范畴中的可交换正方形。

(1)如果 p^-,q^-,i^-,j^- 分别有右伴随 p_*,q_*,i_*,j_*,那么,只要 $a \in L_1$ 和 $b \in L_0$ 满足 $q_* j^-(a) = i^-(b)$,我们就有 $q^- q_* j^-(a) = j^- p^- p_*(a)$。

(2)如果 p^-,q^-,i^-,j^- 分别有左伴随 p^+,q^+,i^+,j^+,那么,只要 $a \in L_1$ 和 $b \in L_0$ 满足 $q^+ j^-(a) = i^-(b)$,我们就有 $q^- q^+ j^-(a) = j^- p^- p^+(a)$。

证明:简单的计算。证明(1),(2)是相似的。令 $a \in L_1$ 和 $b \in L_0$ 满足 $q_* j^-(a) = i^-(b)$。那么,$q^- q_* j^-(a) = q^- i^-(b) = q^- i^- i_* i^-(b) = q^- i^- i_* q_* j^-(a) = j^- p^- i_* q_* j^-(a) = j^- p^- p_* j_* j^- = j^- p^- p_*(a)$。♥

6.4.18 引理 设$(H_1,\square)$是 IS4－代数,设 L_1 是 H_1 的有限子格。那么,存在一个 MAO_0－代数$(L_1,\square_0,\diamondsuit_0)$使得

(1)对于 $h,h \Rightarrow h' \in L_1, h \Rightarrow_0 h' = h \Rightarrow h'$。

(2)对于 $h, \square h \in L_1, \square_0 h = \square h$。

此外,如果$(H_1,\square,\diamondsuit)$是一个$MAO_0$-代数,那么也有

(3)对于$h,\square h\in L_1$,$\diamondsuit_0 h=\diamondsuit h$。

证明:在分布格的范畴内考虑下面的回拉图:

$$
\begin{array}{ccc}
H_0 & \xrightarrow{q^-} & H_1 \\
i^- \uparrow & & \uparrow j^- \\
L_0 & \xrightarrow{p^-} & L_1
\end{array}
$$

其中,$H_0=\mathrm{fix}(\square)(=\mathrm{fix}(\diamondsuit))$,$q^-$和$j^-$是包含。注意,$H_0$是$H_1$的子格。我们取$q^-=\diamondsuit:H_1\to H_0$和$q_*=\square:H_1\to H_0$。那么,$q^+\dashv q\dashv q_*$且$\square=q^- q_*$,$\diamondsuit=q^- q^+$。因为$L_0$和$L_1$是有限的,且$i^-,j^-,p^-$是格同态,所以它们都有伴随:

$$i^+\dashv i^-\dashv i_*$$
$$j^+\dashv j^-\dashv j_*$$
$$p^+\dashv p^-\dashv p_*.$$

我们取$\square_0=p^- p_*$,$\diamondsuit_0=p^- p^+$。

(1)这是众所周知的。对于$a,b,c\in L$,有以下等价序列:

$$\frac{a\Rightarrow_0 b\leq a\Rightarrow_0 b}{\frac{(a\Rightarrow_0 b)\wedge a\leq b}{\frac{i^-(a\Rightarrow_0 b)\wedge i^- a\leq i^- b}{i^-(a\Rightarrow_0 b)\leq i^- a\Rightarrow i^- b}}}$$

和

$$\frac{i^- c\leq i^- a\Rightarrow i^- b}{\frac{i^- c\wedge i^- a\leq i^- b}{\frac{c\wedge a\leq b}{c\leq a\Rightarrow_0 b}}}$$

其中,两个表中的第二个等式都来自i^-是首一的且保持$\wedge$的事实。由于$i^- a$

$\Rightarrow_0 i^- b \in L_1$，可得 $i^-(a \Rightarrow_0 b) = i^- a \Rightarrow i^- b$。

（2）如果 $h, \Box h \in L_1$，则 $q^- q_* h = \Box h = j^- \Box h$。因为上面的图是一个回拉，存在 $b \in L_0$ 使得 $i^- b = q_* h$ 且 $p^- b = \Box h$。于是，$i^-(b) = q_* h = q_* j^-(h)$。因此，根据 6.4.17 引理（1）可得 $\Box_0 h = i^- p^- p_*(h) = q^- q_* j^-(h) = \Box j^-(h) = \Box h$。

（3）这与（2）完全平行，并使用 6.4.17 引理（2）可证。 ♥

6.4.19 引理 设 $(H_1, \Box, \diamondsuit)$ 是一个 IBM – 代数，L_1 是 H_1 的有限子格。那么，存在一个有限的 IBM – 代数 $(L_1, \Box_0, \diamondsuit_0)$，使得

（1）对于 $h, h \Rightarrow h' \in L_1, h \Rightarrow_0 h' = h \Rightarrow h'$。

（2）对于 $h, \Box h, \neg \Box h \in L_1, \Box_0 h = \Box h$。

（3）对于 $h, \diamondsuit h, \neg \diamondsuit h \in L_1, \diamondsuit_0 h = \diamondsuit h$。

（4）如果 $(H_1, \Box, \diamondsuit)$ 是一个 IBM^C – 代数，则 $(L_1, \Box_0, \diamondsuit_0)$ 也是。

证明：（1）与 6.4.18 引理（1）完全相同。

现在考虑下列分配格范畴中的交换图：

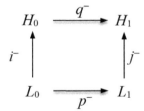

其中，$H_0 = \text{fix}(\Box)$ 且 $L_0 = \{b \in L_1 | b \vee \neg b = 1, \neg b \in L_1, j^-(b) \in H_0\}$。

取 $q^+ = \diamondsuit : H_1 \to H_0$ 和 $q_* = \Box : H_1 \to H_0$。那么，$q^+ \dashv q^- \dashv q_*$。因为 L_0 和 L_1 都是有限格，且 i^-, j^- 和 p^- 是格同态，所以它们都有伴随：

$$i^+ \dashv i^- \dashv i_*$$

$$j^+ \dashv j^- \dashv j_*$$

$$p^+ \dashv p^- \dashv p_*$$

我们取 $\Box_0 = p^- p_*, \diamondsuit_0 = p^- p^+$。

（2）假设 $h, \Box h, \neg \Box h \in L_1$。也有 $\Box h, \neg \Box h \in H_0$。因此，$\Box h \in L_0$。那么，

$i^-(\square h) = q^- q_* j^-(h)$。根据引理 6.4.17(1)，可得 $\square_0 h = i^- p^- p_*(h) = q^- q_* i^-(h) = \square i^-(h) = \square h$。

(3)类似于(2)，使用引理 6.4.17(2)。

(4)注意，如果 H_0 是 H_1 的补元素的子集，那么 L_0 是 L_1 的补元素的子集。♥

6.4.20 引理　设 H 是一个局部，且 $B \subseteq H$ 为有限集。那么，H 的最小子集 H_0 包含 0,1,B，并且在上确界和下确界下封闭，最多有 $2^{2^{|B|}} + 1$ 个元素。

证明：H_0 中的每个元素，除了 1 之外，都可以写成 B 的元素的下确界的一个上确界，即，如果 $h \in H_0$，对于某个 $I_h \subseteq 2^B$，

$$h = \bigvee_{i \in I_h} \bigvee_{b \in i} b$$

因此，H_0 最多具有 $2^{2^{|B|}} + 1$ 个元素。

回顾 MAO_0 语言中给定公式的子公式的标准定义，我们通过递归来定义 φ 的子公式的集合 $\mathrm{Sub}(\varphi)$。

6.4.21 定义　(1)如果 φ 是命题变量，$\mathrm{Sub}(\varphi) = \{\varphi\}$。

(2)对于 $* \in \{\wedge, \vee, \Rightarrow\}$，$\mathrm{Sub}(\varphi * \psi) = \{\varphi * \psi\} \cup \mathrm{Sub}(\varphi) \cup \mathrm{Sub}(\psi)$。

(3)对于 $* \in \{\neg, \square, \Diamond\}$，$\mathrm{Sub}(*\varphi) = \{*\varphi\} \cup \mathrm{Sub}(\varphi)$。

为了证明 IBM^C 的可判定性，我们需要一个与 6.4.19 引理相关的，但不同的、相当非标准的子公式概念。我们递归地定义集合 $\mathrm{Sub}_c(\varphi)$，如下所示：

6.4.22 定义　(1)如果 φ 是命题变量，则 $\mathrm{Sub}_c(\varphi) = \{\varphi\}$。

(2)对于 $* \in \{\wedge, \vee, \Rightarrow\}$，$\mathrm{Sub}_c(\varphi * \psi) = \{\varphi * \psi\} \cup \mathrm{Sub}_c(\varphi) \cup \mathrm{Sub}_c(\psi)$。

(3)$\mathrm{Sub}_c(\neg \varphi) = \{\neg \varphi\} \cup \mathrm{Sub}_c(\varphi)$。

(4)对于 $* \in \{\square, \Diamond\}$，$\mathrm{Sub}_c(*\varphi) = \{*\varphi, \neg *\varphi\} \cup \mathrm{Sub}_c(\varphi)$。

现在，我们能够给出 6.4.14 定理和 6.4.15 定理的证明。

6.4.14 定理的证明　我们只给出 MAO_0 的可判定性的证明，其他证明本质上是一样的。唯一的区别是需要使用 6.4.19 引理而不是 6.4.18 引理，并在下面的证明中使用 $\mathrm{Sub}_c(\varphi)$ 而不是 $\mathrm{Sub}(\varphi)$ 来生成公式的有限子代数。

假设 φ 是 MAO_0 的语言 L 中的一个公式,使得 $MAO_0 \nvdash \varphi$。根据一般完备性,存在一个 MAO_0 – 代数$(H_1, \square, \diamondsuit)$ 和 L 的一个解释$\|\ \|$,使得$\|\varphi\| \neq 1$。设 L_1 是 H_1 中包含 $0,1,\{\|\psi\| | Sub(\varphi)\}$ 且在上确界和下确界下封闭的最小子集。如 6.4.18 引理所示,在 L_1 上有一个 MAO_0 对。我们断言:

$$\|\psi\|' = \|\psi\| \neq 1 \tag{1}$$

其中,$\|\ \|'$指的是$(L_1, \square, \diamondsuit)$ 中的解释。

对于每个 $\psi \in Sub(\varphi)$,这是

$$\|\psi\|' = \|\psi\| \tag{2}$$

的后承。

我们通过对 ψ 的复杂度的归纳来证明这一点。唯一的平凡情况是:

(1)$\psi = \psi_1 \to \psi_2$

(2)$\psi = \square \psi_1$

(3)$\psi = \diamondsuit \psi_1$

这些情况与 6.4.18 引理相似。我们只证明(2)。假设$\|\psi\|' = \|\psi_1\|$,$\|\square \psi_1\| = \square\|\psi\| \in L_1$。因此,$\|\square \psi_1\|' = \square_0\|\psi_1\|' = \square\|\psi_1\| = \|\square\psi_1\|$。

根据 6.4.20 引理,H_0 最多有 $2^{2^{|Sub(\varphi)|}} + 1$ 个元素。因此,如果 $MAO_0 \nvdash \varphi$,存在一个 MAO_0 – 代数$(H_0, \square_0, \diamondsuit_0)$,最多有 $2^{2^{|Sub(\varphi)|}} + 1$ 个元素,其中 φ 不成立。由于对于给定的 φ,这种代数的数量是有界的,MAO_0 是可判定的。♥

6.4.15 定理的证明 假设 φ 是 IS4 语言中的一个公式,使得 $IS4 \nvdash \varphi$。根据一般完备性,存在 IS4 – 代数$(H_1, \square)$ 和一个解释$\|\ \|$,使得$\|\varphi\| \neq 1$。设 q^-: $H_0 = fix(\square) \to H_1$ 为包含项,这是分布格的态射,很容易证明。如 6.4.14 定理中的证明,设 L_1 是 H_1 中包含 $0,1,\{\|\psi\| | \psi \in Sub(\varphi)\}$ 并且在上确界和下确界下封闭的最小子集。如 6.4.17 引理中的证明,假设$\square_0, \diamondsuit_0$ 是 L_1 上的 MAO_0 对。可以像之前一样,证明$\|\varphi\|' = \|\varphi\| \neq 1$。根据 MAO_0、$MAO_0 \nvdash \varphi$ 的完备性,可以证明 MAO_0 是 IS4 的保守扩展。♥

三、局部完备性

除了系统的一般完备性或 Lindembaum-Tarski 完备性[1]之外,具有适当模态算子的局部代数也具有完备性。这表明我们对局部代数的公理化对于所描述的所有系统中除了一个系统之外都是可靠的和完备的。事实上,对于 IBM^c 来说,这是否是一个悬而未决的问题。

为了获得局部完备性,我们需要一些关于海廷代数的完备性结果,这些结果来自拉文多姆、卢卡斯和雷耶斯等人的研究。

设 H 为一个海廷代数,$\hat{H}$ 为其 $\vee$ – 理想的集合。回顾一下,$I \subseteq H$ 是一个 $\vee$ – 理想,如果它是向下闭合的,并且只要 $X \subseteq I$ 使得 $a = X$ 存在,则 $a \in I$。

众所周知,正如约翰斯通对斯通拓扑的研究指明的,H 是一个局部。的确,

$$1 = H$$
$$0 = \{0_H\}$$
$$I \wedge J = I \cap J$$
$$\vee_\alpha I_\alpha = \langle \cup_\alpha I_\alpha \rangle.$$

其中,$a \in \langle X \rangle$ 当且仅当存在一个族 $\{a_i\}$ 使得 $a = \vee_i a_i$,并且对于所有的 i,存在 x_1,$x_2, \cdots, x_n \in X$,使得对于所有的 i,$a_i \leqslant x_1 \vee \cdots \vee x_n$。

此外,我们有根据 $Y(a) = \{x \in H | x \leqslant a\}$ 定义的海廷代数的单态射:

$$Y: H \to \hat{H}.$$

给定一个具有右伴随 $\gamma(\delta \vdash \gamma)$ 的保序映射 $\delta: H_1 \hookrightarrow H_2$,考虑图:

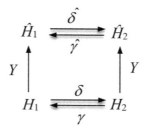

① 在数理逻辑中,逻辑理论 T 的 Lindenbaum-Tarski 代数 A 由这个理论的句子 p 的等价类构成。这个构造得名于林登鲍姆(A. Lindenbaum)和塔斯基(A. Tarski),有时简称为 Lindenbaum 代数。

其中,$\hat{\delta}(I) = \langle \exists_\delta(I) \rangle$且$\hat{\gamma}(J) = \delta^{-1}(J)$。

6.4.23 引理　(1)如果 J 是$\vee$－理想的,$\hat{\gamma}(J)$也是$\vee$－理想的。

(2)$\hat{\delta}$是首一的。

(3)$\hat{\delta} \vdash \hat{\gamma}$

(4)上面的图是可交换的,即,

$$\hat{\delta} \circ Y = Y \circ \delta, \hat{\gamma} \circ Y = Y \circ \gamma.$$

特别地,$\square \circ Y = Y \circ \square$。

(5)此外,如果δ有一个左伴随$\lambda(\lambda \vdash \delta)$,则$\hat{\delta}$有一个左伴随$\hat{\lambda}$,且

$$\hat{\lambda}(J) = \langle \bigcup \{\lambda(b) \mid b \in J\} \rangle$$

可交换,且 $Y : \hat{\lambda} \circ Y = Y \circ \lambda$。特别地,$\square \circ Y = Y \circ \square$且$\diamondsuit \circ Y = Y \circ \diamondsuit$。

证明:(1)假设 J 是一个$\vee$－理想。显然,$\hat{\gamma}(J)$是一个理想。令$\{a_i\}_i$是$\hat{\gamma}(J)$ $= \delta^{-1}(J)$的元素族,其中上确界为 a。因此,对于所有的 i,$\delta(a_i) \in J$。由于δ有一个右伴随,$\delta(a) = \vee_i \delta(a_i)$,又因为 J 是一个$\vee$－理想,这表明$\delta(a) \in J$。换句话说,$a \in \delta^{-1}(J) = \hat{\gamma}(J)$。

(2)令$\hat{\delta}(I_1) = \hat{\delta}(I_2)$,且令$a \in I_1$。因此,$\delta(a) \in \exists_\delta(I_1)$,这蕴涵根据$\hat{\delta}$的定义,$\delta(a) \in \langle \exists_\delta(I_2) \rangle$。这意味着存在一个族$\{b_i\}_i$,使得对于所有的 i,因为$I_2$是一个理想,存在某个$a_i \in I_2$,$b_i \leqslant \delta(a_i)$。我们断言$a = \vee_i(a \wedge a_i)$。实际上,对于所有的 i,显然$(a \wedge a_i) \leqslant x$。假设对于所有的 i,$(a \wedge a_i) \leqslant x$。因此,对于所有的 i,$\delta(a) \wedge b_i \leqslant \delta(a) \wedge \delta(a_i) \leqslant \delta(x)$。这蕴涵对于所有的 i,$b_i \leqslant \delta(x)$,因此$\delta(a) \leqslant \delta(x)$。由于$\delta$是首一的,这意味着$a \leqslant x$,得出该断言的证明。因为每个$(a \wedge a_i) \in I_2$,那么$a \in I_2$,给定的事实是$I_2$是一个$\vee$－理想。我们已经证明了$I_1 \subseteq I_2$。根据对称性,$I_2 \subseteq I_1$,可以得出$I_1 = I_2$。

（3）我们有以下等价：

$$\frac{\hat{\delta}(I) \subseteq J}{\langle \exists_\delta(I)\rangle \subseteq J}$$

$$\frac{\exists_\delta(I) \subseteq J}{I \subseteq \delta^{-1}(J)}$$

$$I \subseteq \hat{\gamma}(J)$$

（4）回顾 $\delta \dashv \gamma$，有以下等价：

$$\frac{x \in \hat{\delta} \, Y(b)}{x \in \delta^{-1}(Y(b))}$$

$$\frac{\delta(x) \le b}{x \le \gamma(b)}$$

$$x \in Y(\gamma(b))$$

（5）类似。❤

6.4.24 定理（拉文多姆、卢卡斯和雷耶斯） 系统 IS4（MAO_0、MAO、IBM）相对于 IS4（MAO_0、MAO、IBM）– 局部代数而言是可靠的和完备的。

证明：由于所有这些情况都是相似的，我们来看 IBM，因为这个情况解释了我们选择 V – 理想而不是在局部 $\hat{I}$ 定义中的理想。❤

6.4.25 引理 设（H，□）是一个 IS4 – 代数。那么 N = Fix□ = $\{a \in H \mid □a = a\}$ 是一个海廷代数，其是 H 的子格。此外，包含 $\delta: N \to H$ 有一个右伴随 $\delta \dashv \gamma$，满足 □ = $\delta\gamma$。如果（H，□，◇）是一个 IBM – 代数，则 N 是一个布尔代数，且 δ 也有一个左伴随 $\lambda \dashv \delta$，满足进一步的条件 ◇ = $\delta\lambda$。

证明：第一部分来自于 6.4.4 命题（1）的证明。至于蕴涵：如果 $a, b \in N$，定义 $a \Rightarrow_N b = □(a \Rightarrow_H b)$，并验证蕴涵的伴随条件：

$$\frac{c \le a \Rightarrow_N b}{c \wedge a \le b}$$

至于伴随，定义 γ = □：H→N 且 λ = ◇：H→N。进一步的细节是显然的。

假设 T 是一个 IBM 理论,且令 φ 是一个公式使得 T ⊬ φ。根据一般完备性,在 Lindembaum-Tarski IBM – 代数(L(T),□,◇)中,[φ]≠1。

利用前面的引理,我们得到交换图:

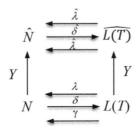

其中,λ[φ]=[◇φ]∈N 且 γ[φ]=[□φ]∈N。回顾 6.4.23 引理,Y 保留两个模态算子,因此 Y°[ ]是理论 T 的一种解释,使得 Y°[φ]≠1。

为了完成证明,只需要证明 $\hat{N}$ 是一个布尔代数。虽然这是众所周知的,但为了完整起见,我们给出这个论证。断言,对于任意的 I∈$\hat{N}$,这是从

$$1 = \bigvee\{a \vee a' | a \in I \text{ 且 } a' \in \neg\, I\} \qquad (3)$$

得出的。

实际上,(3)蕴涵 1∈⟨I∪¬ I⟩=I ∨¬ I,因此可得 I ∨¬ I=N。

要证明(3),假设对于所有的 a∈I 和所有的 b∈¬ I,a ∨ a'≤b。因此,(a ∧¬ b)∨(a'∧¬ b)′≤b ∨¬ b=0,并且推断出:

(a)对于所有的 a∈I,a ∨¬ b=0;

(b)对于所有的 a'∈¬ I,a'∨¬ b=0。

我们首先证明¬ b∈¬ I,令 c∈¬ b,且 c∈I。那么,根据(a),c=c ∧¬ b=0,这证明了我们的断言。其次,根据(b),¬ b=¬ b ∧¬ b=0,并且因为 N 是布尔代数,这蕴涵 b=1。

正是为了证明 $\hat{N}$ 是布尔代数,我们引入∨ – 理想而不仅仅是理想。在拓扑理论的术语中,前者对应于 N 上的¬ ¬ – 拓扑,而后者对应于有限覆盖拓扑。在所有其他情况下,有限覆盖拓扑同样有效,我们在完备性定理中得到了相干局部代数。

第五节　非经典一阶逻辑的预层语义和独立性结果

在吉拉尔迪①对非经典一阶逻辑工作的基础上,我们通过在任意范畴上的预层中引入模型,证明具有常数域的弱排中律的逻辑 D-J 相对于克里普克语义是不完备的。并且对于具有扩展 Q-S4.1 的嵌套域的模态系统,得到了附加的不完备性结果。

一、预层语义

从某种意义上讲,这里讨论的内容是柯尔西(G. Corsi)和吉拉尔迪在《有向框架》②中工作的继续,因为其中无法证明其完备性的一些系统,在这里可证关于克里普克语义是不完备的。另外,我们所使用的方法不同于非经典逻辑领域中采用的传统方法,因为这些方法涉及了一些范畴概念,尽管是非常简单的概念。这些概念,特别是预层语义为研究量化的非经典逻辑,包括中间逻辑和模态逻辑的元理论性质,提供了一个有价值的工具。

预层语义事实上非常丰富和灵活,同时也是克里普克语义的一种自然推广。我们将使用这种语义来提供独立性和不完备性证明。

首先,我们简要回顾范畴论中需要的一些基本概念。

(一)范畴论基本概念

一个范畴C由两个类 C_0 和 C_1 组成,分别是C中的对象 $\alpha,\beta,\cdots$ 的类,和C中的箭头 $k,l,\cdots$ 的类。每个箭头都有两个相关联的对象,即其定义域和上域,且每个

---

①　Ghilardi,S.. Presheaf semantics and independence results for some non-classical first-order logics. *Archive for Mathematical Logic*,29(2),(1989):125 – 136.

②　Corsi,G.,Ghilardi,S.. Directed frames. *Archive for Mathematical Logic*,29(1),(1989):53 – 67.

对象 α 对应一个域 α 和上域 α 的箭头 1_α，即，α 的恒等式。定义域 α 和上域 β 的箭头集合用C[α,β]表示，符号 k:α→β 或 $\alpha \xrightarrow{k} \beta$ 者表示 k∈C[α,β]。此外，每对箭头 k:α→β 和 l:β→γ，使得 k 的上域等于 l 的定义域，指派给箭头 k°l:α→γ，即 k 和 l 的合成，从而满足以下条件：

$$对于 \alpha \xrightarrow{k} \beta, 1_\alpha k = k = k1_\beta;$$

$$对于 \alpha \xrightarrow{k} \beta, \beta \xrightarrow{l} \gamma, \gamma \xrightarrow{m} \delta, (k°l)°m = k°(l°m)。$$

一个范畴C被称为小的，当且仅当 C_0 和 C_1 是集合而不是真类；一个范畴S被称为范畴C的子范畴，当且仅当对于每个 α,β∈S_0,$S_0 \subseteq C_0$,S[α,β]⊆C[α,β]，并且S中的恒等和合成是C中的恒等和合成的限制。子范畴被称作完全的，当且仅当对于每个 α,β∈S_0,S[α,β]=C[α,β]。

范畴的例子有 **Set**，即具有普通的合成和恒等的集合和函数的范畴，以及具有相关态射的群、环等的范畴。并非所有的范畴都是大的：事实上，单一的前序 ⟨**P**,≤⟩，也就是被赋予自反的和传递的二元关系≤的一个集合 **P** 是一个范畴，其对象是 P 的元素，箭头是 v,w∈**P** 之间的∅（假定 v ≨ w），或者单元素集（假定 v ≤w）。所以，前序是一个具有"很少"箭头和"许多"对象的范畴，另一方面，有些范畴具有"许多"箭头和"很少"对象，事实上仅有唯一对象。这种范畴被称为幺半群，因为其与传统的幺半群——对应，也就是具有二元结合积，也具有单位元素的集合。事实上，只有一个对象的范畴的箭头是关于恒等和合成的幺半群，其在这种情况下总是明确定义的；相反，给定一个幺半群，将其元素作为箭头，将合成定义为积，将恒等函数定义为单位。

（二）预层

6.5.1 定义　给定一个（小）范畴 **C**,**C** 上的预层是一个集值函子：

$$X:C→Set,$$

即,X 是与 **C** 的每个对象 α,集合 X(α) 和 **C** 的每个箭头 $\alpha \xrightarrow{k} \beta$,集论函数 X(k)相关联的映射

$$X(\alpha) \xrightarrow{X(k)} X(\beta),$$

以保持恒等和合成,即,

$$X(1_\alpha) = 1_{X_\alpha}, X(k_1 k_2) = X(k_1) X(k_2).$$

为了保持其几何意义,预层通常采取反变的方法,但是我们更倾向于采用另一个方向使得阐释更加简单,并且便于与传统的、协变的克里普克模型进行比较。前序$\langle \mathbf{P}, \leq \rangle$上的克里普克扩展框架$\langle \mathbf{P}, \leq, D \rangle$可以看作是范畴$\langle \mathbf{P}, \leq \rangle$上的一个预层$D$,但进一步的限制是转换映射$D(i)$被假定是包含的。这一限制迫使我们将恒等解释为同余,而前序中不存在平行箭头会对所允许的模型产生强的限制。实际上,在许多情况下,使用幺半群就足以证明一个逻辑系统是克里普克不完备的。

给定范畴$\mathbf{C}$上的一个预层X,在没有混淆的情况下,我们将$\mathbf{C}$中的$a \in X(\alpha)$和$k: \alpha \to \beta$,简单地写作ka代替$X(k)(a)$。相同的符号记法也适用于序列:例如,如果$\vec{a} = a_1, \cdots, a_n$,那么$k$表示序列$X(k)(a_1), \cdots, X(k)(a_n)$。注意,由于根据预层的定义,合成和恒等是保持的,$k(la) = (lk)a$,且$1_\alpha a = a$。

给定范畴$\mathbf{C}$上的预层产生另一个范畴$\mathbf{Set}^{\mathbf{C}}$,事实上是一个拓扑,将对象$X, Y$之间的自然变换$f: X \to Y$作为箭头,即集论的函数:

$$X(\alpha) \xrightarrow{f_\alpha} Y(\beta)$$

由$\mathbf{C}$的对象索引的收集,使得对于每个$\alpha \xrightarrow{k} \beta$,下面的正方形:

$$\begin{array}{ccc}
X(\alpha) & \xrightarrow{f_\alpha} & Y(\alpha) \\
{\scriptstyle X(k)}\downarrow & & \downarrow{\scriptstyle Y(k)} \\
X(\beta) & \xrightarrow[f_\beta]{} & Y(\beta)
\end{array}$$

可交换。

下面,我们感兴趣的n个预层$X_1, \cdots, X_n$的乘积$X_1 \times \cdots \times X_n$,通过以下方式

确定：

$$(X_1 \times \cdots \times X_n)(\alpha) = X_1(\alpha) \times \cdots \times X_n(\alpha)$$

$$(X_1 \times \cdots \times X_n)(k)(a_1, \cdots, a_n) = \langle X_1(k)(a_1), \cdots, X_n(k)(a_1) \rangle.$$

对于 $n = 0$，空索引集的积是终端对象 1，由单元素集的每个层 α，即 $\mathbf{C}$ 的对象组成，转换映射的定义是唯一可能的。使用 $\langle \ \rangle$ 表示单元素集的元素在符号上是方便的，因为给定一个预层 X，乘积预层 $X^n (n \geq 0)$ 以这种方式由 $X(\alpha)$ 的元素的 n 元组的每个层 α 构成。

6.5.2 定义 预层 X 的一个子预层 P 是以 $\mathbf{C}$ 的对象为索引的子集：

$$P_\alpha \subseteq X(\alpha)$$

的收集，使得对 $\mathbf{C}$ 中的每一个 $\alpha \xrightarrow{\ k\ } \beta$，对于每一个 $a \in X_\alpha$，

$$\text{如果 } a \in P_\alpha, \text{那么}, ka \in P_\beta。$$

回顾一阶直觉逻辑在一个范畴上的预束拓扑中是如何解释的。简单起见，设 L 为一阶直观语言，合式公式通常由 n 元谓词字母 $P^n_j, Q^n_j, \cdots (n \geq 0, j \geq 0)$，个体变量 $x_0, x_1, \cdots$，函数字母 $f^n_j, (n \geq 0, j \geq 0)$，命题 $\perp$（假命题）和逻辑符号 $\vee$（或者）、$\wedge$（并且）、$\rightarrow$（如果…那么）、$\forall$（所有）、$\exists$（存在）构成。$A, B, \cdots$ 用作合式公式的元变量，$t, u, \cdots$ 作为项的元变量。$\neg A$ 被定义为 $A \rightarrow \perp$；A 被称为一个语句，当且仅当它不包含自由变量。符号 $A(\vec{x})$ 表示 A 仅包含序列 $\vec{x}$ 中的自由变量。

6.5.3 定义 一个（预层）模型 $\mathscr{M}$ 是一个三元组 $\langle \mathbf{C}, X, \mathscr{F} \rangle$，其中，

（1）$\mathbf{C}$ 是一个小范畴；

（2）X 是 $\mathbf{C}$ 上的一个预层；

（3）F 是一个函数，与每个谓词字母相关联，是乘积预层 X^n 的子预层 $F(P^n_j)$；与每个函数符号 f^n_j 相关联，是一个自然变换 $F(f^n_j) : X^n \rightarrow X$。

注意，根据吉拉尔迪和米洛尼在 1988 年的论文《模态和时态谓词逻辑：预层和范畴概念化中的模型》中的讨论，我们还必须假设对于每个 $a \in C_1, X(\alpha) \neq \varnothing$，因为空域的情况不能在标准传统方法中处理。

C 的 α 对象的 α - 赋值是一个函数 $\mu:N \to X(\alpha)$，其中，N 是自然数的集合。如果 μ 是 α - 赋值，t 是项，$\mu[t] \in X(\alpha)$ 定义如下：

$$\mu[x_i] = \mu(i)$$

$$\mu[f_j^n(t_1 \cdots t_n)] = (\mathscr{A}f_j^n))_\alpha(\mu[t_1], \cdots, \mu[t_n]).$$

如果 μ 是一个 α - 赋值，且 $a \in X(\alpha)$，μ_i^a 表示 α - 赋值只与 i, a 有关，与 μ(i) 无关。如果 μ 是 α - 赋值，且 $k:\alpha \to \beta$ 是 C 的箭头，kμ 表示定义为：$(k\mu)(i) = k(\mu(i))$ 的 β - 赋值。给定一个模型 $\mathscr{M} = \langle C, X, \mathscr{F} \rangle$，一个 α - 赋值 μ 和一个公式 A，我们用以下方式定义 α - 赋值 μ，$\mu \vDash_\alpha A$ 下在 α 上的 $\mathscr{M}$ 中 A 的真值：

$\mu \vDash_\alpha P_j^n(t_1 \cdots t_n)$ 当且仅当 $\langle \mu[t_1], \cdots, \mu[t_n] \rangle (\mathscr{A}P_j^n))_\alpha$；

$\mu \nvDash_\alpha \perp$；

$\mu \vDash_\alpha A_1 \wedge A_2$ 当且仅当 $\mu \vDash_\alpha A_1$ 并且 $\mu \vDash_\alpha A_2$；

$\mu \vDash_\alpha A_1 \vee A_2$ 当且仅当 $\mu \vDash_\alpha A_1$ 或者 $\mu \vDash_\alpha A_2$；

$\mu \vDash_\alpha A_1 \to A_2$ 当且仅当对于每个 β 和每个 $\alpha \xrightarrow{k} \beta$，如果 $k\mu \vDash_\beta A_1$，则 $k\mu \vDash_\beta A_2$；

$\mu \vDash_\alpha \exists x_i A$ 当且仅当 存在一个 $a \in X(\alpha)$，使得 $\mu_i^\alpha \vDash_\alpha A$；

$\mu \vDash_\alpha \exists x_i A$ 当且仅当对于每个 β，每个 $b \in X(\beta)$ 且每个 $\alpha \xrightarrow{k} \beta$，$(k\mu)_i^\alpha \vDash_\beta A$。

如果在语言中存在恒等式，则相关的子句是：

$$\mu \vDash_\alpha t_1 = t_2 \text{ 当且仅当 } \mu[t_1] = \mu[t_2]。$$

上述子句与克里普克模型中习惯上采用的子句没有太大区别，它们在克里普克扩展框架的情况下被简化。主要的新奇之处在于，从一个可能世界到一个相关的世界的通道可以以不同的方式进行，所以，个体的重新识别取决于通道本身。因此，从绝对意义上说，例如，对于 X(α) 的个体 a，"这与 X(β) 的另一个个体相同"是没有意义的，也是不正确的。事实上，不同的集合 X(α) 应该最好是完全不相交的，而重新识别留给转换映射，其作用是告知我们给定的个体在可能的变换 k 后会变成什么。几何的理解也是基本的：范畴的对象是空间，箭头是空间之间的平滑转换,X(α)的元素是定义在 α 上的函数,且转换映射是限制映射,这解释了为什么应该假设逆变性。

我们可以用归纳法证明下面这个简单而重要的结论:

6.5.4 命题　(1)如果 $\alpha \xrightarrow{k} \beta$ 是 **C** 的一个箭头,则 $k(\mu[t]) = (k\mu)[t]$。

(2)如果 $\mu \vDash_\alpha A$ 且 $\alpha \xrightarrow{k} \beta$ 是 **C** 的一个箭头,则 $k\mu \vDash_\beta A$。

(3)如果 μ_1 和 μ_2 赋予每个 i 相同的值,使得 x_i 在 t 中自由出现在 A 中,则 $\mu_1 \vDash_\alpha A$ 当且仅当 $\mu_2 \vDash_\alpha A (\mu_1[t] = \mu_2[t])$。

上述命题在下面将经常使用。由于涉及赋值的表示法相当繁琐,我们引入缩写 $\vDash_\alpha A(a_1, \cdots, a_n)$(对于 $a_1, \cdots, a_n \in X(\alpha)$)表示这样一个事实:即,A 包含假定是 $x_{i_1}, \cdots, x_{i_n}$ 作为自由变量,且 $\mu \vDash_\alpha A$ 表示 μ,使得 $\mu(i_1) = a_1, \cdots, \mu(i_n) = a_n$。

第二种方法是将 X(α)元素的最后一个包含名称 $\mathscr{L}$ 扩展到 $\mathscr{L}_\infty$,**C** 的所有对象 α 都应如此,真值的定义应该为每个对象 α 选择 $\mathscr{L}_\alpha$ 的语句集。第三种方法似乎是唯一可用的,例如,在模态逻辑中,我们想要在转换映射的相反方向上解释模态算子,包括在语言中引入原始替换算子,从而导致直接定义 $\langle a_1, , a_n \rangle \vDash_\alpha A$ 的可能性,其中,A 是一个元数正好等于 n 的公式。

给定一个模型 $\mathscr{M} = \langle \mathbf{C}, X, \mathscr{F} \rangle$ 和一个公式 A,定义:

$\vDash_\alpha A$(A 在 α 处是真的)当且仅当对于每个 α - 赋值 $\mu, \mu \vDash_\alpha A$;

$\mathscr{M} \vDash A$(A 在 $\mathscr{M}$ 中是真的)当且仅当对于每个 **C** 中的对象 $\alpha, \vDash_\alpha A$。

我们还有以下几个概念:

(a)给定 **C** 上的预层 X 和公式 A,定义 $\langle \mathbf{C}, X \rangle \vDash A$(A 在 $\langle \mathbf{C}, X \rangle$ 中是有效的)当且仅当对于每一个解释 $\mathscr{F}, \langle \mathbf{C}, X, \mathscr{F} \rangle \vDash A$。

(b)给定小范畴 **C** 和公式 A,定义 $\mathbf{Set}^{\mathbf{C}} \vDash A$(A 在拓扑 $\mathbf{Set}^{\mathbf{C}}$ 中是有效的)当且仅当对于 **C** 上的每一个预层 X,$\langle \mathbf{C}, X \rangle \vDash A$。

(c)给定公式 A,定义 $\vDash A$(A 是有效的)当且仅当对于每个小范畴 **C**,$\mathbf{Set}^{\mathbf{C}} \vDash A$。

作为有效性引理和直觉谓词演算(缩写为:IPC)的克里普克完备性的后承,

我们有以下结果：

6.5.5 定理　⊨ A 当且仅当 IPC ⊨ A。

该定理可以通过在预层上建立一个基于非前序范畴的通用模型更直接地证明，这是 Joyal 完备性定理，详细的证明可以参看马凯和雷耶斯 1977 年的著作《一阶范畴逻辑》。❤

没有一个一阶直觉公式可以使用预层模型，而不是克里普克模型来证伪，然而，我们在下面证明：对于比直觉主义更强的中间逻辑来说，情况会发生变化，其中需要扩展的克里普克框架和满足附加条件的预层。

二、D-J 的不完备性

令 D-J 是通过向直觉谓词演算添加下面两个图式得到的中间逻辑：

D　$\forall x_i (A(x_i, \vec{x}) \vee B(\vec{x})) \rightarrow (\forall x_i A(x_i, \vec{x})) \vee B(\vec{x})$　在这里，$x_i \notin \vec{x}$

J　$\neg A \vee \neg \neg A$。

注意，**J** 等价于德摩根律，这在直觉上是不成立的。

6.5.6 命题　设 $F = \langle P, \leq, D \rangle$ 是一个克里普克扩展框架。

（1）$F \models J$ 当且仅当 $\langle P, \leq \rangle$ 是局部有向的，即，对于每个 $u, v, w \in P$，如果 $u \leq v$ 且 $u \leq w$，则存在 $z \in P$，使得 $v \leq z$ 且 $w \leq z$。

（2）$F \models D$ 当且仅当 F 有常量域，即对于所有的 $v, w \in P, D_v = D_w$。

根据这个命题，如果 $D - J$ 对于任何一类克里普克扩展框架都是完备的，那么它对于具有常量域的局部有向框架也一定是完备的。在预层语义的情况下，6.5.6 命题（1）的类似情况如下：

6.5.7 命题　设 **C** 是一个范畴；$Set^C \models J$ 当且仅当 **C** 是局部有向的[①]，即如果对于每个三元组对象 α, β_1, β_2，每个箭头对：$\alpha \xrightarrow{k_1} \beta_1, \alpha \xrightarrow{k_2} \beta_2$，则存在一个

---

① 更好的应该是共局部有向的：事实上，我们称一个范畴为"有向的"，当类似于前序集的情况时，对于每个对象对 α_1, α_2 都存在另一个对象 β 和两个箭头 $k_1 : \alpha_1 \rightarrow \beta$ 和 $k_2 : \alpha_2 \rightarrow \beta$；那么，C 根据上述定义是局部定向的，当且仅当所有逗号范畴 $\alpha \uparrow C$（而不是切片范畴 $C \uparrow \alpha$）是有向的。

对象和两个箭头：$\beta_1 \xrightarrow{\ l_1\ } \gamma$，$\beta_2 \xrightarrow{\ l_2\ } \gamma$，使得正方形：

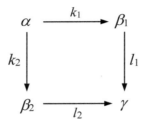

可交换，即，$k_1 l_1 = k_2 l_2$。

证明：假设 **C** 是局部有向的，且 $\mathbf{Set}^{\mathbf{C}} \nvDash \mathbf{J}$；所以存在一个模型 $\langle \mathbf{C}, \mathbf{X}, \mathscr{I} \rangle$，使得对于合适的 $\alpha, A, \vec{a}, \nvDash \neg A(\vec{a}) \vee \neg \neg A(\vec{a})$。因此，存在箭头 $k_1 : \alpha \to \beta_1$，$k_2 : \alpha \to \beta_2$，使得 $\vDash_{\beta_1} A(k_1 \vec{a})$ 且 $\vDash_{\beta_2} \neg A(k_2 \vec{a})$。根据局部有向性，存在 $\gamma, l_1 : \beta_1 \to \gamma$，$l_2 : \beta_2 \to \gamma$，使得 $k_1 l_1 = k_2 l_2$，并且由于 $l_1 k_1 \vec{a} = (k_1 l_1) \vec{a} = (k_2 l_2) \vec{a} = l_2 k_2 \vec{a}$，所以，$\vDash_{\gamma} A(l_1 k_1 \vec{a})$ 和 $\vDash_{\gamma} \neg A(l_2 k_2 \vec{a})$ 矛盾。

相反的命题可以通过可表示函子来证明。♥

我们可以合理地预期，6.5.6 命题（2）的类似情况应该要求转换映射是满射的。在某种意义上，至少对于模态情况下的 Barcan 公式①，这是正确的。然而 D 由较弱的条件所强迫，这对于证明不完备性结果至关重要。

6.5.8 命题 设 **X** 是 **C** 上的一个预层。那么，如果满足以下条件：

（ * ）对于所有的 $\alpha, \beta, k : \alpha \to \beta$，所有的 $n \geqq 0$，所有的 $a_1, \cdots, a_n \in X_{\alpha}, b \in X_{\beta}$，存在 $k^* : \alpha \to \beta, \alpha \in X_a$，使得 $k^* a = b, k^* a_1 = k a_1, \cdots, k^* a_n = k a_n$，则 $\langle \mathbf{C}, \mathbf{X} \rangle \vDash \mathbf{D}$。

证明：假设 $\vDash_{\alpha} \forall x_i (A(x_i, \vec{a}) \vee B(\vec{a}))$ 且 $\nvDash_{\alpha} (\forall x_i A(x_i, \vec{a})) \vee B(\vec{a})$。于是 $\nvDash_{\alpha} \forall x_i A(x_i, \vec{a})$ 且 $\nvDash_{\alpha} B(\vec{a})$。因此，存在 $\beta, k : \alpha \to \beta$ 且 $b \in X_{\beta}$，使得 $\nvDash_{\beta} A(b, k\vec{a})$。根

---

① 模态谓词逻辑研究中的一个重要公式，由逻辑学家巴坎（R. C. Barcan）于 1946 年提出。可表述为：$(\forall x_i) \square A \to \square (\forall x_i) A$，其中的 $\forall$、$\to$、$\square$ 分别是"全称量词""实质蕴涵"和"必然"，x_i 是任意的个体变元，A 是公式。

据（＊），存在 $k^*:\alpha\to\beta$ 和 $a\in X_\alpha$，使得 $k^*a=b$ 且 $\overrightarrow{k^*a}=\overrightarrow{ka}$。取恒等箭头 $1_\alpha:\alpha\to\alpha$，可得 $\vDash_\alpha A(a,\overrightarrow{a})\vee B(\overrightarrow{a})$，即 $\vDash_\alpha A(a,\overrightarrow{a})$。因此，应用 k^*，我们得到不合理的 $\vDash_\beta A(b,\overrightarrow{ka})$。♥

6.5.9 命题 设 $\mathbf{F}=\langle\mathbf{P},\leq,\mathrm{D}\rangle$ 是一个克里普克扩展框架，是局部有向的且具有常量域。下面的语句（S）在 $\mathbf{F}$ 中的每一个解释都是真的：

(S) $\quad[\forall x_0((P_1^0\to(P_2^0\vee P_1^1(x_0)))\vee(_2^0\to(P_1^0\vee P_1^1(x_0)))))]$

$\qquad\qquad\wedge[\neg\forall x_0 P_1^1(x_0)]\to[(P_1^0\to P_2^0)\vee(P_2^0\to P_1^0)]$.

证明：假设 $\vDash_u\forall x_0((P_1^0\to(P_2^0\vee P_1^1(x_0)))\vee(P_2^0\to(P_1^0\vee P_1^1(x_0)))),\vDash_u\neg\forall x_0 P_1^1(x_0)$ 且 $\nvDash_u(P_1^0\to P_2^0)\vee(P_2^0\to P_1^0)$。于是，存在 v_1,v_2 使得 $u\leq v_1,u\leq v_2$，$\vDash_{v1}P_1^0,\nvDash_{v1}P_2^0,\vDash_{v2}P_2^0$ 且 $\nvDash_{v2}P_1^0$。由于 $\langle\mathbf{P},\leq\rangle$ 是局部有向的，存在 w 使得 $v_1\leq w$ 且 $v_2\leq w$。所以，$\nvDash_w\forall x_0 P_1^1(x_0)$，因此对于 $a\in D_w$，我们有 $\nvDash_w P_1^1(a)$。域是常量，所以 $a\in D_u$，且表明 $\vDash_u P_1^0\to(P_2^0\vee P_1^1(a))$。但是现在得到 $\vDash_{v1}P_1^1(a)$，与 $\nvDash_w P_1^1(a)$ 且 $v_1\leq w$ 的事实相矛盾。因此，引理得证。♥

如果尝试在局部有向范畴上的预层 X 满足（＊）的情况下重复相同的论证，我们立即认识到条件（＊）给出向下移动个体 a 到原始可能世界 u 的可能性，但是通过不同于先前用于到达 w 的箭头。因此，当我们向上寻找矛盾时，不再得到 a，而是得到一个总体上不同于它的个体。要具体实现这一思想，我们证明以下定理：

6.5.10 命题 存在一个模型 $\mathscr{M}=\langle\mathbf{C},\mathrm{X},\mathscr{F}\rangle$ 证伪（S），其中 $\mathbf{C}$ 是局部有向的，且 X 满足（＊）。因此，根据 6.5.3—6.5.6 命题，D-J $\nvdash$（S）不是克里普克完备的。

证明：假设 L 是 $\mathscr{L}$ 的谓词字母的集合。一个 L-解释是对：

$$\alpha=\langle X_\alpha,l_\alpha\rangle,$$

其中，X_α 是一个集合，l_α 是与每个 $P_j^n\in L$ 相关联的函数，子集 $l_\alpha(P_j^n)\subseteq X_\alpha^n$，且对于 $n=0$，$X_\alpha^n=\{\langle\rangle\}$，因此，$l_\alpha(P_j^0)$ 或者为 $\varnothing$ 或者为 $\{\langle\rangle\}$。两个 L-解释 $\alpha=\langle X_\alpha,l_\alpha\rangle$ 和 $\beta=\langle X_\beta,l_\beta\rangle$ 之间的态射 k 是一个集论函数 $k:X_\alpha\to X_\alpha$，使得对于每一个 $(P_j^n)\in L$ 和每一个 $a_1,\cdots,a_n\in X_\alpha$，

（＊＊） 如果$\langle a_1,\cdots,a_n\in l_\alpha(P_j^n)\rangle$，则$\langle k(a_1),\cdots,k(a_n)\rangle\in l_\beta(P_j^n)$。

解释和态射，即通常的集合理论组合显然是一个范畴，我们称之为 L-**Int**，并且一个明显的预层：

$$X:L\text{-}\mathbf{Int}\to\mathbf{Set}$$

可以定义为 $X(\alpha)=X_\alpha$ 和 $X(k)=k$。准确地说，根据上述定义，这不是一个预层，因为 L-**Int** 并不是小的；事实上，X 将被限制为一个合适的小子范畴。

现在设 L 为 $\{P_1^0,P_2^0,P_1^1,Q_1^1,Q_2^1\}$，设 **C** 为由以下四个对象确定的 L-**Int** 的完全的子范畴，其中 S_1,S_2,S_3 是三个无穷的不相交集：

$\alpha_0=\langle S_1\cup S_2,l_{\alpha 0}(P_1^0)=l_{\alpha 0}(P_2^0)=l_{\alpha 0}(P_1^1)=\varnothing,l_{\alpha 0}(Q_1^1)=S_1,l_{\alpha 0}(Q_2^1)=S_2\rangle$

$\alpha_1=\langle S_1\cup S_2,l_{\alpha 1}(P_1^0)=\{\langle\rangle\},l_{\alpha 1}(P_2^0)=\varnothing,l_{\alpha 1}(P_1^1)=l_{\alpha 1}(Q_1^1)=S_1,l_{\alpha 1}(Q_2^1)=S_2\rangle$

$\alpha_2=\langle S_1\cup S_2,l_{\alpha 2}(P_1^0)=\varnothing,l_{\alpha 2}(P_2^0)=\{\langle\rangle\},l_{\alpha 2}(Q_1^1)=S_1,l_{\alpha 2}(P_1^1)=l_{\alpha 2}(Q_2^1)=S_2\rangle$

$\alpha_3=\langle S_1\cup S_2\cup S_3,l_{\alpha 3}(P_1^0)=l_{\alpha 3}(P_2^0)=\{\langle\rangle\},l_{\alpha 3}(P_1^1)=S_1\cup S_2,l_{\alpha 3}(Q_1^1)=l_{\alpha 3}(Q_2^1)=S_1\cup S_2\cup S_3\rangle$.

下图显示了 **C** 的样子，但注意，图中的每个箭头实际上对应无限多个箭头：

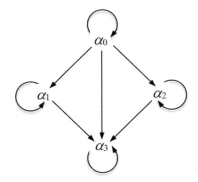

因为在 L-**Int** 中其他对象对不是用箭头连接的，因此在 **C** 中态射 k 的定义（＊＊）要求：如果 P_j^0 在 k 的域中是 0 元谓词为真，即，如果$\langle\rangle$属于它在 k 的域中的解释，那么其在 k 的上域中也一定为真。

（1）**C** 是局部有向的。可以理解为：取 $a\in S_1$，并且注意，对于每一个 $\alpha_i,i=0,1,2,3$，将所有事物发送到 a 的映射是 **C** 从 α_i 到 α_3 的态射。这是相当明显的，因为 a 属于 α_3 中所有一元谓词的解释,因此(＊＊)的结论始终为真。有了这个映射,很容易建立我们需要的交换正方形。

(2)上述函子 X,适当地限制到 **C** 的对象,给出了一个满足条件(＊)的预层。这是简单但有点乏味的计算,因为必须检验所有由箭头连接的 **C** 对象的有序对,一共有 9 种情况。当然,S_1,S_2,S_3 是无穷的是必要的。我们以 **C**$[\alpha_1,\alpha_3]$ 为例来验证。令 $k:\alpha_1\to\alpha_3,a_1,\cdots,a_n\in X_{\alpha1},b\in X_{\alpha3}$。取 $a\in S_2$,不同于 $a_1,\cdots,a_n$ 和 $c\in S_1$,然后定义 k^* 为分别将 a 发送到 $b,a_1,\cdots,a_n$ 发送到 $ka_1,\cdots,ka_n$,以及将其他任何内容发送到 c 的映射。现在 c 属于 α_3 中所有一元谓词的解释,所以(＊＊)对于映射到其中的所有事物都是平凡地真的。(＊＊)对于对 a,b 也是成立的,因为 a 只属于 α_1 中 Q_2^1 的解释,而 α_3 中 Q_2^1 的解释是完全的。最后,对于 $a_1,\cdots,a_n$ 没有问题,因为 k 是一个态射。

现在只需要为 $\langle \mathbf{C},X\rangle$ 中的 $\mathscr{L}$ 定义一种解释 $\mathscr{F}$,其中语句(S)被证伪。令 $i=0,1,2,3$,

$$(\mathscr{F}P_1^0)_{\alpha i}=l_{\alpha i}(P_1^0);(\mathscr{F}P_2^0)_{\alpha i}=l_{\alpha i}(P_2^0);(\mathscr{F}P_1^1)_{\alpha i}=l_{\alpha i}(P_1^1)。$$

由于(＊＊)的存在,上述谓词字母的解释都是子前序。

(3)语句(S)在 $\langle \mathbf{C},X,\mathscr{F}\rangle$ 中 α_0 处是假的。需要检验三个事实:

第一,$\models_{x_0}\forall x_0((P_1^0\to(P_2^0\vee P_1^1(x_0)))\vee(P_2^0\to(P_1^0\vee P_1^1(x_0))))$.

取 $k:\alpha_0\to\alpha_i(i=0,1,2,3)$ 和 $a\in X_{\alpha_i}$,必须证明 $\models_{\alpha_i}(P_1^0\to(P_2^0\vee P_1^1(a)))\vee(P_2^0\to(P_1^0\vee P_1^1(a)))$。如果 $i\neq0,P_1^0$ 或者 P_2^0 在 α_i 处是真的,从而得到结论。所以,假设 $i=0$ 和 $a\in X_1$,另一种情况是对称的,并且检验 $\models_{\alpha_0}(P_1^0\to(P_2^0\vee P_1^1(a)))$,即对于每个箭头 $k:\alpha_0\to\alpha_i$,如果 $\models_{\alpha_i}(P_1^0)$,那么 $\models_{\alpha_i}P_2^0\vee P_1^1(ka)$。如果 $i\neq1$,这是直接的,P_1^0 为假或者 P_2^0 为真。当 $i=1$ 时,我们必须证明 $\models_{\alpha_i}P_1^1(ka)$。但是 $a\in S_1$,所以它属于 α_0 中 Q_1^1 的解释,因此,根据(＊＊),ka 必定属于 α_1 中 Q_1^1 的解释,但这种解释现在与 P_1^1 的解释相同。

第二,$\models_{\alpha_0}\neg\ \forall x_0P_1^0(x_0)$.

对于每个 $i=0,1,2,3$,我们必须检验 $\not\models_{\alpha_i}\forall x_0P_1^1(x_0)$。取恒等箭头和如果 $i=$

$0,2,S_1$ 中的一个元素;如果 $i=1,S_2$ 中的一个元素;如果 $i=3,S_3$ 中的一个元素。

$$第三, \nvDash_{\alpha_0} (P_1^0 \rightarrow P_2^0) \vee (P_2^0 \rightarrow P_1^0).$$

这是由 $S_1 \cup S_2$ 上的恒等映射是 **C** 从 α_0 到 α_1 以及从 α_0 到 α_2 的态射这一事实保证的。♥

值得注意的是,按照柯尔西和吉拉尔迪 1990 年在《有向框架》中的描述,对于具有嵌套域的(局部)有向框架,IPC + **J** 是克里普克完备的,这个系统对于预层语义不仅可以证明是完备的,而且是典范的。对于相反的现象,根据奥诺(H. Ono)1983 年在论文《中间谓词逻辑的模型扩展定理和 Craig 插值定理》中的讨论,一种中间命题逻辑,其常量域的谓词扩展是完备的,而嵌套域的谓词扩展是不完备的。

此外,谢尔曼(V. Shehtman)和斯克沃尔佐夫(D. Skvortsov)在 1988 年的论文《非经典一阶谓词逻辑的语义》中以一种不同的方式也证明了逻辑 D-J 的不完备性,以及 BF-S4.2 的不完备性。因此,对上面的反例进行简单的修改会产生相同的结果。下面的不完备性结果,结合 BF-S4.1.2,即,Q-S4.1.2 加上 Barcan 公式的不完备性提供了一个模态命题逻辑的例子,其谓词扩展在常量和嵌套域中都是不完备的。

三、具有嵌套域的模态系统的不完备性

(一)模态逻辑的预层语义

模态逻辑的预层语义可以通过以下方法改进直觉主义逻辑的预层拓扑来获得:

1. $\mathscr{A}(P_j^n)$ 不再是一个子预层,而只是由 **C** 对象索引的子集

$$(\mathscr{A}(P_j^n))_\alpha \subseteq X^n(\alpha)$$

的集合,没有任何进一步的限制,术语的解释仍然是自然转换。

2. 关于蕴涵和全称量化的真值子句现在是经典的,即,

$$\mu \vDash_\alpha A_1 \rightarrow A_2 \text{当且仅当 如果 } \mu \vDash_\alpha A_1, \text{则 } \mu \vDash_\alpha A_2;$$

$$\mu \vDash_\alpha \forall x_i \text{当且仅当 对于每个 } a \in X(\alpha), \mu_i^\alpha \vDash_\alpha A。$$

3. 对于增加了下面的对于□的真值子句：

$$\mu \vDash_\alpha \square A \text{ 当且仅当对于每个 } \beta \text{ 和每个 } \alpha \xrightarrow{\ k\ } \beta, k\mu \vDash_\beta A.$$

这对应于取"所包含的最大子预层"的语义运算。

这种语义验证了 S4 的公理。对于较弱的正规系统，比如 K，我们应该用图代替范畴。一个图 G 是一个"没有合成和恒等"的范畴，即它由两个类 G_0 和 G_1 组成，分别是 G 的对象和箭头；此外，每个箭头都与两个对象相关联，即其定义域和上域。等价地，一个（小）图是一个范畴上的预层，只有两个对象：α_1 和 α_2，并且除了两个恒等箭头之外，还有两个连接 α_1 和 α_2 的平行箭头。

（二）模态系统的不完备性

对于每个典型的模态命题逻辑 L，称 Q-L 为其（最小）谓词扩展。因此，例如，Q-S4.1 被量化为 S4 加上图式：

1 $\square\Diamond A \to \Diamond\square A.$

并且 Q-S4.1.I 被量化为 Q-S4.1 加上图式：

I $(\Diamond A \wedge \Diamond B) \to (\Diamond(A \wedge B) \vee A \wedge B).$

6.5.11 命题 设 $\mathbf{F} = \langle \mathbf{P}, \leq, \mathbf{D} \rangle$ 是一个克里普克（扩展）框架。

(1) $\mathbf{F} \vDash \mathbf{1}$ 当且仅当对于每个 $v \in \mathbf{P}$，存在一个 $z \in \mathbf{P}$ 使得 $v \leq z$ 且 z 是（严格）最大的，也就是说，如果 $z \leq w$，则对于每个 $w \in \mathbf{P}, z = w$。

(2) $\mathbf{F} \vDash \mathbf{I}$ 当且仅当对于每个 $v, v_1, v_2 \in \mathbf{P}$，如果 $v < v_1, v_2$，则 $v_1 = v_2$。

证明：我们只验证(1)从左到右的方向。假设存在一个 v，使得对于没有 $z \geq v, z$ 是最大的。以下已知引理应用于前序 $\uparrow v = \{w \mid w \geq v\}$，其中前序关系显然是 ≤ 的限制，给出了 $\mathbf{P}$ 的子集 S，在其上解释 0 元谓词，假定 P_1^0，以便在 v 处证伪 $\square\Diamond P_1^0 \to \Diamond\square P_1^0$。♥

6.5.12 引理 设 $\langle \mathbf{P}, \leq \rangle$ 是没有极大元素的前序。存在一个子集 $S \subseteq \mathbf{P}$，满足对于每个 $v \in \mathbf{P}$ 都有 $v_1, v_2 \geq v$，使得 $v_1 \in S$ 且 $v_2 \notin S$。

证明：我们将佐恩引理应用到由 P 的（可能是空的）子集对 $\langle S_1, S_2 \rangle$ 组成，根据分量包含排序的前序 $\mathscr{F}$，并满足以下三个条件：

（1）$S_1 \cap S_2 = \varnothing$；

（2）对于所有的 $v \in S_1$，存在 $v_1 \geqq v$ 使得 $v_1 \in S_2$；

（3）对于所有 $v \in S_2$，存在 $v_2 \geqq v$ 使得 $v_2 \in S_1$。

因为 $\mathscr{F}$ 中任意链的分量并集也在 $\mathscr{F}$ 中，因此存在极大对 $\langle S_1, S_2 \rangle$。如果 $S_1 \cup S_2 = \mathbf{P}$，则引理被证明；另一种选择是不可能的。事实上，假设存在 $v \notin S_1 \cup S_2$。那么，通过极大性，$(\uparrow v) \cap S_1 = \varnothing$，否则我们可以将 v 添加到 S_2 中，在族中获得更大的对，类似地，$(\uparrow v) \cap S_2 = \varnothing$。但是没有极大元素，所以我们可以建立一个链：

$$v = v_1 < v_2 < \cdots < v_i < \cdots.$$

如果 $i \neq j$ 时 v_i 和 v_j 总是不同的，则将链上的奇数元素加到 S_1 中，将偶数元素加到 S_2 中，从而在 $\mathscr{F}$ 中得到一个更大的对，这与 $\langle S_1, S_2 \rangle$ 的极大值相矛盾。否则，重复同样的操作，但首先在最小的 i 处截断链，使得存在一个 $j \leqq i$，满足 $v_{i+1} = v_j$。条件（1）-（3）再次满足。事实上 $v_1, \cdots, v_i$ 都是不同的，而且如果 v_i 被添加到假定是 S_1 中，那么，$v_i < v_{i+1} = v_j \leqq v_{i-1}$。现在使用 $\leqq$ 的传递性，并回顾最后一个已经添加到 S_2 中，注意 $v_i \neq v_{i+1}$，因此 $j \leqq i-1$。这再次产生矛盾，因为已经建立了一个比极大对更大的对，所以我们必定得出 $S_1 \cup S_2 = \mathbf{P}$ 的结论。♥

6.5.13 命题　（1）S4.1.I 刻画克里普克框架 $\langle \mathbf{2}, \leqq \rangle$，其中 $\mathbf{2} = \{1, 0\}$ 且 $0 \leqq 0, 1 \leqq 1, 0 \leqq 1$。

（2）如果 L 是克里普克完备的，$L \supseteq S.4.1$ 且 $L \nvdash \Diamond A \rightarrow A$，则 $L \subseteq S4.1.I$。

证明：（1）根据莱蒙（E. J. Lemmon）的证明[1]，如果 $L \vdash S4.1$，则 L 的正则模型对于每个解释都使 $\mathbf{1}$ 为真；根据 Sahlqvist 定理[2]，对于 $\mathbf{I}$ 也成立。应用 6.5.11 命题，注意逻辑 S4.1.I 中的任何框架必定是 2 的副本的不相交并集的一个 p-态射。

---

[1]　Lemmon, E. J.. *An Introduction to Modal Logic: The Lemmon Notes*. B. Blackwell, (1977).

[2]　萨奎斯特（H. Sahlqvist）逻辑中的一个著名的定理。以萨奎斯特公式为额外公理添加到极小正规逻辑 K 上得到的逻辑都是完全的，这样得到的逻辑被称为萨奎斯特逻辑。

（2）如果 L 是克里普克完备的，L⊇S4.1 且 L⊬◇A→A，那么存在对于 L 的一个框架 **F** =〈**P**,≤〉证伪◇A→A。在这样的框架中，每个元素都与一个极大元素相关，并且存在 u,v∈**P**，使得 v<z 且 z 是极大的。因此，**F** 可以通过 p-态射映射到 2，所有的极大元素都映射到 1，其余的元素都映射到 0。根据 p-态射和上述（1）的一般事实，L⊆S4.1.I。❤

下面的公式：

（**F**）　　　　　　　$\diamond(\exists x_0 P_1^1(x_0))\to(\exists x_0 \Box P_1^1(x_0))$

在扩展框架 **F** =〈**P**,≤,D〉中总是成立的，使得对于每个 v∈**P**，存在一个极大的 z∈**P** 大于或等于 v，因此它不能在 Q-S4.1 的任何扩展框架中被证伪。另外，公式（**F**）在 Q-S4.1 中等价于柯尔西和吉拉尔迪的《有向框架》中的公式 ML*。

6.5.14 定理　设 L⊇S.4.1。如果 L⊬◇A→A，则 Q-L 不是克里普克完备的。

证明：由 6.5.13 命题，足以证明 Q-S4.1.I⊬L(**F**)。幺半群上的预层语义应该以从言模态的坍塌来刻画，即，根据公理

$$\diamond A\to A,$$

其中 A 是语句，使用有效性引理就足够了，这很容易从 6.5.3 命题（3）中获得。

取 **M** 为 Z_2 的乘法幺半群，它只有两个元素 0,1,乘积的乘法表为 01 = 10 = 00 = 0,11 = 1,且其上的预层只是一个具有幂等内函数的集合。证明 **Set**^{M} ⊨ **1** 和 **Set**^{M} ⊨ **I** 是很容易的。

对于后者，确定一个模型 $\mathscr{M}$ =〈**M**,X,$\mathscr{F}$〉，假设 ⊨$_\alpha$ ◇A($\vec{a}$)、⊢$_\alpha$ ◇B($\vec{a}$)、⊨$_\alpha$A($\vec{a}$)、⊭$_\alpha$ B($\vec{a}$)且⊭$_\alpha$◇(A($\vec{a}$)∧B($\vec{a}$))，其中 α 是 **M** 范畴的唯一对象。因此，⊨$_\alpha$A($0\vec{a}$)且⊨$_\alpha$B($0\vec{a}$)。没有其他可能性，因为 **1** 的作用相同，因为它是 α 的恒等式，并且该恒等式根据预层的定义被保持，这与⊭$_\alpha$◇(A($\vec{a}$)∧B($\vec{a}$))相矛盾。

对于前者，我们假设⊨$_\alpha$□◇A($\vec{a}$)在模型 $\mathscr{M}$ =〈**M**,X,$\mathscr{F}$〉中。因此，⊨$_\alpha$◇A

$(\overrightarrow{0a})$,所以 $\vDash_\alpha A(\overrightarrow{0a})$。这足以确立 $\vDash_\alpha \Diamond\Box A(\overrightarrow{a})$。

公式(F)的证伪更容易。在从言模态坍塌的情况下,找到一个 $\exists x_0 P_1^1(x_0)\to$ $\exists x_0 \Box P_1^1(x_0)$ 不成立的解释就足够了:取任何具有至少两个元素的集合 $X(\alpha)$,将 $X(0)$ 设为一个带值的常量映射,即 $a\in X(\alpha)$,并且对于 $b\neq a$,定义 $\mathscr{A}(P_1^1)=\{b\}$。

幺半群方法非常强大,在吉拉尔迪的 1989 年论文《克里普克语义中的不完备性》中被广泛使用,以提供进一步的不完备性结果。事实上,幺半群是从范畴的一般概念中通过简化得到的,这种简化的方向与导致克里普克语义的前序的简化相反,也就是,消除了对象而不是箭头,因此,量化公式在这里的评估完全不同也就不足为奇了。

第六节　左正合逻辑

我们根据麦克拉蒂[1]的工作,并且参考弗雷德[2]关于拓扑,以及洛夫尔等人[3]关于模态理论和拓扑方面的研究,给出部分代数理论的一种语法表示。这种逻辑被称为左正合逻辑,其在具有所有有限极限的任何范畴中都是可解释的,并且具有作为保守扩展的相干逻辑,这蕴涵一个完备性定理。

一、语言和语义

左正合逻辑 $L_{\omega\omega}^e$ 是相干逻辑 $L_{\infty\omega}^g$ 的一个部分片段。

$L_{\omega\omega}^e$ 使用带有运算符的霍恩逻辑词汇:项由分类运算符和变量组成,原子语

[1] Mclarty,C.. Left exact logic. *Journal of Pure and Applied Algebra*,41(1),(1986):63–66.
[2] Freyd,P.. Aspects of topoi. *Bulletin of the Australian Mathematical Society*,7(1),(1972):1–76.
[3] Lawvere,F.W.,Maurer,C.,Wraith,G.C.. *Model theory and topoi*. Springer-Verlag,(1975).

句是同一分类的项之间的等式,语句是原子语句的合取。注意,$L_{\infty\omega}^e$ 中的合取是有限的,所以 $L_{\omega\omega}^e$ 是有限的。$L_{\omega\omega}^e$ 的序列是片面的,最多允许单一的语句作为结果。

$L_{\omega\omega}^e$ 包括通常的等量公理、当 $\varphi \in \Sigma$ 时的平凡公理 $\Sigma \Rightarrow \varphi$,以及下列合取规则:

$$\frac{\Sigma, \varphi \wedge \psi, \varphi \Rightarrow \chi}{\Sigma, \varphi \wedge \psi \Rightarrow \chi} \qquad \frac{\Sigma, \varphi \wedge \psi, \varphi, \psi \Rightarrow \chi}{\Sigma, \varphi, \psi \Rightarrow \chi}$$

$L_{\omega\omega}^e$ 理论有一个非逻辑公理集 T_A,并且使用限制切割规则,即,当 $\theta \Rightarrow \varphi$ 是一个等量公理或非逻辑公理的实例时,

$$\frac{\Sigma, \theta, \varphi \Rightarrow \chi}{\Sigma, \theta \Rightarrow \chi}$$

T 有一个类型引入子句的集合 T_C,写作

(**A**) $\qquad (E(v_1, \cdots, v_n) | p_1(c) = v_1 \wedge \cdots \wedge p_n(c) = v_n)$

其中,$E(v_1, \cdots, v_n)$ 是指标变量中的一个语句,c 是不在 $v_1, \cdots, v_n$ 中的一个变量,并且 $p_1, \cdots, p_n$ 是分别从 c 的分类到 $v_1, \cdots, v_n$ 的分类的语言的运算符。

类型引入子句对于那些良好结构的语句没有影响,它们既不是语句,也不是序列,它们确定这个理论承认某些推理规则。

如果 T 包含子句(**A**),那么,

(**B**) $\Rightarrow E(p_1(c), \cdots, p_n(c))$,

$\qquad p_1(c) = p_1(c') \wedge \cdots \wedge p_n(c) = p_n(c') \Rightarrow c = c'$

是 T 的公理,并且

$$\frac{\Sigma, E(t_1, \cdots, t_n), p_1(c) = t_1 \wedge \cdots \wedge p_n(c) = t_n \Rightarrow \chi}{\Sigma, E(t_1, \cdots, t_n) \Rightarrow \chi} (c \text{ 不在结论中})$$

是 T 中的一个推理规则。

直观地讲,一个理论中包含(**A**)意味着 c 的分类是通过算子 p_i,E 的等式所表示的图的极限,即 E 在通常情况下的扩展。这种直观可以从以下两个方面得到证明。一方面,我们规定带有子句(**A**)的 $L_{\omega\omega}^e$ 理论的模型必须具有给定的极限

作为对 c 的分类解释。另一方面,不难看出一个 $L_{\omega\omega}^e$ 理论 T 在 $L_{\infty\omega}^g$ 中有一个扩展 T^g,通过以下两个步骤给出:

(1)通过增加(∃ -)和∨以及通常的形成规则和推理规则来扩展语言。如果存在类型引入子句,则保留包括(**B**)中的公理在内的原始公理。

(2)对于 T 中的每个类型引入子句(**A**),增加一个公理:

(**C**) $E(v_1, \cdots, v_n) \Rightarrow (\exists c)(p_1(c) = v_1 \wedge \cdots \wedge p_n(c) = v_n)$.

根据马凯和雷耶斯在《一阶范畴逻辑》中描述的第一个主要事实,"相干理论 T^g 的任何模型都将使 c 的分类成为 E 所表示的图的极限"[1]。因此,在一个范畴中,具有稳定的上确界和像的 T 的任何模型都可以唯一地扩展到 T^g 的模型。我们将把这应用于 **SET** 中的模型。

事实上,T^g 是 T 的保守扩展。假设,

(**D**) $\Sigma \Rightarrow \varphi$ 是使用 $L_{\infty\omega}^g$ 的规则在 T^g 中可证明的 $L_{\omega\omega}^e$ 的序列。

那么,$L_{\infty\omega}^g$ 有一个广义的 Hauptsatz 说明,即,(**D**)有一个仅使用 Σ,φ 的语句,或 T^g 的非逻辑公理的子语句的证明。根据构造,这些都不涉及∨。唯一涉及(∃ -)的是形式(**C**)的公理,而且很容易在 $L_{\omega\omega}^e$ 语言中看出,由这些公理推导出来的唯一结果,已经在 $L_{\omega\omega}^e$ 逻辑中从类型引入子句(**A**)得出。

根据雷耶斯的讨论,适用于霍恩逻辑的论证也适用于 $L_{\omega\omega}^e$,证明:

$$T \vDash \varphi \text{ 当且仅当 } T \vDash_s \varphi.$$

其中,$T \vDash \varphi$ 表示在有限极限范畴内 T 的每个模型中 φ 为真,$T \vDash_s \varphi$ 表示在 T 的每个 **Set**-模型中 φ 为真。

所以,我们有下面这些等价:

$$\frac{T \vDash \varphi}{\frac{T \vDash_s \varphi}{\frac{T^g \vDash_s \varphi}{\frac{T^g \vdash \varphi}{T \vdash \varphi}}}}$$

在 $L_{\omega\omega}^g$ 中

在 $L_{\omega\omega}^e$ 中

---

① Reyes, Gonzalo E. *First order categorical logic*. Springer-Verlag, 1977.

第二步根据 **SET** 中模型的唯一扩展证明,第三步根据 $L_{\omega\omega}^g$ 中有限理论的完备性定理证明,第四步由上述保守扩展结果证明。

二、应用实例

(一)左正合范畴理论

左正合理论的激励例子是范畴论及其部分代数扩展,如有限极限范畴理论、拓扑理论等。左正合范畴理论有两种基本类型:Ob 和 Ar,分别表示对象和箭头,以及常用的函数符号:$d_0 : Ar \rightarrow Ob$,$d_1 : Ar \rightarrow Ob$ 和 $id : Ob \rightarrow Ar$。那么,存在一个类型引入子句:

$$(d_1(f) = d_0(g) \mid p_1(c) = f \wedge p_2(c) = g).$$

其中,f 和 g 类型为 Ar,而 c 为引入类型 C。C 是可组合的箭头对的类型。最后,存在一个合成的函数符号°:$C \rightarrow Ar$。这一理论具有明确表示的公理。我们可以定义平行箭头对的类型,以及一个函数符号,并将其公理化为给每一对这样的箭头对指派一个均衡器。因此,可以给出具有所有有限极限的左正合范畴理论,等等。

(二)通用霍恩逻辑

将左正合逻辑与类似的学说,比如基恩(O. Keane)描述的通用霍恩逻辑进行对比可能会有所帮助。在通用的霍恩理论中,所有类型都是基本类型的乘积,所有函数都是完全定义的,但是公理可以要求函数在等式定义的子类型上满足给定的等式。例如,存在一个通用的霍恩范畴理论,其中定义了所有箭头对的组合,但公理只适用于通常意义上的"组合对"。结合律表示为一个条件等式:

$$[d_1(f) = d_0(g) \wedge d_1(g) = d_0(h)] \Rightarrow f°(g°h) = (f°g)°h.$$

通用霍恩逻辑是一些理论的自然设置,比如具有消去的幺半群,或者所有幂等元交换的环。例如,它用 $xy = zy \Rightarrow x = z$ 表示幺半群上的右消去条件。

通用霍恩逻辑可以用左正合逻辑来解释。右边的消去条件可以用左正合逻辑来表示。即,引入一个类型 T:

$$xy = zy \mid p_1(t) = x \wedge p_2(t) = y \wedge p_3(t) = z$$

所以,T 是满足给定条件的三元组 x,y,z 的类型。然后增加一个公理:$p_1(t) = p_3(t)$。一般来说,一个通用的霍恩公理 $E(x_1,\cdots,x_n) \Rightarrow E'(x_1,\cdots,x_n)$,通过引入一个类型作为 E 的扩展,并且断言该类型的 E',可以用左正合逻辑表示。

　　但是,左正合逻辑并不总是能在通用霍恩逻辑中得到解释。在集合或其他具有排中律的范畴操作中,给定一种左正合理论,我们可以找到一种通用的霍恩理论,其模型与左正合理论的模型正则对应。通过添加一个虚拟对象并说明其单位箭头是所有"不可组合"对的组合,左正合范畴论的集合模型可以正则地扩展到通用霍恩范畴论的模型。相反,上面的解释表明,通用霍恩理论的任何模型都可以通过遗忘"不可组合"对的组合而给出一个左正合理论的模型。但这两种理论并没有给出相同的模型态射,因为所有的组合都必须由通用的霍恩态射来保持,而不仅仅是"可组合的"模型。在没有排中律的范畴中,甚至范畴的正则对应也失效了。

附　录

高阶逻辑的演绎公式

公式之间的演绎后承关系 $\varphi \vdash \psi$ 由演绎演算以通常的方式指定。通过根据其他逻辑运算定义某些逻辑操作,可以简化下面的推理规则:

1. 顺序

$(1)\varphi \vdash \psi$

$(2)\varphi \vdash \psi$ 且 $\psi \vdash \theta$ 蕴涵 $\varphi \vdash \theta$

$(3)\varphi \vdash \psi$ 蕴涵 $\varphi[\tau/x] \vdash \psi[\tau/x]$

2. 等式

$(1)\top \vdash \tau = \tau$

$(2)\tau = \tau' \vdash \varphi[\tau/x] \Rightarrow \varphi[\tau/x]$

$(3)\theta \vdash \varphi \Rightarrow \psi$ 且 $\theta \vdash \psi \Rightarrow \varphi$ 蕴涵 $\theta \vdash \varphi = \psi$

$(4)\forall x(\alpha(x) = \beta(x)) \vdash \alpha = \beta$

3. 乘积

$(1)\top \vdash \langle p_1 \tau, p_2 \tau \rangle = \tau$

$(2)\top \vdash p_i \langle \tau_1, \tau_2 \rangle = \tau_i, i = 1, 2$

4. 指数

$(1)\top \vdash (\lambda. \tau)(x) = \tau$

（2）⊤⊢ λx.α(x) = α　（x 在 α 中不自由）

5. 基本逻辑

（1）⊥⊢ φ

（2）φ⊢⊤

（3）¬¬φ⊢ φ

（4）θ⊢¬φ 当且仅当 θ∧φ⊢⊥

（5）θ⊢ φ 且 θ⊢ψ 当且仅当 θ⊢ φ∧ψ

（6）θ∨φ⊢ψ 当且仅当 θ⊢ψ 且 φ⊢ψ

（7）θ∧φ⊢ψ 当且仅当 θ⊢ φ⇒ψ

（8）θ⊢ φ(x) 当且仅当 θ⊢∀x　（x 在 θ 中不自由）

（9）∃xφ(x)⊢ θ 当且仅当 φ(x)⊢ θ　（x 在 θ 中不自由）

参考文献

一、中文参考资料

（一）著作类

[1]贺伟.范畴论[M].北京:科学出版社,2006.

[2]张锦文.公理集合论导引[M].北京:科学出版社,1991.

[3][美]斯图尔特·夏皮罗.数学哲学:对数学的思考[M].郝兆宽等译.上海:复旦大学出版社,2009.

（二）论文类

[1]冯晓华,李文林.公理化的历史发展[J].太原理工大学学报(社会科学版),2006(02):34-38.

[2]郭泽深.逻辑学与数学基础问题的历史联系[C]//哲学研究编辑部.1993年逻辑研究专辑.华南师范大学政法系,1993:104-109.

[3]郭贵春,孔祥雯.重建数学范畴结构主义的意义[J].哲学动态,2017(03):97-104.

[4]郭泽深.当代数学基础问题研究的若干类型[C]//1995年逻辑研究专辑.华南师范大学政法系,1995:108-112.

[5]胡作玄.数学研究对象的演化[J].自然辩证法研究,1992(01):22-28.

[6]孔祥雯,郭贵春.范畴论对集合论的超越——"数学基础"研究的比较分

析[J].山西大学学报(哲学社会科学版),2018,41(02):45-50.

[7]康仕慧,吕立超.当代数学哲学的语境走向[J].科学技术哲学研究,2016,33(06):17-22.

[8]康仕慧,张汉静.数学本质的先物结构主义解释及困境[J].科学技术哲学研究,2013,30(05):11-18.

[9]刘杰.数学真理困境的结构主义实在论求解[J].科学技术哲学研究,2013,30(06):7-11.

[10]刘杰,科林·麦克拉迪.数学结构主义的本体论[J].自然辩证法通讯,2018,40(07):1-11.

[11]林夏水.论数学的本质[J].哲学研究,2000(09):66-71.

[12]李娜,王湘云.共代数模态逻辑研究述评[J].哲学动态,2011(01):100-106.

[13]王湘云.关于范畴论的哲学思考[J].哲学动态,2014(04):85-90.

[14]王湘云.基于范畴的非良基理论及其应用研究[D].天津:南开大学,2011.

[15]王湘云.集合与图[J].毕节学院学报,2013,31(04):8-12+128.

[16]王湘云.非良基集与共代数理论研究[J].华北水利水电学院学报(社科版),2010,26(06):15-17.

[17]许涤非.经典数学的逻辑基础[J].哲学研究,2012(03):98-104+128.

[18]张家龙.评数学基础中的直觉主义学派[J].自然辩证法研究,1992(04):1-9.

[19]周晓聪,舒忠梅.计算机科学中的共代数方法的研究综述[J].软件学报,2003(10):1661-1671.

[20]张清宇.循环并不可恶——《恶性循环:非良基现象的数学》评介[J].哲学动态,2005(04):59-62.

[21]邹崇理.多模态范畴逻辑研究[J].哲学研究,2006(09):115-121+124+129.

二、英文参考资料

[1]Aczel P. Final universes of processes[J]. Lecture Notes in Computer Science,1994,802(1):1-28.

[2]Aczel P,Mendler N. A final coalgebra theorem[J]. Lecture Notes in Computer Science,1989,389(1):357365.

[3]Alberucci L,Salipante V. On Model μ-Calculus and Non-well-founded Set Theorys[J]. Journal of Philosophical Logic,2004,33(4):343-360.

[4]Awodey S. Category Theory[M]. Oxford:Clarendon Press,2006.

[5]Awodey S. An Answer to Hellman's Question:Does Category Theory Provide a Framework for Mathematical Structuralism[J]. Philosophia Mathematica,2004,12:54-64.

[6]Awodey S. An Answer to Hellman's Question:Does Category Theory Provide a Framework for Mathematical Structuralism? [J]. Philosophia Mathematica,2004,12(1):54-64.

[7]Awodey S. Structure in Mathematics and Logic:A Categorical Perspective[J]. Philosophia Mathematica,1996,3:209-237.

[8]Awodey S. Structure in Mathematics and Logic:A Categorical Perspective[J]. Philosophia Mathematica,1996,4(3):209-237.

[9]Awodey S,Birkedal L. Elementary axioms for local maps of toposes[J]. Journal of Pure and Applied Algebra,2003,177(3):215-230.

[10]Awodey S,Birkedal L,Scott D S. Local realizability toposes and a modal logic for computability[J]. Mathematical Structures in Computer Science,2002,12(03):319-334.

[11]Awodey S,Butz C. Topological completeness for higher-order logic[J]. The Journal of Symbolic Logic,2000,65(3):1168-1182.

[12]S. Awodey,Carus A. Completeness and Categoricity:The Gabelbarkeitssatz

of 1928[J].

[13] S. Awodey, Reck E R. Completeness and Categoricity I. Nineteen-Century Axiomatics to Twentieth-Century Metalogic [J]. History and Philosophy of Logic, 2002,23(1):1 -30.

[14] S. Awodey, Reck E R. Completeness and Categoricity, Part II: Twentieth-Century Metalogic to Twenty-first-Century Semantics[J]. History and Philosophy of Logic,2002,23(2):77 -94.

[15] Barr M. Terminal coalgebras in well-founded set theory[J]. Theoret. Comput. Sci. ,1993,114(3):299315.

[16] J. Barwise, Moss L. S. Hypersets[J]. The Mathematical Intelligencer,1991, 13(4):3141.

[17] M. Barr, Wells C. Category Theory for Computing Science[M]. New York: Prentice Hall,1990.

[18] Bell J. L. Categories, Toposes and Sets [J]. Synthese, 1982, 51 (3): 293 -337.

[19] Bell J. L. Category Theory and the Foundations of Mathematics[J]. British Journal for the Philosophy of Science,1981,32:349 -358.

[20] Bell J. L. Category Theory and the Foundations of Mathematics [J]. The British Journal for the Philosophy of Science,1981,32(4):349 -358.

[21] Bell J. L. Observations on Category Theory[J]. Axiomathes,2001,12(1): 151 -155.

[22] Beeson M. Recursive models for constructive set theories [J]. Annals of Mathematical Logic,1982,23(2 -3):127 -178.

[23] Birkedal L. Developing Theories of Types and Computability via Realizability[J]. Electronic Notes in Theoretical Computer Science,2000,34(05):2 -2.

[24] A. Blass, Scedrov A. Complete topoi representing models of set theory[J]. Annals of Pure and Applied Logic,1992,57(1):1 -26. Erkenntnis(1975 -),2001,

54(2):145 – 172.

[25] Bressan A. A General Interpreted Modal Calculus[J]. Yale University Press, New Haven, Conn. -London, 1972, 12(3):455 – 476.

[26] Bunge M. Molecular toposes[J]. Cahiers Topologie Géom Différentielle, 1979, 20(4):401 – 436.

[27] Carter J. Categories for the Working Mathematician: Making the Impossible Possible[J]. Synthese, 2008, 162(1):1 – 13.

[28] Chemero A, Turvey M T. Autonomy and hypersets[J]. Biosystems, 2008, 91(2):320 – 330.

[29] Cîrstea C, Kurz A, Pattinson D, et al. Modal logics are coalgebraic[J]. Computer Journal, 2011, 54(1):31 – 41.

[30] Corcoran J. From categoricity to completeness.[J]. History and Philosophy of Logic, 1981:113 – 119.

[31] Corcoran J. Categoricity[J]. History and Philosophy of Logic, 1980, 1(1 – 2):187 – 207.

[32] Colin M. The Uses and Abuses of the History of Topos Theory[J]. British Journal for the Philosophy of Science, 1990(3):351 – 375.

[33] D'Agostino G. Modal Logic and Non-Well-Founded Set Theory: Translation, Bisimulation, Interpolation[D]. Amsterdam: Universiteit van Amsterdam, 1998.

[34] Devlin K J. Boolean-valued Models and Independence Proofs in Set[J]. Bulletin of the London Mathematical Society, 1978, 10(3):349 – 350.

[35] Esser O, Hinnion R. Antifoundation and transitive closure in the system of Zermelo[J]. Notre Dame Journal of Formal Logic, 1999, 40(2):197205.

[36] Eva B. Category Theory and Physical Structuralism[J]. European Journal for Philosophy of Science, 2016, 6(2):231 – 246.

[37] Forti M, Honsell F and Lenisa M. Processes and Hyperuniverse[J]. Lecture Notes in Computer Science, 1994, 841(1):352 – 363.

[38] Fourman M P, Scott D S. Sheaves and logic[J]. Lecture Notes in Mathematics, 1979, 753(1).

[39] Freyd P. Aspects of topoi[J]. Bulletin of the Australian Mathematical Society, 1972, 7(1): 1 - 76.

[40] Ghilardi S. Presheaf Semantics and Independence Results for some Non-classical first-order logics [J]. Archive for Mathematical Logic, 1989, 29 (2): 125 - 136.

[41] Gähler H W, Preuss G. Categorical Structures and Their Applications[M]. London: World Scientific, 2004.

[42] Ghilardi S. Incompleteness results in Kripke semantics[J]. Journal of Symbolic Logic, 1991, 56(2): 517 - 538.

[43] Ghilardi S, Meloni G C. Modal and tense predicate logic: Models in presheaves and categorical conceptualization[J]. Lecture Notes in Mathematics, 1988, 1348(1).

[44] Goldfarb W D. Logic in the Twenties: The Nature of the Quantifier[J]. Journal of Symbolic Logic, 1979, 44(3): 351 - 368.

[45] Hartshorne R. Algebraic geometry[J]. grad texts in math, 1977, 52(2): 108 - 125.

[46] Hansen H H, Kupke C. A coalgebraic perspective on monotone modal logic [J]. Electronic Notes in Theoretical Computer Science, 2004: 121 - 143.

[47] Hatcher W S. The Logical Foundations of Mathematics ‖ The Origin of Modern Foundational Studies[J]. 1982: 68 - 75.

[48] Hellman G. Neither Categorical nor Set-theoretic Foundations[J]. The Review of Symbolic Logic, 2013, 6(1): 16 - 23.

[49] Hellman G. Does category theory provide a framework for mathematical structuralism? [J]. Philosophia Mathematica, 2003, 11(2): 129 - 157.

[50] Hellman G. Does Category Theory Provide a Framework for Mathematical

Structuralism? [J] Philosophia Mathematica,2003,11(2):129 -157.

[51]Hilbert D,Bernays P. Grundlagen der Mathematik[J]. Examen Press,1934,
45(1):359 -395.

[52]Hyland J. A small complete category[J]. Annals of Pure and Applied Log-
ic,1988,40(2):135 -165.

[53]Jan I,Uzqiano G. Well-and non-well-founded fregean extensions[J]. Jour-
nal of Philosophical Logic,2004,33(5):437 -465.

[54]Jané I. A critical appraisal of second-order logic[J]. History and Philosophy
of Logic,1993,14(1).

[55]Joachim L,Scott P J. Introduction to Higher-order Categorical Logic[M].
New York:Cambridge University Press,1988.

[56]Kanamori A. Zermelo and Set Theory[J]. The Bulletin of Symbolic Logic,
2004,10(4):487 -553.

[57]Kawahara Y,Mori M. A small final coalgebra theorem[J]. Theoret. Comput.
Sci. ,2000,233(1 -2):129 -145.

[58]Klin B. Coalgebraic modal logic beyond sets[J]. Electronic Notes in Theo-
retical Computer Science,2007,173:177 -201.

[59]Kurz A. Coalgebras and their logics[J]. Acm Sigact News,2006,37(2):
57 -77.

[60]Kurz A,Palmigiano A. Coalgebras and modal expansions of logics[J]. Theo-
ret. Comput. Sci. ,2004,107:243 -259.

[61]Kurz A. Specifying coalgebras with modal logic[J]. Theoret. Comput. Sci. ,
2001,260(1 -2):119138.

[62]Kurz A. Logics for coalgebras and applications to computer science[D].
Munich:Universität München,2000.

[63]Kurz A. Coalgebras and modal logic[J]. Advances in Modal Logic,1998:
222 -230.

[64] Kupke C, Kurz A and Pattinson D. Algebraic semantics for coalgebraic logics[J]. Electronic Notes in Theoretical Computer Science, 2004: 219 – 241.

[65] Lambek J, Scott P J. Introduction to Higher-Order Categorical Logic[J]. Cambridge University Press, 1989.

[66] Landry E. Logicism, Structuralism and Objectivity[J]. Topoi, 2001, 20(1): 79 – 95.

[67] Landry E. Category Theory: The Language of Mathematics[J]. Philosophy of Science, 1999, 66.

[68] Landry E. Category Theory: the Language of Mathematics[J]. Philosophy of Science, 1999, 66: 14 – 27.

[69] Landry E, Marquis JP. Categories in Context: Historical, Foundational and philosophical[J]. Philosophia Mathematica, 2005, 13: 1 – 43.

[70] Landry E. How to be a Structuralist all the Way Down[J]. Synthese, 2011, 179(3): 435 – 454.

[71] Lavendhomme R, Lucas T, Reyes G E. Formal systems for topos-theoretic modalities[J]. CiteSeer, 1989.

[72] Lawvere F W. Foundations and Applications: Axiomatization and Education [J]. Bulletin of Symbolic Logic, 2003, 9(2): 213 – 224.

[73] Lawvere F W. Equality in hyperdoctrines and the comprehension schema as an adjoint functor[J]. Proceedings on Applications of Categorical Logic, 1970.

[74] Lazić R S, Roscoe A W. On transition systems and non-well-founded Sets [J]. Annals of the New York Academy of Sciences, 1996, 806: 238264.

[75] Leinster T. Basic Category Theory[M]. Cambridge: Cambridge University Press, 2014.

[76] Lenisa M. From Set-theoretic Coinduction to Coalgebraic Coinduction: some results, some problems[J]. Electronic Notes in Theoretical Computer Science, 1999, 19: 2 – 22.

[77] Lindström I. A construction of non-well-founded Sets within Martin-Löf's type Theory[J]. Journal of Symbolic Logic, 1989, 54 – 57.

[78] Linnebo φ, Pettigrew R. Category Theory as an Autonomous Foundation [J]. Philosophia Mathematica, 2011, 3(3): 227 – 254.

[79] Mac Lane S. Structure in Mathematics. Mathematical Structuralism[J]. Philosophia Mathematica, 1996, 4(2): 174 – 183.

[80] Makkai M. On structuralism in mathematics[J]. Language Logic and Concepts, 1999, 43 – 66.

[81] Makkai M. Towards a Categorical Foundation of Mathematics[M]. Association for Symbolic Logic, 1998.

[82] Makkai M, Reyes G E. First Order Categorical Logic [M]. Springer-Verlag, 1977.

[83] Makkai M, Reyes G E. Completeness Results for Intuitionistic and Modal Logic in a Categorical Setting[J]. Annals of Pure and Applied Logic, 1995, 72(1): 25 – 101.

[84] Marquis JP. Category Theory and the Foundations of Mathematics: Philosophical Excavations[J]. Synthese, 1995, 103: 421 – 447.

[85] Martin-Löf P. 100 years of Zermelo's axiom of choice: what was the problem with it? [J] The Computer Journal, 2006, 49(3): 10 – 37.

[86] Marquis JP. From a Geometrical Point of View: A Study of the History and Philosophy of Category Theory[M]. New York: Springer, 2009.

[87] Marquis JP. Category Theory and the Foundations of Mathematics: Philosophical Excavations[J]. Synthese, 1995, 103(3): 421 – 447.

[88] Mayberry J. The Foundations of Mathematics in the Theory of Sets[M]. Cambridge: Cambridge University Press, 2000.

[89] Mayberry J. What is Required of a Foundation for Mathematics? [J]. Philosophia Mathematica, 1994, 2(1): 16 – 35.

[90] McCarty C. Structuralism and Isomorphism[J]. Philosophia Mathematica, 2015,23(1):1 – 10.

[91] McCarty C. Foundations as Truths which Organize Mathematics[J]. The Review of Symbolic Logic. 2013. 6(1):76 – 86.

[92] McCarty C. Categorical Foundations and Mathematical Practice[J]. Philosophia Mathematica,2012,20(1):111 – 113.

[93] McCarty C. Recent Debate over Categorical Foundations[J]. Foundational Theories of Classical and Constructive Mathematics,Dordrecht,2011,145 – 154.

[94] Mclarty C. Two Constructivist Aspects of Category Theory[J]. Philosophia entiae,2006,48(CS 6):95 – 114.

[95] McCarty C. Learning from Questions on Categorical Foundations[J]. Philosophia Mathematica,2005,13(1):44 – 60.

[96] Mc Larty C. Learning from Questions on Categorical Foundations[J]. Philosophia Mathematica,2005,13(1):44 – 60.

[97] Mc Larty C. Exploring Categorical Structuralism[J]. Philosophia Mathematica,2004,12:37 – 53.

[98] McCarty C. Exploring Categorical Structuralism[J]. Philosophia Mathematica,2004,12(1):37 – 53.

[99] McCarty C. Elementary Categories,Elementary Toposes[M]. Oxford: Oxford UniversityPress,1992.

[100] McCarty C. Axiomatizing a Category of Categories[J]. The Journal of Symbolic Logic,1991,56(4):1243 – 1260.

[101] McLarty C. Left exact logic[J]. Journal of Pure & Applied Algebra,1986, 41(1):63 – 66.

[102] Menni M. A characterization of the left exact categories whose exact completions are toposes [J]. Journal of Pure & Applied Algebra, 2003, 177 (3): 287 – 301.

[103]Milner R,Tofte M. Co-induction in relational semantics[J]. Theoret. Comput. Sci. ,1991,87(1):209 - 220.

[104]Milner R. Calculi for Synchrony and Asynchronys[J]. Theoret. Comput. Sci. ,1983,25(3):267 - 310.

[105]Mitchell W. Boolean topoi and the theory of sets[J]. Journal of Pure and Applied Algebra,1972,2(3):261 - 274.

[106]Moss L S. From Hypersets to Kripke models in logics of announcements [C]//Gerbrandy J. et al. eds. Essays Dedicated to Johan van Benthem on the Occasion of his 50th Birthday. Amsterdam:Amsterdam University Press,1999.

[107]Moss L S. Coalgebraic logic[J]. Annals of Pure and Applied Logic,1999, 96(1 - 3):277 - 317.

[108]Moore G H. The Origins of Zermelo's Axiomatization of Set Theory[J]. Journal of Philosophical Logic,1978,7(1):307 - 329.

[109] Möbus A. First order categorical logic [J]. Cahiers Topologie Géom Différentielle,1982,23(1):47 - 53.

[110]Muller F A. Sets,Classes,and Categories[J]. The British Journal for the Philosophy of Science,2001,52(3):539 - 573.

[111]Nitta T,Okada T and Tzouvaras A. Classification of non-well-founded sets and an application[J]. Math. Log. Quart. ,2003,49(2):187 - 200.

[112]Nodelman U,Zalta E N. Foundations for Mathematical Structuralism[J]. Mind,2014,123:39 - 78.

[113]Oosten J V. Extensional realizability[J]. Annals of Pure and Applied Logic,1997,84(3):317 - 349.

[114]Oosten J V. Realizability,Volume 152:An Introduction to its Categorical Side[J]. Department of Pure Mathematics University of Cambridge England,2008.

[115]Oosten J V. The modified realizability topos[J]. Journal of Pure and Applied Algebra,1997,116(1):273 - 290.

[116] Oosten J V. Axiomatizing higher-order Kleene realizability[J]. Annals of Pure & Applied Logic,1994,70(1):87 – 111.

[117] Oosten J V. A semantical proof of De Jongh's theorem[J]. Archive for Mathematical Logic,1991,31(2):105 – 114.

[118] Osius G. Categorical Set Theory:A Characterization of the Category of Sets [J]. Journal of Pure and Applied Algebra,1974,4(1):79.

[119] Osius G. Categories of sets and models of set theory[J]. Cahiers Topologie Géom Différentielle,1974,15(2):157 – 180.

[120] Osius G. Categorical set theory:A characterization of the category of sets [J]. Journal of Pure and Applied Algebra,1974,4(1):79 – 119.

[121] Park D. Concurrency and automata on infinite sequences[J]. Lecture Notes in Computer Science,1981,104:167 – 183.

[122] Pakkan M,Akman V. HYPERSOLVER:A graphical tool for commonsense set theory[J]. Information Sciences,1995,85(1 – 3):43 – 61.

[123] Parsons C. The Structuralist View of Mathematical Objects[J]. Synthese, 1990,84(3):303 – 346.

[124] Pattinson D. Coalgebraic modal logic:Soundness,completeness and decidability of local consequence[J]. Theoret. Comput. Sci. ,2003,309(1 – 3):177 – 193.

[125] Pattinson D. Expressivity results in the modal logic of coalgebras[D]. Munich:Universit? t München,2001.

[126] Pattinson D. Semantical principles in the modal logic of coalgebras[C]// Springer Berlin Heidelberg. Springer Berlin Heidelberg,2001:514 – 526.

[127] Pavlovi D,Pratt V. The continuum as a final coalgebra[J]. Theoretical Computer Science,2002,280(1 – 2):105 – 122.

[128] Pitts A M. The Theory of Triposes. PhD thesis, Cambridge University,1981.

[129] Plotkin G D. A structured approach to operational semantics[J]. Journal of

Logic & Algebraic Programming,2004,s60 − 61:17 − 139.

[130]Putnam H. Mathematics without Foundations[J]. The Journal of Philoso-phy,1967,64(1):5 − 22.

[131] Read S. Completeness and categoricity:Frege,Gödel and model theory [J]. History & Philosophy of Logic,1997,18(2):79 − 93.

[132]Reus B,Streicher T. General synthetic domain theory——a logical ap-proach[J]. Springer Berlin Heidelberg,1997.

[133]Reyes G. A Topos-theoretic Approach to Reference and Modality[J]. Notre Dame Journal of Formal Logic,1991,32(3):359 − 391.

[134]Reyes G,Gonzalo E. A topos-theoretic approach to reference and modality. [J]. Notre Dame Journal of Formal Logic,1991,32(3):359 − 391

[135]Reyes G,Zawadowski M. Formal Systems for Modal Operators on Locales [J]. Studia Logica,1993,52(4):595 − 613.

[136]Reyes G,Zolfaghari H. Bi-Heyting Algebras,Toposes and Modalities[J]. Journal of Philosophical Logic,1996,25(1):25 − 43.

[137] Riehl E. Category Theory in Context [M]. Mineola: Dover Publications,2016.

[138]Riger M. Coalgebras and Modal Logic[J]. Electronic Notes in Theoretical Computer Science,2000,33(1):294 − 315.

[139] Rodin A. Axiomatic Method and Category Theory [M]. Berlin: Springer,2014.

[140]Roman S. An Introduction to the Language of Category Theory[M]. Cham: Birkh? user,2017.

[141]Rößiger M. Coalgebras and modal logic[J]. Electronic Notes in Theoreti-cal Computer Science,2000:299 − 320.

[142]Rößiger M. From modal logic to terminal coalgebras[J]. Theoret. Comput. Sci. ,2001,260:209 − 228.

[143] Rutten J. Universal coalgebra: a theory of systems[J]. Theoret. Comput. Sci. ,2000,249(1):3 - 80.

[144] Rutten J, Turi D. Initial Algebra and Final Coalgebra Semantics for Concurrency[C]// A Decade of Concurrency, Reflections and Perspectives, REX School/ Symposium. Springer, Berlin, Heidelberg, 1993.

[145] Schröder L. A finite model construction for coalgebraic modal logic[J]. The Journal of Logic and Algebraic Programming,2007,73:97 - 110.

[146] Shapiro S. Categories, Structures, and the Frege-Hilbert Controversy: The Status of Meta Mathematics[J]. Philosophia Mathematica. 2005,13(1):61 - 77.

[147] Shapiro S. Foundations of Mathematics: Metaphysics, Epistemology, Structure[J]. The Philosophical Quarterly,2004,54(214):16 - 37.

[148] Shapiro S. Philosophy of Mathematics: Structure and Ontology[M]. Oxford: Oxford University Press,1997.

[149] Simmons H. An Introduction to Category Theory[M]. Cambridge: Cambridge University Press,2011.

[150] Smith B S. Hypersets[D]. Cambridge: University of Cambridge,1996.

[151] Spivak D I. Category Theory for the Sciences[M]. Cambridge: The MIT Press,2014.

[152] Steve A. An Answer to Hellman's Question:' Does Category Theory Provide a Framework for Mathematical Structuralism?' [J]. Philosophia Mathematica, 2004(1):54 - 64.

[153] Turi D, Plotkin G. Towards a mathematical operational semantics[C]// Logic in Computer Science. Computer Society Press,1997:280 - 291.

[154] Turi D, Rutten J J M M. On the foundations of final coalgebra semantics: non-well-founded sets, partial orders, metric spaces[J]. Math. Structures Comput. Sci. ,1998,8(5):481 - 540.

[155] Van Oosten J. Realizability: a Historical Essay[J]. Mathematical Struc-

tures in Computer Science,2002,12(3):239 – 263.

[156]van den Berg B,De Marchi F. Models of non-well-founded sets via an in-dexed final coalgebra theorem [J]. Journal of Symbolic Logic, 2007, 72 (3): 767 –791.

[157]van den Berg B,De Marchi F. Non-well-founded trees in categories[J]. Annals of Pure and Applied Logic,2007,146(1):40 –59.

[158] Venema Y. Algebras and Coalgebras[J]. Studies in Logic and Practical Reasoning,2007,3(1):331 –426.

[159]Zach R. Completeness Before Post:Bernays,Hilbert,and the Development of Propositional Logic[J]. Bulletin of Symbolic Logic,1999,5(3).